长期施肥紫色水稻土肥力演变与可持续利用技术

樊红柱　徐明岗　等　著

U0271965

中国农业科学技术出版社

图书在版编目(CIP)数据

长期施肥紫色水稻土肥力演变与可持续利用技术 / 樊红柱等著. —北京:中国农业科学技术出版社,2020.4

ISBN 978-7-5116-4659-0

Ⅰ.①长… Ⅱ.①樊… Ⅲ.①水稻土-土壤肥力-研究 Ⅳ.①S155.2

中国版本图书馆 CIP 数据核字(2020)第 050647 号

责任编辑　　李　玲
责任校对　　贾海霞

出 版 者　　中国农业科学技术出版社
　　　　　　北京市中关村南大街 12 号　邮编:100081
电　　话　　(010)82106643(编辑室)　(010)82109702(发行部)
　　　　　　(010)82109709(读者服务部)
传　　真　　(010)82106650
网　　址　　http://www.castp.cn
经 销 者　　各地新华书店
印 刷 者　　北京建宏印刷有限公司
开　　本　　787 mm×1 092 mm　1/16
印　　张　　15.25　彩插　4 面
字　　数　　380 千字
版　　次　　2020 年 4 月第 1 版　2020 年 4 月第 1 次印刷
定　　价　　178.00 元

《长期施肥紫色水稻土肥力演变与可持续利用技术》
著者名单

主　著　樊红柱　徐明岗

副主著　秦鱼生　辜运富　张会民

著　者（以姓氏拼音为序）

陈　琨　　陈庆瑞　　樊红柱　　辜运富　　郭　松

黄　晶　　蒋　松　　秦鱼生　　史纪安　　涂仕华

王昌桃　　徐明岗　　杨琼会　　曾祥忠　　张会民

张淑香　　张小平　　周子军

内容简介

　　本书系统总结了四川省农业科学院土壤肥料研究所在遂宁紫色土野外观测点持续 36 年长期定位试验的研究成果。全书共分八章，主要内容有：紫色土利用现状及土壤养分存在的问题，作物生长及农艺性状对土壤肥力的响应，施肥对土壤物理、化学、生物学性状及环境效应的影响，土壤肥力综合评价的方法及可持续利用的培肥技术。本书具有很强的理论性、资料性和实践性，可为紫色土区农业持续发展、土壤可持续利用培肥提供科学依据。

　　本书可供土壤学、植物营养学、生态学、环境科学等专业的科技工作者和大专院校师生参考，也可供各级政府农业部门参考。

前　言

　　土壤质量的好坏对生态系统质量、人类生命健康与安全和整个社会的稳定与发展都具有战略性意义。土壤肥力保持了农产品产量与质量的稳定和提高，所以提升和维持土壤肥力是农业可持续发展的基础。紫色土是我国一种特有的土壤资源，全国紫色土面积约 1 889×10⁴ hm²，以四川省面积最大，有 311×10⁴ hm²，占全省总土地面积的 1/4；根据成土母质和成土过程可将紫色土划分为酸性紫色土、中性紫色土和石灰性紫色土三亚类，酸性紫色土主要由夹关组母岩发育，中性紫色土主要由沙溪庙组和自流井组母岩发育，石灰性紫色土由蓬莱镇组、遂宁组、灌口组和城墙岩群母岩发育。四川是农业大省，该区人地矛盾十分尖锐，国务院要求"四川的粮食基本上应做到自给"，即四川要以占全国 4.2% 的耕地养活占全国 6.8% 的人口，耕地承载压力巨大。紫色土具有养分储量丰富、理化性能优良、自然肥力高等特点，是"天府之国"的农业根基，也是我国重要的特色农业和商品粮生产基地。然而，由于长期不合理的土壤耕作利用及农业化学化管理趋向等因素，使西南紫色土地区耕地资源、农业生产与生态环境的脆弱性进一步凸显，这严重威胁着粮食生产、生态环境和农业可持续发展。因此，研究西南紫色土地区土壤质量演变规律，构建适宜现代农业推广应用的土壤培肥及作物营养管理技术模式，对保障国家粮食安全及促进农业可持续发展，提供重要的理论依据和技术支撑。

　　土壤质量演变、施肥与环境的关系及土壤地球化学循环过程等，是一个相对缓慢的过程，只有通过长期的、系统的定位监测才能很好地揭示其变化规律。土壤肥料长期定位试验采用既"长期"又"定位"的独特研究方法，这种方法具有时间上的长期性和气候上的重复性等特点，试验信息量丰富、数据准确可靠，它具有短期试验无可比拟的优点，能够科学评价施肥对作物产量、土壤质量、环境效应等各方面指标的长期作用效果。四川省农业科学院土壤肥料研究所于 20 世纪 80 年代初期在四川遂宁建立了紫色土肥料长期定位试验，已持续 36 年，积累了作物产量、土壤肥力、养分循环、生态环境效应等方面的大量数据，为揭示长期施肥下紫色土质量演变规律、作物产量变化特征与土壤培肥技术奠定了基础。

　　《长期施肥紫色水稻土肥力演变与可持续利用技术》一书，正是对上述数据系统总结的产物，同时综合了紫色土区其他相关研究结果。因此，本书是紫色土质量演变研究的最新成果。全书共分八章：第一章介绍了紫色土利用现状与长期定位试验概况；第二章分析了水稻、小麦产量变化特征及其驱动因素；第三章、第四章和第五章重点讨论了长期施肥下土壤物理肥力、化学肥力和生物肥力演变规律；第六章探讨了长期施肥的环境效应；第七章论述了土壤肥力综合评价的方法；第八章提出了紫色土可持续利用培肥技术措施。全书由著者反复修改和凝练而成，最后由徐明岗研究员审核定稿。

　　长期试验的研究与本书的出版先后得到了中国欧盟国际合作项目"中欧土壤质量体系评估"（iSQAPER）（635750）、国家自然科学基金项目"稻—麦轮作长期定位施肥对紫色土钾素平衡和形态转化影响"（41201295）、国家重点研发计划（政府间专项项目）"中欧农田土壤质量评价及提升技术合作"（2016YFE0112700）、国家重点研发计划"粮食丰产增效科技创新"重点专项"稻作区土壤培肥与丰产增效耕作技术"（2016YFD0300900）、国家公益性行业（农业）科研专项"粮食主产区土壤肥力演变与培肥技术研究与示范"（201203030）、四川省财政创新能力提升工程项目"紫色土有机碳库对长期施肥的响应与机制"（2014QNJJ-014）和四川省杰出青年基金"长期施肥对紫色土质量的影响研究"（2013JQ0015）等项目的大力支持，同时本书在编写过程中，得到了许多专家的指导和支持，在此一并表示衷心感谢！

　　由于著者水平有限，加上时间仓促，不妥之处，敬请批评指正！

著　者

2020 年 2 月 8 日

目　　录

第一章　紫色土利用现状与长期定位试验

第一节　四川紫色土自然资源特征

一、地貌特征

四川省地跨青藏高原、横断山脉、云贵高原、秦巴山地、四川盆地等地貌单元，地势西高东低，由西北向东南倾斜。以龙门山—大凉山为界线，东部为四川盆地和盆周山区，西部为川西北高原高山和川西北山地。四川盆地底部龙泉山以西为盆西平原，其由成都平原与眉山—峨眉平原组成，习惯上将两者统称为成都平原。龙泉山以东为盆地丘陵区，可分为川中丘陵区和川东平行岭谷区两个亚区。四川盆地边缘地区以山地为主，为盆周山地区，该区域丘陵和平原较少，零星分布在山地之间。川西南山地区位于青藏东部横断山系中段，地貌类型为中山峡谷，全区94%的面积为山地。该区东部大凉山山地为山原地貌，中部为安宁河谷平原。川西北高原高山区为青藏高原东南缘和横断山脉的一部分，分为川西北高原和横断山系两部分。川西北高原地势由西向东倾斜，分丘状高原和平坦高原。横断山系西北高、东南低，根据切割深浅分为高山高原和高山峡谷区。

二、气候特征

四川省紫色土区属于典型的亚热带季风气候，主要受东南季风影响。冬夏风向交替明显，气候随风向而变，冬季气流主要来自西北高纬度地区，多偏北风，气候冷，降水量小，湿度较低。夏季气流主要来自低纬度的海洋，多偏南风，气候暖热，降水集中且量大，湿度大。区域内气温年较差和日较差均小于同纬度的长江中下游地区，但差值不大，降水随季节变化明显。年平均气温一般在16~18.5℃，最冷月平均气温>4℃，最暖月平均气温>28℃，部分地区极端高温可达41℃以上，极端最低气温在-4℃以下。全年热量资源丰富，≥10℃年均积温为5 000~6 200℃，全年无霜期260~350 d。年降水量800~1 500 mm，年蒸发量800~1 400 mm，蒸发量的季节变化与降水量的季节变化大体一致。降水量季节变化特点为夏多、冬少，春秋两季介于其间，秋季略多于春季，年平均相对湿度70%~80%，年际、月季变化小；而蒸发量则为冬季占全年的10%，春季为30%，夏季为40%，秋季为20%。由于受到地形和气流运动影响，全年阴天多而晴天少，日照不足，全年气压为900~1 000 mb，年日照时数为1 000~1 600 h，日照率低于30%，太阳辐射量约为4 200 MJ/m²，均为全国低值区。

三、土壤类型与养分特征

我国紫色土主要集中分布在四川盆地丘陵区和海拔 800 m 以下的低山区，其中以四川省面积最大，其他如云南、贵州、浙江、福建、江西、湖南、广东、广西壮族自治区等省区也有零星分布（He et al.，2009；王齐齐等，2018）。四川紫色土母质主要包括三叠系飞仙关组、侏罗系自流井组、沙溪庙组、遂宁组、蓬莱镇组，白垩系城墙岩组、夹关组、灌口组和第三系名山群。根据成土母质和成土过程可将紫色土划分为酸性紫色土、中性紫色土和石灰性紫色土三亚类（侯春霞，2003；黄兴成，2016）。

不同母质发育的紫色土养分含量差异较大。遂宁组、灌口组、蓬莱镇组和城墙岩组发育而成的土壤 pH 值在 8.0 左右，为石灰性紫色土。沙溪庙组、自流井组母质发育而成的土壤 pH 值在 7.0 左右，为中性紫色土。夹关组母质发育而成的土壤 pH 值在 5.5 左右，为酸性紫色土。由于水土流失严重，成土母质不断更新和堆积，物质循环强烈，紫色土有机质含量普遍偏低；酸性紫色土的有机质含量高于中性和石灰性。紫色土的有机质难于积累，其土壤全氮含量普遍偏低，土壤全氮含量以酸性紫色土>中性紫色土>石灰性紫色土。紫色土全磷属于中上水平，但速效磷普遍偏低。中性紫色土有效磷含量最高（2.1~40.0 mg/kg），其次为酸性紫色土（3.7~20.8 mg/kg），石灰性紫色土有效磷含量最少（1.9~3.4 mg/kg）。紫色土继承母岩特性，富含钾矿物，石灰性紫色土和中性紫色土的速效钾含量普遍较高，属于较丰富的水平，而酸性紫色土的速效钾含量略显不足。紫色土有效锌、硼、钼的含量普遍偏低，而铜、铁、锰的有效含量普遍高于临界浓度，但不同亚类紫色土的微量元素有效含量差异较大，中性紫色土和石灰性紫色土有效硼、有效锌、有效钼含量高于酸性紫色土，而酸性紫色土有效锰、有效铜和有效铁含量高于中性和石灰性紫色土。

第二节　紫色土农业生产现状及土壤肥力主要问题

一、四川省农业生产利用现状

（一）农业生产特征

四川省是农业大省，省委、省政府印发了《关于加快建设现代农业"10+3"产业体系推进农业大省向农业强省跨越的意见》，提出推进川粮油、川猪、川茶、川菜、川酒、川竹、川果、川药、川牛羊、川鱼十大优势特色产业全产业链融合发展，夯实现代农业种业、现代农业装备、现代农业烘干冷链物流三大先导性产业支撑，形成特色鲜明、结构合理、全国领先的现代农业"10+3"产业体系。

2017 年四川省耕地 672.59×10⁴ hm²，农作物播种 957.51×10⁴ hm²；粮食播种629.2×10⁴ hm²，产量 3 488.9×10⁴ 吨，其中稻谷 187.5×10⁴ hm²，产量 1 473.7×10⁴ 吨，小麦 65.3×10⁴ hm²，产量 251.6×10⁴ 吨，玉米 186.4×10⁴ hm²，产量 1 068.0×10⁴ 吨，豆类 51.8×10⁴ hm²，产量 119.2×10⁴ 吨，薯类 126.6×10⁴ hm²，产量 537.9×10⁴ 吨，油料

147.9×10^4 hm^2，产量 357.9×10^4 吨，油料作物中花生 26.1×10^4 hm^2，产量 66.0×10^4 吨，油菜 120.6×10^4 hm^2，产量 288.0×10^4 吨，蔬菜及食用菌 132.43×10^4 hm^2，产量 4 252.27×10^4 吨，茶叶产量 27.78×10^4 吨，水果产量 1 007.88×10^4 吨。

（二）农业生态区划

四川省位于东部季风区域与青藏高寒区域的过渡地带，其东部盆地区和西南山地区分别属于北亚热带和中亚热带，西部高原山地区属于青藏高寒区域的高原温带和高原亚寒带。在地貌类型主导因素支配下，四川省自然地理划分为东部盆地区和西部高山高原区，结合次级地貌、气候和土壤的差异，东部盆地区又可分为成都平原区、川中丘陵区和盆周山地，西部高山高原区又可分为西北高原山地区和西南山地区。根据全国种植业划分的基本依据，四川省 181 个县（市、区）可划分为成都平原区、川中丘陵区、盆周山区、川西南山地区、川西北高原山地区 5 个农业生态区（陈庆瑞和赵秉强，2014）。

（三）农业种植制度

四川省降水充沛、雨热同期，全年都有各类植物生长，使紫色土具有很高的生产率，全省农作物耕作制度分为水田和旱地两类。

水田耕作制度主要有：冬水田—中稻、冬水田—中稻、再生稻及冬坑田—中稻（一年一熟）；小麦—中稻、油菜—中稻、绿肥（饲料）—中稻及蔬菜—中稻（一年两熟）；油菜—早中稻—秋菜、小麦—早中稻—秋菜、小麦—早中稻—秋甘薯、小麦（油菜）—早中稻—秋大豆、小麦（油菜）—早中稻—秋马铃薯及小麦—玉米—甘薯（一年三熟）。

旱地耕作制度主要有：冬闲土—玉米、冬闲土—麦类、冬闲土—马铃薯（一年一熟）；小麦—玉米、小麦—甘薯、油菜—棉花、小麦—花生、油菜—玉米（一年两熟）；小麦/玉米/甘薯、小麦/玉米/豆类、小麦/花生/甘薯、马铃薯/玉米/甘薯、小麦/玉米/马铃薯、小麦（马铃薯）/玉米/夏大豆（一年三熟），小麦/春玉米/夏（秋）玉米/甘薯、小麦/玉米/冬大豆/甘薯（一年四熟）。

（四）农作物生产力状况

紫色土区水稻、马铃薯、油菜、小麦、玉米典型作物产量差异大，水稻产量在 7.5~7.8 t/hm^2；马铃薯产量在 1.8~37.5 t/hm^2，平均产量为 18.8 t/hm^2；油菜产量在 0.60~3.90 t/hm^2，平均产量为 2.22 t/hm^2；小麦产量在 1.50~6.90 t/hm^2，平均产量为 3.68 t/hm^2；玉米产量在 2.25~9.75 t/hm^2，平均产量为 6.02 t/hm^2。紫色土区马铃薯、油菜、玉米单产高于全国平均水平，但小麦单产低于全国水平。紫色土区马铃薯、油菜、小麦和玉米低产比例分别占 26.5%、30.9%、38.6% 和 19.8%，表明紫色土区作物仍具有较大的产量提升空间（黄兴成，2016）。研究表明，紫色土土壤肥力的两个决定因子是有效磷和速效钾，主要障碍因素是较低的土壤全氮和有机质含量。影响紫色土整体作物产量的主要环境因子分别为土壤 pH 值、有效磷和有机质。其中，对小麦产量影响最大的肥力因子为土壤 pH 值；对玉米产量影响最大的肥力因子为土壤有效磷；对甘薯产量影响最大的肥力因子为土壤速效钾（王齐齐等，2018）。

二、紫色土肥力主要问题

由于成土因素影响和长期不合理的土壤管理，紫色土肥力退化问题突出，中低产田广泛分布。四川盆地紫色土旱地面积 406.1×10^4 hm^2，其中 37% 是退化严重的低产地，40% 是退化较轻至中等的中产地，23% 才是未退化的高产地。由于土壤肥力退化严重，紫色土土层浅薄、水土流失严重、保水保肥能力差、土壤肥力低等障碍突出，导致作物低产（黄兴成，2016）。

（一）土壤酸化与石灰化并存

紫色土耕地土壤 pH 值在 3.8~8.8，平均为 6.99。土壤 pH<4.5、4.5~5.5、5.5~6.5、7.5~8.5 和 >8.5 的比例分别占 0.9%、15.9%、16.1%、42.8% 和 4.6%，酸化（pH 值<6.5）土壤占 32.9%，石灰化（pH 值>7.5）土壤占 47.4%。以石灰性紫色土pH 值最高，平均达 7.67；酸性紫色土 pH 值最低，仅 5.92。所以紫色土区土壤酸化与石灰化并存。与第二次土壤普查相比，30 年来四川盆地紫色土 pH 值平均降低了 0.11个单位，中性紫色土降低了 0.54 个单位，石灰性紫色土降低了 0.43 个单位，而酸性紫色土升高了 0.32 个单位。

（二）有机质整体缺乏

据四川省土壤普查资料统计结果显示，紫色土有机质含量平均为 12.8 g/kg，属于缺乏水平。近 30 年来紫色土有机质平均含量为 16.4 g/kg。有机质缺乏（<20 g/kg）的比例占 75.7%。以酸性紫色土有机质含量最高，达 19.0 g/kg；石灰性紫色土最低，仅15.4 g/kg。所以紫色土区土壤有机质含量总体偏低。与第二次土壤普查相比，紫色土有机质由 30 年前的 12.8 g/kg 提高到 16.4 g/kg，有机质平均增加了 3.6 g/kg，提升了28.1%，石灰性紫色土、中性紫色土和酸性紫色土有机质增幅为 48.1%、30.8% 和13.8%，但仍处于缺乏状态。

（三）氮素肥力不高

据全国第二次土壤普查结果显示，四川盆地紫色土全氮平均含量为 0.84 g/kg，速效氮平均含量为 62 mg/kg，全氮和速效氮均处于缺乏范围。近 30 年来紫色土全氮平均含量为 1.02 g/kg，全氮含量缺乏（<1.0 g/kg）的土壤占 55.6%。酸性紫色土全氮含量最高，达 1.15 g/kg；石灰性紫色土和中性紫色土相当，仅 1.01 g/kg；土壤全氮含量总体中等。与第二次土壤普查相比，土壤全氮由 30 年前的 0.84 g/kg 提高到 1.02 g/kg，平均增加了 0.18 g/kg，提升了 21.4%。石灰性紫色土增加了 0.24 g/kg，增幅达31.2%；中性紫色土增加了 0.18 g/kg，增幅 21.7%；酸性紫色土增加了 0.18 g/kg，增幅 18.6%。

（四）磷素肥力中等

据全国第二次土壤普查结果显示，四川盆地紫色土全磷平均含量为 0.63 g/kg，速效磷含量平均为 5.0 mg/kg，全磷处于中等含量水平，而速效磷含量处于缺乏水平。近30 年来紫色土有效磷平均含量为 15 mg/kg，有效磷缺乏（<10 mg/kg）的土壤占49.8%。以酸性紫色土有效磷含量最高，达 20.9 mg/kg；石灰性紫色土最低，仅12.8 mg/kg。与第二次土壤普查相比，土壤有效磷由 30 年前的 5 mg/kg 提高到

15 mg/kg，平均增加了 10 mg/kg，提升了 200%。酸性紫色土增加了 15.5 mg/kg，增幅达 287%；中性紫色土增加了 10.9 mg/kg，增幅 206%；石灰性紫色土增加了 8.5 mg/kg，增幅 184%。

（五）钾库充足，供钾能力较强

据全国第二次土壤普查结果显示，四川盆地紫色土全钾平均含量为 19.5 g/kg，速效钾含量平均为 90.2 mg/kg，全钾处于中等含量水平，而速效钾含量处于缺乏水平。近 30 年来该区紫色土速效钾平均含量为 91.9 mg/kg，速效钾缺乏（<100 mg/kg）的土壤占 65.4%。以石灰性紫色土速效钾含量最高，达 98.5 mg/kg；中性紫色土最低，仅 85.3 mg/kg。与第二次土壤普查相比，土壤速效钾由 30 年前的 90.2 mg/kg 提高到 91.9 mg/kg，平均增加了 1.7 mg/kg，提升了 1.9%。石灰性紫色土增加了 14.6 mg/kg，增幅达 17.4%；中性紫色土增加了 4.1 mg/kg，增幅 5%；酸性紫色土降低了 19.9 mg/kg，降幅 18.4%。

（六）土壤物理性退化、结构性退化严重

据报道四川省紫色土耕地物理性退化 150.5×10⁴ hm²，结构性退化 116.9×10⁴ hm²。紫色土退化的主要类型有土壤粗骨沙化、土层浅薄化、土壤石灰化和碱化、土壤贫有机质化、土壤贫磷化、水分不协调等（黄兴成，2016）。

第三节　紫色土长期定位试验和监测概况

我国耕地面积 20.27 亿亩（15 亩＝1hm²。全书同），用占世界 9% 左右的耕地养活了 21% 的世界人口。土地作为植物和动物生产的基础，农业的基础生产资料，生产粮食的基础，长期以来人们一直致力于维持和提高土地生产力，揭示土壤肥力的变化规律和驱动机制是培育地力和促进农业可持续发展的重要基础。然而，土壤肥力演变通常是一个漫长的过程，所以农田长期定位试验是土壤肥力研究的基础平台和重要手段。肥料长期定位试验采用既"长期"又"定位"的独特研究方法，长期定位试验具有短期常规试验无可比拟的优点；长期定位试验具有时间上的长期性和气候上的重复性等特点，而且试验信息量丰富、数据准确可靠，能够回答和解释许多短期试验不能解决的问题，能够更加准确、科学地评价施肥对土壤各方面指标的长期作用，甚至在生产上可提供决策性建议等（黄庆海，2014）。20 世纪 80 年代初期，全国化肥试验网在全国不同土壤类型、不同农业耕作制度下建立了 100 多个肥料长期定位试验，初步形成了全国肥料长期定位试验网络（黄庆海，2014）。在这样的背景下，四川省农业科学院土壤肥料研究所于 1982 年在四川省遂宁市船山区永兴镇开展了紫色土野外观测试验。这个长期定位试验的研究结果为紫色土地区的科学合理施肥、土壤肥力的可持续和作物的高产等发挥了积极而重要的作用。

一、试验地基本概况

紫色土长期肥料定位试验，位于四川省遂宁市船山区永兴镇，四川省农业科学院土壤肥料研究所紫色土野外观测实验点（E 105°03′26″，N 30°10′50″，海拔 288.1 m）。该区属亚热带湿润季风气候，年均温度 16.7~17.4℃，8 月气温最高，月平均气温 26.6~27.2℃；1 月气温最低，月平均气温 6.0~6.5℃；多年年均降水量为 887.3~927.6 mm，降水季节分布不均，春季占全年降水量的 19%~21%，夏季占 51%~54%，秋季占 22%~24%，冬季占 4%~5%；无霜期约 337 d，年日照时数 1 227 h。

供试土壤为钙质紫色水稻土，为侏罗系遂宁组砂页岩母质发育的红棕紫泥田，试验开始于 1982 年，试验开始时耕层土壤（0~20 cm）基本性质为：有机质 15.9 g/kg，全氮 1.09 g/kg，全磷 0.59 g/kg，全钾 22.32 g/kg，碱解氮 66.3 mg/kg，有效磷 3.9 mg/kg，速效钾 108 mg/kg，pH 值为 8.6。

二、试验设计

长期肥料定位试验设不施肥的对照（CK）、单施氮肥（N）、单施有机肥（M）、氮肥与有机肥配合施用（MN）、氮磷化肥配合施用（NP）、氮磷钾化肥配合施用（NPK）、氮磷化肥配合施用有机肥（MNP）、氮磷钾化肥配合施用有机肥（MNKP）8 个处理（表 1-1）。CK、N、M 和 MN 处理 1990 年前重复 4 次，1990 年以后重复 2 次，NP、NPK、MNP 和 MNPK 处理重复 4 次，小区面积 13.4 m²（4 m×3.34 m），小区随机区组排列，各小区间用离地面高 20 cm 的水泥板分隔。

种植制度为水稻—小麦一年两熟轮作模式。水稻移栽前人工整地，灌水后栽秧再施基肥；小麦移栽前人工整地，施基肥后播种。水稻与小麦肥料用量相同，单季作物施 120 kg N/hm²、60 kg P_2O_5/hm²、60 kg K_2O/hm²、新鲜猪粪 15 000 t/hm²，N、P、K 分别为尿素、磷酸二铵、氯化钾，有机肥为猪粪水，含水量约 70%，干物质含 N 20~22 g/kg、P_2O_5 18~25 g/kg、K_2O 13~16 g/kg，有机肥料处理中有机肥带入的 N、P、K 养分不计入总量。有机肥与磷肥作基肥；水稻季 60% 氮肥和 50% 钾肥作基肥，剩余 40% 氮肥和 50% 的钾肥作分蘖肥；小麦季 30% 氮肥和 50% 钾肥作基肥，剩余 70% 氮肥和 50% 钾肥作拔节肥。

表 1-1　紫色水稻土不同处理施肥量

处理	水稻季		小麦季	
	化肥 （kg/hm²）	猪粪鲜重 （t/hm²）	化肥 （kg/hm²）	猪粪鲜重 （t/hm²）
CK	0-0-0	0	0-0-0	0
N	120-0-0	0	120-0-0	0
NP	120-60-0	0	120-60-0	0
NPK	120-60-60	0	120-60-60	0
M	0-0-0	15 000	0-0-0	15 000
MN	120-0-0	15 000	120-0-0	15 000
MNP	120-60-0	15 000	120-60-0	15 000
MNPK	120-60-60	15 000	120-60-60	15 000

注：表中 0-0-0 代表 N-P_2O_5-K_2O 的施肥量，依此类推

三、主要测定指标

1. 作物产量

在水稻和小麦成熟期，每个小区单收单晒，测定每个小区作物产量。

2. 产量构成

在作物成熟期，测产以前采集每个小区作物样品，进行考种。

3. 植物生理指标

主要测定水稻、小麦秸秆和籽粒的氮、磷、钾等养分含量。

4. 土壤理化指标

在测定年份采集耕层（0~20 cm）或土壤剖面样品，风干过筛后，利用常规方法测定各项指标；特殊指标的测定严格按照测试方法进行取样和测定。

5. 土壤生物指标

主要测定土壤微生物量碳、土壤微生物量氮、土壤细菌、放线菌和真菌数量、土壤呼吸、土壤酶活性、土壤硝化作用、土壤微生物群落结构及多样性等，采用常规方法测定各项生物指标。

四、数据处理方法

1. 有机碳储量

有机碳储量计算公式如下：

$$SOC_{stock} = (SOC_i \times BD \times H_i) \times 0.1 \qquad (1-1)$$

式中，SOC_{stock} 为有机碳储量（t/hm^2）；SOC_i 为第 i 层有机碳浓度（g/kg）；BD 为第 i 层容重（g/cm^3）；T_i 为第 i 层厚度（cm），0.1 为单位转化系数。

2. 年均有机碳投入量

本研究中每季作物收获后秸秆全部移除，所以系统的碳投入主要包括作物根系及其分泌物、残茬和有机肥。年均土壤有机碳投入 $[t/(hm^2 \cdot a)]$ 计算公式如下：

$$C_b = (Y_g + Y_s) \times (1-W) \times C_{crop} \times R_r \times D_r \times 10^{-6} \qquad (1-2)$$

$$C_s = Y_s \times R_s \times (1-W) \times C_{crop} \times 10^{-6} \qquad (1-3)$$

$$C_m = A_m \times (1-W_0) \times C_{manure} \times 10^{-3} \qquad (1-4)$$

$$C_{input} = C_b + C_s + C_m \qquad (1-5)$$

式中，C_b 为年均根系及其分泌物碳投入量 $[t/(hm^2 \cdot a)]$，Y_g 和 Y_s 分别为作物籽粒和秸秆风干生物量 $[kg/(hm^2 \cdot a)]$，Y_g 为实测值，Y_s 利用谷草比估算，W 和 C_{crop} 分别为植株风干样的含水量（%）和植株含碳量（g C/kg），R_r 为地下部分根系生物量占地上部分生物量的比例（根冠比，%），D_r 为作物根系生物量平均分布在 0~20 cm 土层的比例（%）；C_s 为年均残茬碳投入量 $[t/(hm^2 \cdot a)]$，R_s 为作物收割后残茬生物量占秸秆生物量的比例（%）；C_m 为年均有机肥碳投入量 $[t/(hm^2 \cdot a)]$，A_m 为每年施用有机肥的鲜基重 $[t/(hm^2 \cdot a)]$，W_0 为有机肥含水量（鲜基，%），C_{manure} 为有机肥的有机碳含量（g C/kg）。根据相关文献资料（张敬业等，2012；张丽敏等，2014；樊红柱等，2015）和实测值得出：水稻谷草比为 0.9，水稻的 R_r 为 30%，D_r 为 100%，R_s 为 5.6%，W 为 14% 及 $C_{水稻}$ 为 418 g/kg；小麦谷草比为 1.1，小麦的 R_r 为 30%，D_r 为 75.3%，R_s 为 15%，W 为 14% 及 $C_{小麦}$ 为 399 g/kg；W_0 为 68.7%，C_{manure} 为 414 g/kg。

3. 土壤平均固碳速率

土壤平均固碳速率 ［C，$t/(hm^2 \cdot a)$］ 的估算采用差减法（花可可等，2014），即目前各试验处理耕层土壤的碳储量（$S_{stock-t}$，t/hm^2）与该试验点起始年份耕层土壤储碳量（$S_{stock-0}$，t/hm^2）差值的年（n）平均变化。

$$S_{stock-0} = C_0 \times B_0 \times D \times 10 \tag{1-6}$$

$$S_{stock-t} = C_t \times B_t \times D \times 10 \tag{1-7}$$

$$SOC_{SR} = (S_{stock-t} - S_{stock-0})/n \tag{1-8}$$

式中，C_0 和 C_t 分别为试验开始时和目前土壤有机碳含量（g/kg），B_0 和 B_t 分别为试验开始时和目前耕层土壤容重（g/cm^3），D 为耕层深度（20 cm），10 为转化系数。

4. 土壤有机碳的固持效率

土壤有机碳的固持效率采用蔡岸冬等（2015）和张雅蓉等（2018）方法计算，公式为：

$$SOC_{SE} = (S_{stock-t} - S_{stock-c})/(C_{input-t} - C_{inputc-c}) \tag{1-9}$$

式中，$SOC_{stock-t}$ 和 $SOC_{stock-c}$ 分别为目前各处理下有机碳储量和对照有机碳储量；$C_{input-t}$ 和 $C_{input-c}$ 分别表示各处理和对照外源有机碳输入量；SOC_{SE} 为土壤固碳效率。

5. 其余指标

$$土壤养分活化系数（\%）= 有效养分含量/全量养分含量 \times 100 \tag{1-10}$$

$$土壤养分增量 = 第 i 年土壤养分含量 - 试验初始土壤养分含量 \tag{1-11}$$

$$作物养分吸收量 = 籽粒产量 \times 籽粒养分含量 + 秸秆产量 \times 秸秆养分含量 \tag{1-12}$$

$$当季土壤表观养分盈亏 = 每年施入土壤养分总量 - 每年作物养分吸收量 \tag{1-13}$$

$$土壤累积养分盈亏 = 所有年份当季土壤表观养分盈亏量之和 \tag{1-14}$$

$$肥料回收率（\%）= ［施肥作物总吸养分量 - CK 处理作物总吸养分量］/施肥量 \times 100 \tag{1-15}$$

6. 数据处理与统计分析

所有数据采用 DPS 软件和 Excel 进行方差和相关性分析，处理间差异性检验采用 LSD 多重比较方法，显著性水平为 $P<0.05$。

第二章　长期施肥作物产量及其对施肥的响应

肥料是作物的"粮食",即施肥是提高作物产量最有效的生产技术,但怎样科学合理施肥才能提高肥料的效益和保持土地生产力的持续性是一个重大的科学问题。在过去50年,我国农业生产取得了举世瞩目的成就,以世界9%的耕地养活了世界21%的人口;粮食单产和总产大幅提高,其中农业生产中化学肥料的投入发挥了巨大的作用;在作物产量的增加份额中,有40%~60%是依靠施用化肥,其余则归功于引进良种和科学管理等措施(李忠芳等,2012)。杨生茂等(2005)研究指出,连续20年不施用任何肥料,导致农田土壤生产能力严重衰退;不施肥小麦产量仅是试验开始时的25.7%,玉米产量为试验开始时的28.2%。李忠芳等(2009)对中国主要长期试验不施肥、施化肥、化肥配施有机肥3个处理的玉米、小麦、水稻等粮食作物产量700多组数据进行整理和统计分析,发现长期不施肥的玉米和小麦产量总体上表现为极显著下降趋势,年下降量分别为110.9 kg/hm² 和33.4 kg/hm²,而水稻产量基本保持稳定;施用化肥的玉米、小麦和水稻的产量均呈极显著下降趋势,年平均下降量分别为90.9 kg/hm²、48.5 kg/hm² 和25.3 kg/hm²;化肥配施有机肥的玉米、小麦和水稻的产量随时间没有显著变化,均比较稳定;长期施用化肥作物产量对基础地力的依赖程度高于化肥配施有机肥,化肥配施有机肥是保持农业生产可持续性的施肥模式。然而,当前我国农业生产面临着化肥施用不合理和养分利用率下降等重大问题,因此,探讨合理的施肥制度尤为重要。本研究以长期定位试验为载体,分析不同施肥处理作物产量演变特征、作物产量对氮、磷、钾养分的响应及其与土壤养分的关系,为构建我国生态高值农业技术体系提供理论依据。

第一节　长期施肥作物产量的演变

一、水稻产量演变、产量构成因子与产量稳定性的差异

（一）水稻产量及其稳定性演变特征

由图2-1可见,不同施肥处理水稻产量对施肥年限的响应特征不同。长期不施肥(CK)和长期施肥(N、M和MN)水稻产量均随施肥年限的延长呈显著或极显著上升趋势(图2-1,表2-1),4个处理水稻产量年平均上升量分别是36.1 kg/hm²、81.7 kg/hm²、55.7 kg/hm² 和35.1 kg/hm²,CK处理水稻36年平均产量为3 065 kg/hm²,N处理为4 139 kg/hm²,M处理为4 760 kg/hm²,MN处理为6 273 kg/hm²。与CK处理比较,N、M和MN处理水稻产量分别增加了35.0%、55.3%和104.7%,以MN处理的产量

最高。1~36 年这 4 个施肥处理水稻产量变异系数达显著差异，产量变异系数依次为 25.7%、29.9%、18.6% 和 11.8%。由表 2-1 还可知，随着施肥年限的延续 4 个处理水稻产量变异系数逐渐下降，说明随着施肥年限的延续作物产量越稳定；特别是连续施肥 15 年以后的变异系数依次为 18.5%、19.1%、11.2% 和 8.2%，4 个处理 3 个阶段产量变异系数均呈现为 N>CK>M>MN，说明有机肥和氮肥配施有利于水稻高产和稳产。

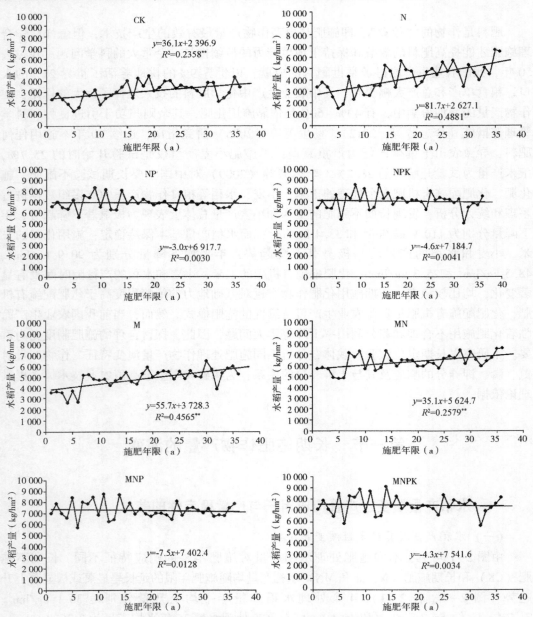

图 2-1　长期不同施肥下水稻产量的演变趋势

注：图中样本数 $n=36$，＊＊ 表示在 1% 水平显著相关

长期施用肥料的 NP、NPK、MNP 和 MNPK 处理水稻产量随施肥年限的增加变化不显著（图 2-1，表 2-1），1~36 年不同施肥处理水稻产量变异系数达显著差异，产量变异系数依次为 8.7%、10.8%、9.8% 和 10.8%。由表 2-1 还可知，随着施肥年限的延续 4 个处理水稻产量变异系数逐渐下降，特别是连续施肥 15 年以后的变异系数依次为 5.6%、8.8%、6.1% 和 8.0%，产量变异系数更小，表现为良好的稳产性，尤其是 NP 和 MNP 处理。4 个处理水稻 36 年平均产量分别为 6 861 kg/hm²、7 100 kg/hm²、7 264 kg/hm² 和 7 461 kg/hm²，与 CK 处理比较，水稻产量分别增加了 123.8%、131.6%、137.0% 和 143.4%。施用化肥（N、NP 和 NPK）水稻多年平均产量为 6 033 kg/hm²，化肥配施有机肥（MN、MNP 和 MNPK）水稻多年平均产量为 6 999 kg/hm²，分别比不施肥 CK 产量提高了 96.8% 和 128.4%，且化肥配施有机肥处理水稻的产量高于相应单施化学肥料处理。可见，化肥配施有机肥不仅高产而且稳产，是最佳的施肥模式。特别是施用有机肥，随着施肥年限的增加和土壤肥力的提升，稳产性提高。但根据养分平衡，连续施用有机肥一段时间后土壤养分足够高时，应减少肥料用量，以降低生产成本、提高肥料利用率，减少养分流失引起的农田生态环境污染的风险。

表 2-1　长期不同施肥下水稻产量变化及变异系数

处理	平均产量（kg/hm²）			产量变异系数（%）			产量年变化量[kg/(hm²·a)]
	1~15 年	16~36 年	1~36 年	1~15 年	16~36 年	1~36 年	1~36 年
CK	2 578f	3 413g	3 065g	28.3	18.5	25.7b	36.1*
N	3 232e	4 786f	4 139f	32.3	19.1	29.9a	81.7**
NP	6 915b	6 823c	6 861c	11.6	5.6	8.7f	−3.0
NPK	7 153ab	7 062bc	7 100bc	13.0	8.8	10.8de	−1.6
M	4 173d	5 179e	4 760e	21.1	11.2	18.6c	55.7**
MN	5 996c	6 471d	6 273d	14.7	8.8	11.8d	35.1**
MNP	7 404a	7 163ab	7 264ab	12.9	6.1	9.8ef	−7.5
MNPK	7 537a	7 408a	7 461a	13.5	8.0	10.8de	−4.3

注：同列数字后不同字母表示在 5% 水平差异显著，** 表示在 1% 水平显著相关，* 表示在 5% 水平显著相关

（二）产量构成因子差异

由表 2-2 可知，不同施肥处理显著影响水稻产量构成因子。不同施肥处理每公顷水稻有效穗数在 126.1 万~232.5 万穗，其中 CK 处理为 126.1 万/hm²，施用化肥（N、NP 和 NPK）处理有效穗数平均为 206.5 万/hm²，化肥配施有机肥（MN、MNP 和 MNPK）处理有效穗数平均为 223.8 万/hm²，分别比 CK 处理增加了 63.8% 和 77.5%，

且化肥配施有机肥处理水稻有效穗数明显高于相应单施化肥处理。不同施肥处理水稻株高达显著差异，在 94.8~112.6 cm，其中 CK 处理为 94.8 cm，施用化肥处理平均株高为 105.1cm，化肥配施有机肥处理平均株高为 109.6 cm，分别比 CK 增加了 10.9%和 15.6%，且化肥配施有机肥处理水稻株高显著高于相应单施化肥处理。不同施肥处理水稻穗长在 23.8~25.6 cm，其中 CK 处理为 23.8 cm，施用化肥处理平均穗长为 25.1 cm，化肥配施有机肥处理平均穗长为 25.4 cm，分别比 CK 增加了 5.5%和 6.7%。不同施肥处理水稻每穗穗实粒在 114.2~163.1 个，其中 CK 处理为 122.1 个，施用化肥处理平均穗实粒为 141.3 个，化肥配施有机肥处理平均穗实粒为 155.1 个，分别比 CK 增加了 15.7%和 27.0%，且化肥配施有机肥处理水稻穗实粒高于相应单施化肥处理。不同施肥处理水稻千粒重无显著差异，说明施肥对水稻千粒重影响不大。不同施肥处理水稻成穗率达显著差异，在 83.4%~94.7%，其中 CK 处理水稻成穗率最高，为 94.7%，施用化肥处理平均成穗率为 84.9%，化肥配施有机肥处理平均成穗率为 84.1%，分别比 CK 降低了 10.4%和 11.2%，且化肥配施有机肥处理水稻成穗率低于相应单施化肥处理。因此，从产量三要素来看，化肥和有机肥配施提高水稻产量主要是增加了有效穗数和穗实粒数。

表 2-2　长期不同施肥下水稻产量构成因子差异

处理	有效穗数 （万/hm²）	株高 （cm）	穗长 （cm）	穗实粒 （个）	千粒重 （g）	成穗率 （%）
CK	126.1e	94.8e	23.8c	122.1c	27.7a	94.7a
N	173.7c	98.9de	24.5bc	114.2c	27.2a	87.2c
NP	218.8ab	107.2b	25.3ab	152.8ab	27.4a	83.4d
NPK	227.0a	109.3ab	25.4a	157.0ab	27.8a	84.0cd
M	148.1d	102.1cd	24.9ab	140.6b	28.1a	91.5b
MN	212.4b	106.6bc	25.0ab	140.3b	27.0a	84.3cd
MNP	226.6a	109.5ab	25.6a	163.1a	27.4a	84.0cd
MNPK	232.5a	112.6a	25.6a	162.0a	27.5a	84.0cd

注：同列数字后不同字母表示在 5%水平差异显著

（三）产量与产量构成因子的关系

图 2-2 显示了水稻产量与产量构成因子之间的关系，由图 2-2 可知，水稻产量与有效穗数、株高、穗长和穗实粒呈极显著正相关关系，即水稻产量随着水稻的有效穗数、株高、穗长和穗实粒增加而增加，当有效穗数、株高、穗长和穗实粒每增加 1 个单位时，水稻产量相应提高 26.2 kg/hm²、84.0 kg/hm²、329.3 kg/hm² 和 21.9 kg/hm²。但千粒重与水稻产量相关性不显著，成穗率与水稻产量呈极显著负相关关系。

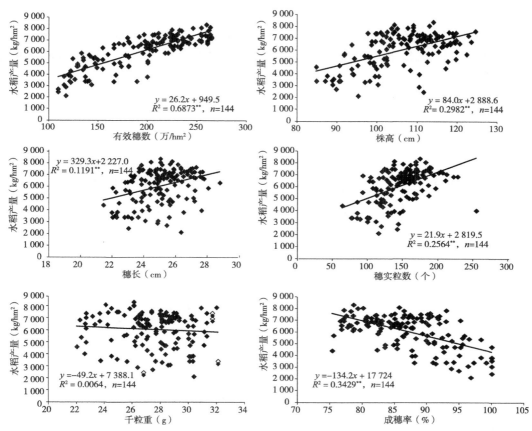

图 2-2　不同施肥处理水稻产量与产量构成因子的关系

注：** 表示在 1% 水平显著相关

二、小麦产量演变、产量构成因子与产量稳定性的差异

（一）小麦产量及其稳定性演变特征

由图 2-3 可见，不同施肥处理小麦产量对施肥年限的响应特征不同。N、NP、NPK、MN、MNP 和 MNPK 处理小麦多年平均产量分别为 1 874 kg/hm²、3 106 kg/hm²、3 224 kg/hm²、2 643 kg/hm²、3 236 kg/hm² 和 3 349 kg/hm²，与 CK 处理比较，小麦产量分别增加了 53.4%、154.2%、163.8%、116.3%、164.8% 和 174.1%。施用化肥（N、NP 和 NPK）小麦多年平均产量为 2 735 kg/hm²，化肥配施有机肥（MN、MNP 和 MNPK）小麦多年平均产量为 3 076 kg/hm²，分别比不施肥 CK 产量提高了 123.8% 和 151.7%，且化肥配施有机肥处理小麦产量高于相应单施化学肥料处理。长期不施肥、长期施用化肥以及长期施用有机肥的 M 处理，小麦产量较低，但产量随施肥年限的延长变化不大。CK 处理小麦多年平均产量为 1 222 kg/hm²，M 处理（产量为 1 813 kg/hm²）比 CK 处理产量增加了 48.4%，施肥显著提高了小麦产量。长期施用肥料的 MNP 和 MNPK 处理小麦产量随施肥年限的增加总体上表现为显著下降趋势，年平均下降量分别是 33.2 kg/hm² 和 28.6 kg/hm²（图 2-3 和表 2-3），可能是因为长期施用有机肥后，养分过量导致后期成熟晚乃至倒伏等所致。因此，

虽然说化肥配施有机肥是较好的施肥模式，但连续施用有机肥一段时间土壤养分足够高时，应减少肥料用量，以免因过量施肥造成小麦减产。CK 和 N 处理小麦产量变异系数相差不大，但显著高于其他施肥处理，而其他施肥处理间产量变异系数无显著差异，说明不施肥或单施氮肥小麦稳产性较低。

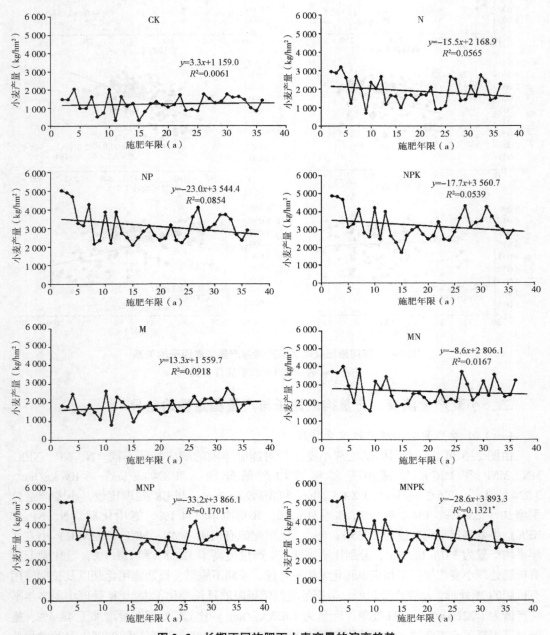

图 2-3　长期不同施肥下小麦产量的演变趋势

注：图中样本数 $n=35$，＊ 表示在 5% 水平显著相关

表 2-3　长期施肥下小麦产量变化及变异系数

处理	平均产量 （kg/hm²）			产量变异系数 （%）			产量年变化量 [kg/(hm²·a)]
	1~15 年	16~36 年	1~36 年	1~15 年	16~36 年	1~36 年	1~36 年
CK	1 168d	1 258d	1 222e	49.2	25.6	36.0a	3.3
N	2 111c	1 716c	1 874d	36.2	32.8	35.9a	−15.5
NP	3 359a	2 938a	3 106b	31.9	18.3	26.3b	−23.0
NPK	3 396a	3 108a	3 224ab	30.5	17.9	24.4b	−17.7
M	1 688c	1 896c	1 813d	32.5	19.1	25.1b	13.3
MN	2 779b	2 553b	2 643c	31.3	20.3	26.0b	−8.6
MNP	3 605a	2 989a	3 236ab	29.2	17.5	25.6b	−33.2*
MNPK	3 656a	3 145a	3 349a	27.9	18.0	24.3b	−28.6*

注：同列数字后不同字母表示在 5%水平差异显著，*表示在 5%水平显著相关

（二）产量构成因子差异

由表 2-4 可知，不同施肥处理显著影响小麦产量构成因子。不同施肥处理每公顷小麦有效穗数在 208.7 万~260.8 万穗，其中 CK 处理为 208.7 万/hm²，施用化肥（N、NP 和 NPK）处理有效穗数平均为 246.6 万/hm²，化肥配施有机肥（MN、MNP 和 MN-PK）处理有效穗数平均为 250.8 万/hm²，分别比 CK 处理增加了 18.2%和 20.2%。不同施肥处理小麦株高达显著差异，在 58.2~85.6 cm，其中 CK 处理为 58.2 cm，施用化肥处理平均株高为 75.6 cm，化肥配施有机肥处理平均株高为 80.5 cm，分别比 CK 增加了 30.0%和 38.3%，且化肥配施有机肥处理小麦株高显著高于相应单施化肥处理。不同施肥处理小麦穗长在 5.6~10.0 cm，其中 CK 处理为 5.6 cm，施用化肥处理平均穗长为 8.5 cm，化肥配施有机肥处理平均穗长为 9.4 cm，分别比 CK 增加了 51.8%和 67.9%，且化肥配施有机肥处理小麦穗长明显高于相应单施化肥处理。不同施肥处理小麦每穗穗实粒在 16.9~41.7 个，其中 CK 处理每穗穗实粒数为 16.9 个，施用化肥处理平均穗实粒为 32.4 个，化肥配施有机肥处理平均穗实粒为 37.5 个，分别比 CK 增加了 91.7%和 121.9%，且化肥配施有机肥处理小麦穗实粒高于相应单施化肥处理。不同施肥处理下小麦千粒重和成穗率均未达显著差异，说明施肥对小麦千粒重和成穗率影响不大。

表 2-4　长期不同施肥小麦产量构成因子差异

处理	有效穗数 （万/hm²）	株高 （cm）	穗长 （cm）	穗实粒 （个）	千粒重 （g）	成穗率 （%）
CK	208.7d	58.2e	5.6d	16.9e	36.1a	88.2a
N	229.7c	62.5e	6.9c	21.8d	35.7a	91.6a
NP	251.9ab	79.7bc	9.1ab	35.9bc	36.4a	88.2a
NPK	258.2ab	84.7ab	9.6ab	39.5ab	36.8a	88.6a
M	229.2c	68.0d	7.0c	22.9d	37.7a	94.3a
MN	240.9bc	74.4c	8.6b	32.7c	37.1a	89.0a

（续表）

处理	有效穗数 （万/hm²）	株高 （cm）	穗长 （cm）	穗实粒 （个）	千粒重 （g）	成穗率 （%）
MNP	250.8ab	81.4ab	9.6ab	38.0ab	37.7a	88.2a
MNPK	260.8a	85.6a	10.0a	41.7a	37.6a	88.7a

注：同列数字后不同字母表示在5%水平差异显著

（三）产量与产量构成因子的关系

图2-4 显示了小麦产量与产量构成因子之间的关系。由图可知，小麦的产量与有效穗数、株高、穗长、穗实粒和千粒重呈极显著正相关，即小麦产量随着小麦的有效穗数、株高、穗长、穗实粒和千粒重的增加而增加。当有效穗数、株高、穗长、穗实粒和千粒重每增加1个单位时，小麦产量相应提高 16.4 kg/hm²、48.0 kg/hm²、235.2 kg/hm²、

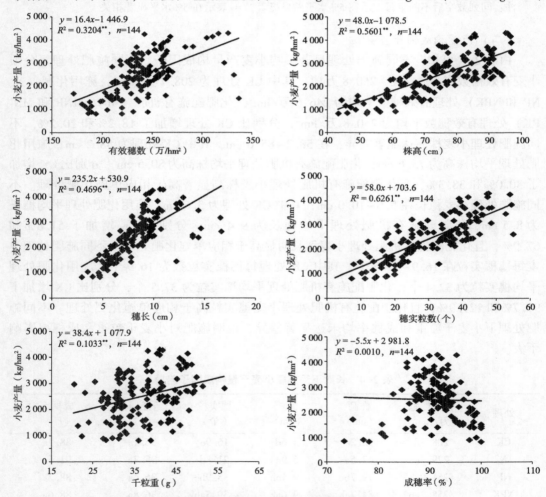

图2-4 不同施肥处理小麦产量与产量构成因子的关系

注：** 表示在1%水平显著相关

58.0 kg/hm² 和 38.4 kg/hm²，但成穗率与小麦产量无显著相关性。

三、稻—麦轮作系统生产力及其稳定性演变

系统生产力及其稳定性演变特征

由图2-5可见，不同施肥下稻—麦轮作系统生产力（水稻与小麦产量之和）对施肥年限的响应特征不同。长期不施肥（CK）和长期单施氮肥（N）、长期单施有机肥（M）系统生产力均随施肥年限的延长呈极显著上升趋势，3个处理系统生产力年平均上升量分别是 39.0 kg/hm²、69.4 kg/hm² 和 67.6 kg/hm²，CK 处理系统生产力平均为 4 307 kg/hm²，N 处理为 6 035 kg/hm²，M 处理为 6 608 kg/hm²，与 CK 处理比较，N 和 M 处理系统生产力分别增加了 40.1% 和 53.4%（表2-5）。长期施用肥料 NPK 和 MN 处理的系统生产力随施肥年限变化不大，平均生产力为 10 341 kg/hm² 和 8 934 kg/hm²；比 CK 增加了 140.1% 和 107.4%。长期施用肥料的 NP、MNP 和 MNPK 处理系统生产力随施肥年限的增加总体表现为下降趋势，年平均下降量分别是 28.0 kg/hm²、33.2 kg/hm² 和 28.6 kg/hm²，这 3 个处理的系统生产力分别为 9 977 kg/hm²、10 506 kg/hm² 和 10 821 kg/hm²，与 CK 处理比较，分别增加了 131.6%、143.9% 和 151.2%。施用化肥（N、NP 和 NPK）系统生产力为 8 784 kg/hm²，化肥配施有机肥（MN、MNP 和 MNPK）系统生产力为 10 087 kg/hm²，分别比 CK 提高了 103.9% 和 134.2%，且化肥配施有机肥处理系统生产力高于相应单施化学肥料处理。表明化肥配施有机肥是提高系统生产力的施肥模式。NP、NPK、MNP 和 MNPK 处理系统生产力变异系数差异不大，但显著低于其他处理，依次分别为 8.7%、8.9%、9.6% 和 9.1%，说明这几种施肥模式有利于稻—麦轮作系统生产力的稳定。

表2-5 长期施肥下稻—麦轮作系统生产力变化及变异系数

处理	平均产量 （kg/hm²）	生产力变异系数 （%）	产量年变化量 [kg/(hm²·a)]
CK	4 307g	19.8b	39.0**
N	6 035f	21.9a	69.4*
NP	9 977c	8.7e	−28.0*
NPK	10 341b	8.9e	−25.9
M	6 608e	14.2c	67.6**
MN	8 934d	10.2d	26.5
MNP	10 506ab	9.6de	−33.2**
MNPK	10 821a	9.1e	−28.6*

注：同列数字后不同字母表示在5%水平差异显著，** 表示在1%水平显著相关，* 表示在5%水平显著相关

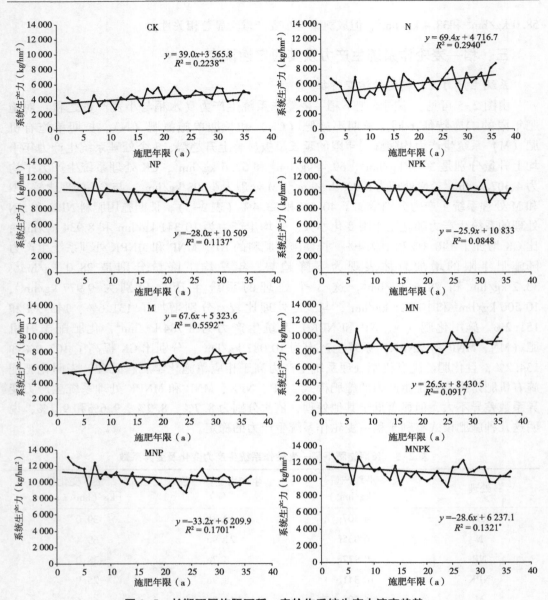

图 2-5 长期不同施肥下稻—麦轮作系统生产力演变趋势

注：图中样本数 $n = 35$，** 表示在 1% 水平显著相关，* 表示在 5% 水平显著相关

第二节 作物产量对长期施肥的响应

一、作物产量对氮肥的响应

图 2-6 显示了水稻和小麦产量对长期施氮肥的响应特征及氮肥贡献率变化。由图

可知，水稻产量随着施肥年限的延长呈增加趋势，施用氮肥水稻产量在 1 475~
6 638 kg/hm²，平均产量为 4 139 kg/hm²；不施肥 CK 处理水稻产量为 3 065 kg/hm²，
水稻 N 肥增产量（即 N 增产量为施氮处理水稻产量减去 CK 产量）平均为
1 074 kg/hm²，施用氮肥水稻产量比 CK 处理增加了 35.0%；N 肥贡献率（N%）＝N 处
理产量/NPK 处理产量×100（徐明岗等，2015），水稻 N 贡献率（N%）变化幅度为
19.2%~98.6%，平均为 58.6%；地力贡献率＝不施肥 CK 处理产量/施氮处理产量×100
（徐明岗等，2015），水稻地力贡献率在 48.9%~93.2%，平均为 74.8%。

　　由图 2-6 还可知，小麦产量随着施肥年限的延长呈逐渐下降趋势，施用氮肥小麦
产量在 900~3 188 kg/hm²，平均产量为 1 874 kg/hm²；不施肥 CK 处理小麦产量为
1 222 kg/hm²，小麦 N 肥增产量平均为 652 kg/hm²，比 CK 处理产量增加了 53.4%；小
麦 N% 的变化幅度为 36.5%~93.2%，平均为 59.5%；小麦地力贡献率在 15.0%~
98.0%，平均为 67.3%。与水稻相比，小麦氮肥贡献率与水稻相差不大，小麦地力贡献
率小于水稻，说明水稻生长更依赖基础地力提供氮素，而小麦季应多施用氮肥。

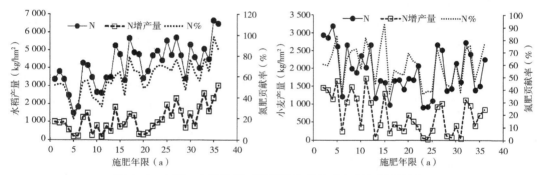

图 2-6　水稻、小麦产量对长期施氮肥的响应及氮肥贡献率

二、作物产量对磷肥的响应

　　图 2-7 显示了水稻和小麦产量对长期施磷肥的响应特征及磷肥贡献率变化。由图
可知，水稻产量随着施肥年限的延长呈下降趋势，施用磷肥水稻产量（NP 处理与 N 处
理水稻产量之差）在 281~5 665 kg/hm²，平均产量为 2 722 kg/hm²；不施肥 CK 处理
水稻产量为 3 065 kg/hm²，在连续施肥 12 年前水稻 P 肥增产量（即 P 增产量为 NP 处
理水稻产量减去 N 和 CK 处理产量）平均为 1 475 kg/hm²，比 CK 处理产量增加了
48.1%，连续施肥 12 年以后，水稻 P 肥增产量为负值，说明增施磷肥没有增加作物产
量；水稻 P% 平均为 65.8%，水稻地力贡献率平均为 65.8%。

　　由图 2-7 还可知，小麦产量随着施肥年限的延长呈逐渐下降趋势，施用磷肥小麦
产量在 178~2 100 kg/hm²，平均产量为 1 232 kg/hm²；不施肥 CK 处理小麦产量为
1 222 kg/hm²，在连续施肥 12 年前小麦 P 肥增产量平均为 593 kg/hm²，比 CK 处理产量
增加了 48.5%，12 年后 P 肥增产量为负值，说明增施磷肥没有增加作物产量；小麦
P% 平均为 42.7%，小麦地力贡献率平均为 71.3%。小麦地力贡献率大于水稻，说明水
稻生长更依赖于肥料磷肥，而小麦生长主要依赖基础地力提供磷素。

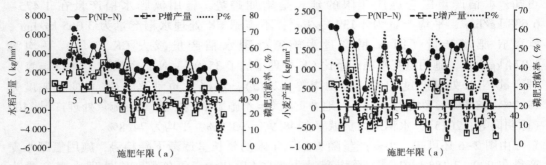

图 2-7　水稻、小麦产量对长期施磷肥的响应及磷肥贡献率

三、作物产量对钾肥的响应

图 2-8 显示了水稻和小麦产量对长期施钾肥的响应特征及钾肥贡献率变化。由图可知，水稻产量随着施肥年限的延长呈增加趋势，施用钾肥水稻产量（NPK 处理与 NP 处理水稻产量之差）在 $26 \sim 655$ kg/hm^2，平均产量为 331 kg/hm^2；水稻 K 肥增产量（即 K 增产量为 NPK 处理水稻产量减去 NP 和 CK 处理产量）为负值，说明增施钾肥没有增加作物产量；水稻钾肥贡献率为 4.6%。

由图 2-8 还可知，小麦产量随着施肥年限的延长而增加，施用钾肥小麦平均产量为 117 kg/hm^2；小麦 K 肥增产量为负值，说明增施钾肥没有增加作物产量；小麦钾肥贡献率为 3.6%。

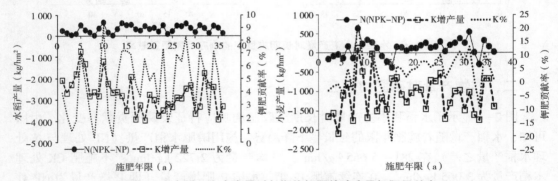

图 2-8　水稻、小麦产量对长期施钾肥的响应及钾肥贡献率

四、作物产量对有机肥的响应

图 2-9 显示了水稻和小麦产量对长期施有机肥的响应特征及有机肥贡献率变化。由图可知，水稻产量随着施肥年限的延长呈增加趋势，施用有机肥水稻产量在 $2\,588 \sim 6\,338$ kg/hm^2，平均产量为 4 760 kg/hm^2；不施肥 CK 处理水稻产量为 3 065 kg/hm^2，水稻有机肥增产量（即 M 增产量为 M 处理水稻产量减去 CK 处理产量）平均为 1 695 kg/hm^2，比 CK 处理产量增加了 55.3%；水稻 M% 的变化幅度为 40.4% ~ 91.4%，平均为 66.4%；水稻地力贡献率在 34.7% ~ 90.4%，平均为 64.1%。

由图 2-9 还可知，小麦产量随着施肥年限的延长呈逐渐增加趋势，施用有机肥小麦产量在 787~2 756 kg/hm²，平均产量为 1 813 kg/hm²；不施肥 CK 处理小麦产量为 1 222 kg/hm²，小麦 M 增产量平均为 591 kg/hm²，比 CK 处理产量增加了 48.4%；水稻 M% 的变化幅度为 31.9%~76.8%，平均为 57.2%；水稻地力贡献率在 31.6%~88.6%，平均为 66.1%。小麦地力贡献率与水稻地力贡献率之间差异不大。

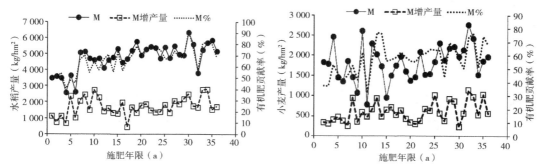

图 2-9　水稻、小麦产量对长期施有机肥的响应及有机肥贡献率

第三节　作物产量与养分吸收的关系

一、作物产量与氮素吸收的关系

水稻、小麦产量与作物氮素吸收量变化趋势关系如图 2-10 所示。由图可以看出，水稻和小麦的产量与氮素吸收量呈极显著正相关关系。水稻直线方程为 $y = 47.3x + 509.8$（$R^2 = 0.9349$，$P < 0.01$），小麦直线方程为 $y = 33.1x + 102.3$（$R^2 = 0.9306$，$P < 0.01$）。根据作物产量与氮素吸收量之间的相关方程可以计算出，紫色水稻土上作物每吸收 1 kg 氮，能提高水稻和小麦产量分别为 47.3 kg/hm² 和 33.1 kg/hm²。

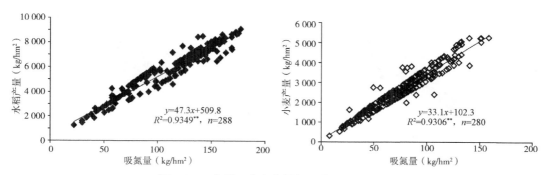

图 2-10　水稻、小麦产量与氮素吸收的关系

注：** 表示在 1% 水平显著相关

二、作物产量与磷素吸收的关系

水稻、小麦产量与作物磷素吸收量变化趋势关系如图 2-11 所示。由图可以看出，水稻和小麦的产量与磷素吸收量呈极显著正相关关系。水稻直线方程为 $y = 173.9x + 2\ 354.1$（$R^2 = 0.8316$，$P < 0.01$），小麦直线方程为 $y = 167.7x + 684.2$（$R^2 = 0.9012$，$P < 0.01$）。根据作物产量与磷素吸收量之间的相关方程可以计算出，紫色水稻土上作物每吸收 1 kg 磷，能提高水稻和小麦产量分别为 173.9 kg/hm² 和 167.7 kg/hm²。

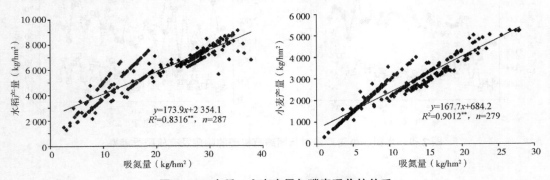

图 2-11　水稻、小麦产量与磷素吸收的关系

注：** 表示在 1%水平显著相关

三、作物产量与钾素吸收的关系

水稻、小麦产量与作物钾素吸收量变化趋势关系如图 2-12 所示。由图可以看出，水稻和小麦的产量与钾素吸收量呈极显著正相关关系。水稻直线方程为 $y = 30.2x + 1\ 003.3$（$R^2 = 0.8826$，$P < 0.01$），小麦直线方程为 $y = 38.7x + 536.8$（$R^2 = 0.8828$，$P < 0.01$）。根据作物产量与钾素吸收量之间的相关方程可以计算出，紫色水稻土上作物每吸收 1 kg 钾，能提高水稻和小麦产量分别为 30.2 kg/hm² 和 38.7 kg/hm²。

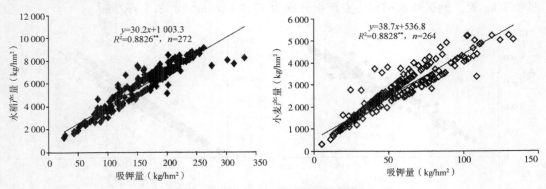

图 2-12　水稻、小麦产量与钾素吸收的关系

注：** 表示在 1%水平显著相关

第四节　作物产量与土壤养分的关系

一、作物产量与土壤碱解氮的关系

以土壤碱解氮含量为横坐标（x），以作物产量为纵坐标（y），建立两者之间的线性关系，不同施肥处理水稻产量与土壤碱解氮含量的线性拟合方程为：$y=42.4x+2\,158.7$（$R^2=0.1357$，$P<0.01$），不同施肥处理小麦产量与土壤碱解氮含量的线性拟合方程为：$y=21.6x+555.4$（$R^2=0.1340$，$P<0.01$）（图 2-13）。由图 2-13 可知，水稻和小麦产量随土壤碱解氮含量的增加而极显著增加，紫色水稻土碱解氮含量每提升 1 mg/kg 时，水稻产量增加 42.4 kg/hm²，小麦产量提高 21.6 kg/hm²。

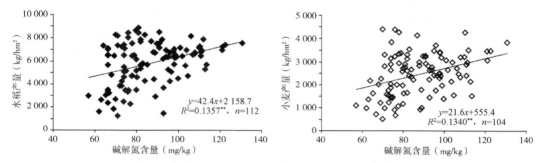

图 2-13　水稻、小麦产量与土壤碱解氮的关系
注：** 表示在 1%水平显著相关

二、作物产量与土壤有效磷的关系

不同施肥处理水稻产量与土壤有效磷含量的线性拟合方程为：$y=35.0x+5\,206.5$（$R^2=0.1771$，$P<0.01$），不同施肥处理小麦产量与土壤有效磷含量的线性拟合方程为：$y=18.6x+2\,111.6$（$R^2=0.2104$，$P<0.01$）（图 2-14）。由图 2-14 可知，水稻和小麦产量随土壤中有效磷含量的增加而极显著增加，紫色水稻土有效磷含量每提升 1 mg/kg 时，水稻产量增加 35.0 kg/hm²，小麦产量提高 18.6 kg/hm²。

三、作物产量与土壤有效钾的关系

不同施肥处理水稻产量与土壤有效钾含量的线性拟合方程为：$y=-21.8x+8\,151.3$（$R^2=0.0766$，$P<0.01$），不同施肥处理小麦产量与土壤有效钾含量的线性拟合方程为：$y=-10.3x+3\,564.1$（$R^2=0.0663$，$P<0.05$）（图 2-15）。由图 2-15 可知，水稻和小麦产量随土壤中有效钾含量的增加而显著或极显著降低，紫色水稻土有效钾含量每提升 1 mg/kg 时，水稻产量下降 21.8 kg/hm²，小麦产量降低 10.3 kg/hm²，说明施用钾肥没有增加作物产量，可能是该试验土壤不缺钾素，增施钾肥反而降低了作物产量。

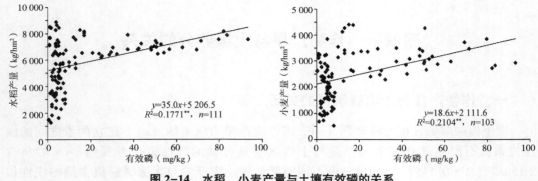

图 2-14　水稻、小麦产量与土壤有效磷的关系

注：** 表示在 1%水平显著相关

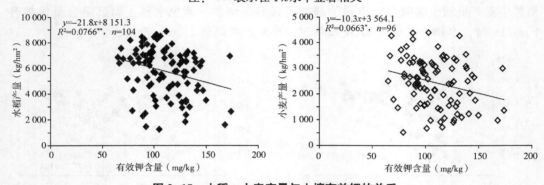

图 2-15　水稻、小麦产量与土壤有效钾的关系

注：** 表示在 1%水平显著相关，* 表示在 5%水平显著相关

四、作物产量与土壤有机质的关系

不同施肥处理水稻产量与土壤有机质含量的线性拟合方程为：$y=497.7x-3\ 021.5$（$R^2=0.2896$，$P<0.01$），不同施肥处理小麦产量与土壤有机质含量的线性拟合方程为：$y=249.9x-2\ 016.1$（$R^2=0.2944$，$P<0.01$）（图 2-16）。由图 2-16 可知，水稻和小麦产量随土壤中有机质含量的增加而极显著增加，紫色水稻土有机质含量每提升 1 g/kg 时，水稻产量增加 497.7 kg/hm^2，小麦产量提高 249.9 kg/hm^2。

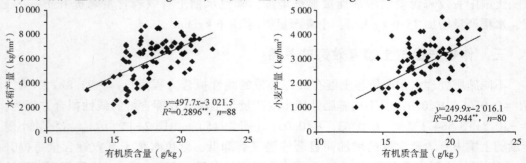

图 2-16　水稻、小麦产量与土壤有机质的关系

注：** 表示在 1%水平显著相关

第五节　小　结

一、长期施肥作物产量的演变

（一）水稻产量演变、产量构成因子与产量稳定性的差异

长期不施肥（CK）和长期施肥（N、M 和 MN）水稻产量均随施肥年限的延长呈显著或极显著上升趋势，4 个处理水稻产量年平均上升量分别是 36.1 kg/hm²、81.7 kg/hm²、55.7 kg/hm² 和 35.1 kg/hm²，N、M 和 MN 处理水稻产量比 CK 产量分别增加了 35.0%、55.3% 和 104.7%，以 MN 处理的产量最高。随着施肥年限的延续 4 个处理水稻产量变异系数逐渐下降，说明随着施肥年限的延续作物产量越稳定；特别是连续施肥 15 年以后的变异系数依次为 18.5%、19.1%、11.2% 和 8.2%，呈现为 N>CK>M>MN，说明有机肥和氮肥配施有利于水稻高产和稳产。长期施用肥料的 NP、NPK、MNP 和 MNPK 处理水稻产量随施肥年限的增加变化不显著，随着施肥年限的延续 4 个处理水稻产量变异系数逐渐下降，特别是连续施肥 15 年以后的产量变异系数依次为 5.6%、8.8%、6.1% 和 8.0%，表现为良好的稳产性，尤其是 NP 和 MNP 处理。与 CK 处理比较，4 个处理水稻产量依次分别增加了 123.8%、131.6%、137.0% 和 143.4%。施用化肥（N、NP 和 NPK）水稻多年平均产量为 6 033 kg/hm²，化肥配施有机肥（MN、MNP 和 MNPK）水稻多年平均产量为 6 999 kg/hm²，分别比不施肥 CK 产量提高了 96.8% 和 128.4%，且化肥配施有机肥处理水稻的产量高于相应单施化学肥料处理。可见，化肥配施有机肥不仅高产而且稳产，是最佳的施肥模式。特别是施用有机肥，随着施肥年限的增加和土壤肥力的提升，稳产性提高。

施用化肥和化肥配施有机肥处理水稻有效穗数分别比 CK 处理增加了 63.8% 和 77.5%，两类施肥方式水稻株高分别比 CK 增加了 10.9% 和 15.6%，穗长分别比 CK 增加了 5.5% 和 6.7%，穗实粒分别比 CK 增加了 15.7% 和 27.0%，不同施肥处理水稻千粒重无显著差异，两类施肥方式成穗率分别比 CK 降低了 10.4% 和 11.2%。水稻的产量与有效穗数、株高、穗长和穗实粒呈极显著正相关关系，当有效穗数、株高、穗长和穗实粒每增加 1 个单位时，水稻产量相应提高 26.2 kg/hm²、84.0 kg/hm²、329.3 kg/hm² 和 21.9 kg/hm²。但千粒重与水稻产量相关性不显著，成穗率与水稻产量呈极显著负相关关系。

（二）小麦产量演变、产量构成因子与产量稳定性的差异

N、NP、NPK、MN、MNP 和 MNPK 处理小麦多年平均产量与 CK 处理比较，小麦产量分别增加了 53.4%、154.2%、163.8%、116.3%、164.8% 和 174.1%。施用化肥小麦多年平均产量为 2 735 kg/hm²，化肥配施有机肥小麦多年平均产量为 3 076 kg/hm²，分别比不施肥 CK 产量提高了 123.8% 和 151.7%。长期不施肥、长期施用化肥以及长期施用有机肥的 M 处理，小麦产量较低但产量随施肥年限的延长变化不大。CK 处理小麦多年平均产量为 1 222 kg/hm²，M 处理（产量为 1 813 kg/hm²）比 CK 处理产量增加了

48.4%。长期施用肥料的 MNP 和 MNPK 处理小麦产量随施肥年限的增加总体上表现为显著下降趋势，年平均下降量分别是 33.2 kg/hm² 和 28.6 kg/hm²，可能是因为长期施用有机肥后，养分过量导致后期成熟晚乃至倒伏等所致。

施用化肥与化肥配施有机肥处理小麦有效穗数分别比 CK 增加了 18.2% 和 20.2%，株高分别比 CK 增加了 30.3% 和 38.3%，穗长分别比 CK 增加了 51.8% 和 67.9%，每穗穗实粒分别比 CK 增加了 91.7% 和 121.9%，不同施肥处理下小麦千粒重和成穗率均未达显著差异。小麦的产量与有效穗数、株高、穗长、穗实粒和千粒重呈极显著正相关，当有效穗数、株高、穗长、穗实粒和千粒重每增加 1 个单位时，小麦产量相应提高 16.4 kg/hm²、48.0 kg/hm²、235.2 kg/hm²、58.0 kg/hm² 和 38.4 kg/hm²，但成穗率与小麦产量无显著相关性。

（三）稻—麦轮作系统生产力演变与稳定性

长期不施肥（CK）和长期单施氮肥（N）、长期单施有机肥（M）系统生产力均随施肥年限的延长呈极显著上升趋势，3 个处理系统生产力年平均上升量分别是 39.0 kg/hm²、69.4 kg/hm² 和 67.6 kg/hm²，与 CK 处理比较，N 和 M 处理系统生产力分别增加了 40.1% 和 53.4%。长期施用肥料 NPK 和 MN 处理的系统生产力随施肥年限变化不大，比 CK 增加了 140.1% 和 107.4%。长期施用肥料的 NP、MNP 和 MNPK 处理系统生产力随施肥年限的增加总体上表现为下降趋势，年平均下降量分别是 28.0 kg/hm²、33.2 kg/hm² 和 28.6 kg/hm²，这 3 个处理的系统生产力分别比 CK 处理增加了 131.6%、143.9% 和 151.2%。施用化肥系统生产力为 8 784 kg/hm²，化肥配施有机肥系统生产力为 10 087 kg/hm²，分别比 CK 提高了 103.9% 和 134.2%，表明化肥配施有机肥是提高系统生产力的施肥模式。NP、NPK、MNP 和 MNPK 处理系统生产力变异系数差异不大，但显著低于其他处理，依次分别为 8.7%、8.9%、9.6% 和 9.1%，说明这几种施肥模式有利于稻—麦轮作系统生产力的稳定。

二、作物产量对长期施肥的响应

水稻产量随施氮肥年限的延长呈增加趋势，施用氮肥水稻平均产量为 4 139 kg/hm²，水稻 N 肥增产量平均为 1 074 kg/hm²，施用氮肥水稻产量比 CK 处理增加了 35.0%，水稻 N 贡献率（N%）平均为 58.6%，水稻地力贡献率平均为 74.8%。小麦产量随着施肥年限的延长呈逐渐下降趋势，施用氮肥小麦平均产量为 1 874 kg/hm²，小麦 N 肥增产量平均为 652 kg/hm²，比 CK 处理产量增加了 53.4%，小麦 N% 平均为 59.5%，小麦地力贡献率平均为 67.3%。小麦地力贡献率小于水稻，说明水稻生长更依赖基础地力提供氮素，而小麦季应多施用氮肥。

水稻产量随着施磷肥年限的延长呈下降趋势，施用磷肥水稻平均产量为 2 722 kg/hm²，在连续施肥 12 年前水稻 P 肥增产量平均为 1 475 kg/hm²，比 CK 处理产量增加了 48.1%，连续施肥 12 年以后，水稻 P 肥增产量为负值，说明增施磷肥没有增加作物产量；水稻 P% 平均为 65.8%，水稻地力贡献率平均为 65.8%。小麦产量随着施肥年限的延长呈逐渐下降趋势，施用磷肥小麦平均产量为 1 232 kg/hm²，在连续施肥 12 年前小麦 P 肥增产量平均为 593 kg/hm²，比 CK 处理产量增加了 48.5%，12 年后 P

肥增产量为负值，说明增施磷肥没有增加作物产量；小麦 P% 平均为 42.7%，小麦地力贡献率平均为 71.3%。小麦地力贡献率大于水稻，说明水稻生长更依赖于肥料磷肥，而小麦生长主要依赖基础地力提供磷素。

水稻产量随着施钾肥年限的延长呈增加趋势，施用钾肥水稻平均产量为 331 kg/hm²，水稻 K 肥增产量为负值，说明增施钾肥没有增加作物产量；水稻钾肥贡献率为 4.6%。小麦产量随着施肥年限的延长而增加，施用钾肥小麦平均产量为 117 kg/hm²；小麦 K 肥增产量为负值，说明增施钾肥没有增加作物产量；小麦钾肥贡献率为 3.6%。

水稻产量随着施有机肥年限的延长呈增加趋势，施用有机肥水稻平均产量为 4 760 kg/hm²，水稻有机肥增产量平均为 1 695 kg/hm²，比 CK 处理产量增加了 55.3%；水稻 M% 平均为 66.4%，水稻地力贡献率平均为 64.1%。小麦产量随着施肥年限的延长呈逐渐增加趋势，施用有机肥小麦平均产量为 1 813 kg/hm²，小麦 M 增产量平均为 591 kg/hm²，比 CK 处理产量增加了 48.4%；水稻 M% 平均为 57.2%，水稻地力贡献率平均为 66.1%。小麦地力贡献率与水稻地力贡献率两者之间差异不大。

三、作物产量与养分吸收的关系

水稻和小麦的产量与氮素吸收量、磷素吸收量和钾素吸收量均呈极显著正相关关系；紫色水稻土上作物每吸收 1 kg 氮，能提高水稻和小麦产量分别为 47.3 kg/hm² 和 33.1 kg/hm²；作物每吸收 1 kg 磷，能提高水稻和小麦产量分别为 173.9 kg/hm² 和 167.7 kg/hm²；作物每吸收 1 kg 钾，能提高水稻和小麦产量分别为 30.2 kg/hm² 和 38.7 kg/hm²。

四、作物产量与土壤养分的关系

水稻和小麦产量随土壤碱解氮、有效磷和有机质含量的增加而极显著增加，但水稻和小麦产量随土壤有效钾的含量增加而显著或极显著降低。紫色水稻土碱解氮含量每提升 1 mg/kg 时，水稻产量增加 42.4 kg/hm²，小麦产量提高 21.6 kg/hm²；土壤有效磷含量每提升 1 mg/kg 时，水稻产量增加 35.0 kg/hm²，小麦产量提高 18.6 kg/hm²；土壤有机质含量每提升 1 g/kg 时，水稻产量增加 497.7 kg/hm²，小麦产量提高 249.9 kg/hm²；而土壤有效钾含量每提升 1 mg/kg 时，水稻产量下降 21.8 kg/hm²，小麦产量降低 10.3 kg/hm²。

第三章　长期施肥土壤物理肥力演变

第一节　长期施肥下土壤容重的演变

土壤容重应称为干容重，又称为土壤假比重，通常指田间自然垒结状态下单位容积土体（包括土粒和孔隙）的质量或重量，土壤容重的单位一般以 g/cm^3 表示。土壤容重是土壤物理形状的重要指标之一，土壤容重与土壤质地、压实状况、土壤颗粒密度、土壤有机质含量及各种土壤管理措施关系密切（徐明岗等，2006a；2015）。土壤容重反映了土壤结构紧实情况，间接反映出土壤透气性、透水性及保水能力高低。一般含矿物质多而结构差的土壤，土壤容重在 $1.4~1.7\ g/cm^3$（如砂土）；含有机质多而结构好的土壤，土壤容重在 $1.1~1.4\ g/cm^3$（如农业土壤）。土壤容重过大和过低都不利于作物生长，容重过大土壤过于紧实，不利于作物根系的生长；容重过低，作物容易发生倒伏，同时也不利于土壤保肥保水。通常土壤越疏松多孔，容重越小；土壤越紧实，容重越大。土壤容重越小说明土壤结构、透气性、透水性能越好。

长期施肥土壤容重的变化

长期不同施肥紫色水稻土 0~20 cm 耕层土壤容重变化见表3-1。由表可知，与不施肥土壤容重比较，无论长期施用化学肥料或增施有机肥均能降低土壤容重。单施化肥处理（N、NP 和 NPK）土壤容重比 CK 处理降低 4.6%~6.9%，其中以 N 和 NP 处理土壤容重降幅较小，且降幅相差不大，分别下降 4.6% 和 5.3%，NPK 平衡施肥土壤容重降幅最大，为 6.9%。增施有机肥处理（M、MN、MNP 和 MNPK）土壤容重比 CK 处理降低 3.8%~9.2%，其中以 MNP 处理土壤容重降幅较大，为 9.2%，MNPK 处理次之，降幅为 7.6%，M 处理排第三，降幅为 6.1%，MN 处理土壤容重降幅最小，为 3.8%。单施化肥和增施有机肥处理土壤平均容重分别为 $1.24\ g/cm^3$ 和 $1.22\ g/cm^3$，比 CK 处理分别下降 5.3% 和 6.9%，表明施用有机肥或有机无机肥配合施用，可以降低土壤容重，增加土壤孔隙度，促使作物具有更好的生长环境。

表 3-1　长期施肥下紫色水稻土耕层容重　　　　（单位：g/cm^3）

处理	1990 年	2005 年	2007 年	2013 年	2015 年	2017 年	均值
CK	1.30	1.27	1.37	1.39	1.41	1.14	1.31
N	1.28	1.22	1.22	1.25	1.42	1.12	1.25
NP	1.23	1.23	1.23	1.28	1.40	1.05	1.24

（续表）

处理	1990 年	2005 年	2007 年	2013 年	2015 年	2017 年	均值
NPK	1.21	1.25	1.22	1.20	1.34	1.08	1.22
M	1.09	1.29	1.18	1.20	1.43	1.16	1.23
MN	1.29	1.28	1.16	1.27	1.42	1.13	1.26
MNP	1.25	1.22	1.11	1.16	1.32	1.06	1.19
MNPK	1.20	1.29	1.09	1.21	1.41	1.08	1.21

第二节　长期施肥下土壤孔隙度的演变

土壤孔隙度指土壤中空隙占土壤总体积的百分比。土壤中各种形状的粗细土粒集合和排列形成土壤固相骨架，骨架内部有宽狭和形状不同的孔隙，构成复杂的孔隙系统，全部孔隙容积与土体容积的百分比，称为土壤孔隙度。土壤孔隙度反映了土壤孔隙状况、透水性、透气性、导热性和松紧程度。不同类型土壤的孔隙度是不同的，一般粗砂土孔隙度为 33%~35%，大孔隙较多；黏质土孔隙度为 45%~60%，小孔隙较多；壤土的孔隙度为 55%~65%，大、小孔隙比例基本相当。不同的耕作和施肥措施是影响土壤孔隙度的主要因素（黄庆海，2014）。

长期施肥土壤孔隙度的变化

长期不同施肥紫色水稻土 0~20 cm 耕层土壤孔隙度变化见表 3-2。由表可知，与不施肥处理土壤孔隙度比较，无论长期施用化学肥料或增施有机肥均能增加土壤孔隙度。单施化肥处理（N、NP 和 NPK）土壤孔隙度比 CK 处理提高 4.6%~7.2%，其中以 N 和 NP 处理土壤孔隙度增加较小，且增幅相差不大，平均为 5%左右，NPK 平衡施肥土壤孔隙度增加幅度最大，为 7.2%。增施有机肥处理（M、MN、MNP 和 MNPK）土壤孔隙度比 CK 处理增加 4.1%~9.5%，其中以 MNP 处理土壤孔隙度增加较多，为 9.5%，MNPK 处理次之，增加幅度为 7.6%，M 处理排第三，增加幅度为 6.6%，MN 处理土壤孔隙度增加幅度最小，为 4.1%。单施化肥处理和增施有机肥处理土壤孔隙度分别为 53.39%和 53.95%，比 CK 处理分别提高 5.8%和 6.9%，表明施用有机肥或有机无机肥配合施用，可以增加土壤孔隙度，有利于土壤透水、透气和导热。

表 3-2　长期施肥下紫色水稻土耕层土壤孔隙度　　　　　（单位：%）

处理	1990 年	2005 年	2007 年	2013 年	2015 年	2017 年	均值
CK	50.94	52.08	48.30	47.55	46.75	57.10	50.45
N	51.70	53.96	53.96	52.83	46.45	57.70	52.77
NP	53.58	53.58	53.58	51.70	47.13	60.22	53.30
NPK	54.34	52.83	53.96	54.72	49.51	59.21	54.10
M	58.87	51.32	55.47	54.72	46.15	56.06	53.77
MN	51.32	51.70	56.23	52.08	46.53	57.27	52.52

（续表）

处理	1990 年	2005 年	2007 年	2013 年	2015 年	2017 年	均值
MNP	52.83	53.96	58.11	56.23	50.34	59.98	55.24
MNPK	54.72	51.32	58.87	54.34	46.94	59.38	54.26

第三节　长期施肥下土壤紧实度变化

　　水稻土与旱地土壤结构特征截然不同。水稻移栽前通常需要泡田，将土壤软化数天后再进行旋耕，通过水耕制浆最后在犁底层之上形成松软的泥浆层。稻田水耕制浆过程破坏了耕层土壤结构，通过水耕制浆可以防止稻田漏水、漏肥和控制杂草生长（黄庆海，2014）。研究表明，长期施用化肥对水稻土土壤结构改良效果不明显，与无肥对照比较土壤结构性质甚至出现恶化，而添加有机物料不仅可以提高水稻产量，而且还能够改善水稻土结构（赖庆旺等，1992；许绣云等，1996；王胜佳等，2002），可能是增施有机物料更新了土壤有机质、改善了土壤 pH 值和养分而引起的（许绣云等，1996；高亚军等，2001；刘禹池，2012）。

长期施肥土壤紧实度的变化

　　图 3-1 为连续 36 年不同施肥处理下土壤紧实度变化。由图可知，所有处理土壤紧实度随着土层深度的增加而呈逐渐增加趋势。对于同一土层，不同处理差异较大，总体来说，CK 处理土壤紧实度高于 NPK、M 和 MNPK 处理，NPK 处理高于 M 和 MNPK 处理。我们将土层分为 0～20 cm（耕层）和 20～45 cm，发现 CK、NPK、M 和 MNPK 处理 0～20 cm 耕层土壤紧实度分别为 247 kPa、224 kPa、199 kPa 和 200 kPa；20～45 cm 土壤紧实度分别为 732 kPa、671 kPa、631 kPa 和 593 kPa；一方面说明增施有机肥可以降低土壤紧实度，另一方面也说明增施有机肥不仅影响耕层土壤紧实度，也影响底层土壤紧实度。

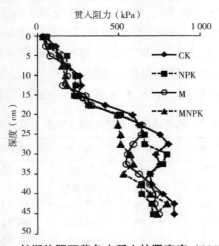

图 3-1　长期施肥下紫色水稻土的紧实度（2017 年）

第四节　长期施肥下土壤微形态变化

　　土壤微形态与土壤肥力直接相关，是土壤质量的重要组成部分。通过对土壤微形态的研究，可以了解土壤骨骼颗粒、细粒物质、土壤形成物等的形态和土壤各类颗粒的组配与空间分布、形态、结构，并分析微观形态的发生，可使我们获得关于土壤中进行的各种微过程以及成土母质矿物与有机体之间相互作用（曹升赓，1980；何毓蓉和贺秀斌，2007；秦鱼生等，2009；Qin et al.，2012）。1938 年，奥地利土壤物理学家Kubiena 发表《微土壤学》专著，标志着土壤微形态学作为土壤学的一门分支而问世。我国科学家对土壤微形态学研究开始于 20 世纪 60 年代，比国外晚了近 30 年。我国科研工作者研究领域多集中在土壤形成分类的微形态、土壤肥力的微形态、区域土壤的微形态、古土壤微形态和土壤退化的微形态研究等方面；并有施肥改土、不同培肥措施等对土壤微形态的影响报道（钟羡云，1982；何毓蓉，1984；曹升赓，1989；杨秀华和黄玉俊，1990；杨延蕃等，1990；秦鱼生等，2009）。本节通过偏光显微镜对长期施用不同肥料的土壤微形态进行观察，试图说明紫色土在长期不同施肥措施下土壤结构的变化，为合理施肥提供参考。

一、长期施肥对土壤颗粒的影响

　　表 3-3 显示了长期不同施肥紫色水稻土耕层土壤颗粒组成。土壤矿物质由粗粒质和细粒质组成，其构成情况可以反映土壤的质地，还可以反映土壤的风化程度和外源动力状况。由表可知，土壤母质决定了土壤的粗粒质都以原生矿物为主，不同施肥处理的粗粒质、细粒质有所差异。单独施用化学肥料的 CK、N、NP 和 NPK 处理粗粒质（>2 μm）土壤颗粒以石英、长石和云母为主，且表面光滑，粗颗粒较多；细粒质（>0.25 μm）颜色为棕色，粗粒质与细粒质紧密接触。长期施用有机肥料的 M、MN、MNP 和 MNPK 处理粗粒质（>2 μm）有少量有机质残体颗粒分布，且表面光滑，粗颗粒数量少，细粒质（>0.25 μm）为棕褐色，粗粒质与细粒质间较疏松。

表 3-3　长期不同施肥下紫色水稻土耕层土壤颗粒特性（2007 年）

处理	粗粒质（>2 μm）	细粗质（>0.25 μm）
CK	主要是原矿物，以石英、长百和云母为主，表面光滑，粗颗粒多	颜色为棕色，与粗粒质接触紧密
N	主要是原矿物，以石英、长百和云母为主，表面光滑，粗颗粒多	颜色为棕色，与粗粒质接触紧密
NP	主要是原矿物，以石英、长百和云母为主，表面光滑，粗颗粒多	颜色为棕色，与粗粒质接触紧密
NPK	主要是原矿物，以石英、长百和云母为主，表面光滑，粗颗粒多	颜色为棕色，与粗粒质接触紧密
M	主要是原矿物，有少量有机质残体颗粒，表面光滑，粗颗粒多	颜色为棕褐色，与粗粒质间较疏松

（续表）

处理	粗粒质（>2 μm）	细粗质（>0.25 μm）
MN	主要是原矿物，有少量有机质残体颗粒，表面光滑，粗颗粒多	颜色为棕褐色，与粗粒质间较疏松
MHP	主要是原矿物，有少量有机质残体颗粒，表面光滑，粗颗粒多	颜色为棕褐色，与粗粒质间较疏松
MNPK	主要是原矿物，有少量有机质残体颗粒，表面光滑，粗颗粒多	颜色为棕褐色，与粗粒质间较疏松

注：表中内容来源于秦鱼生等，2009

二、长期施肥对土壤孔隙状况、有机成分和特别形成物的影响

土壤孔隙形状在一定程度上反映土壤结构的改良程度和水分运动状态。土壤团聚体发育越好，数量越多，土体结构就越好，能增强土壤的通气性、保肥、保水能力，有利于作物、植被生长。通过显微镜观察长期不同施肥下紫色土耕层土壤显微形态的结果见表3-4和图3-2。单施用化学肥料的CK、N、NP、NPK处理土壤孔隙极少，土壤紧实，几乎没有动、植物残体，也没有铁锰结核和腐殖质形成物分布（图3-2A、B、C、D）。NPK处理土壤孔隙有少量孔道分布，而CK、N和NP处理土壤孔隙极少，土壤紧实。有机肥和化肥配合施用的M、MN、MNP和MNPK处理与单独施用化学肥料的处理土壤差异较大，都有孔道状孔隙的形成，孔隙数量明显增加，有少量的动、植物残体和细胞组织，有铁锰结核和分散或絮凝状的腐殖质分布（图3-2E、F、G、H）。其中以MNPK处理，土壤相对较疏松，通气性和透光性较好。表明紫色土增施有机肥可以明显改善土壤孔隙度，增加土壤通气性和透光性。土壤孔隙状况的微形态鉴定结果与前述土壤物理结构分析结果基本一致。

表3-4　长期不同施肥下紫色水稻土耕层土壤孔隙、有机残体和土壤形成物（2007年）

处理	土壤孔隙	有机残体	土壤形成物
CK	孔隙极少，土壤密实	极少植物残体，半分解状况	无铁锰结核和腐殖质
N	孔隙极少，土壤密实	极少植物残体，半分解状况	无铁锰结核和腐殖质
NP	孔隙极少，土壤密实	极少植物残体，半分解状况	无铁锰结核和腐殖质
NPK	有少量孔道状孔隙分布，土壤密实	极少植物残体，半分解状况	无铁锰结核和腐殖质
M	有少量孔道状和结构体孔隙分布，土壤密实	少量动、植物残体和细胞组织，半分解状况	极少铁锰结核，少量分散的腐殖质
MN	有少量孔道状和结构体孔隙分布，土壤密实	少量动、植物残体和细胞组织，半分解状况	极少铁锰结核，少量分散的腐殖质
MHP	有少量孔道状和结构体孔隙分布，土壤较密实	少量动、植物残体和细胞组织，半分解状况	极少铁锰结核，少量絮凝状的腐殖质
MNPK	有孔道状、囊状和结构体孔隙分布，土壤较密实	少量动、植物残体和细胞组织，半分解状况	少量铁锰结核，少量絮凝状的腐殖质

注：表中内容来源于秦鱼生等，2009

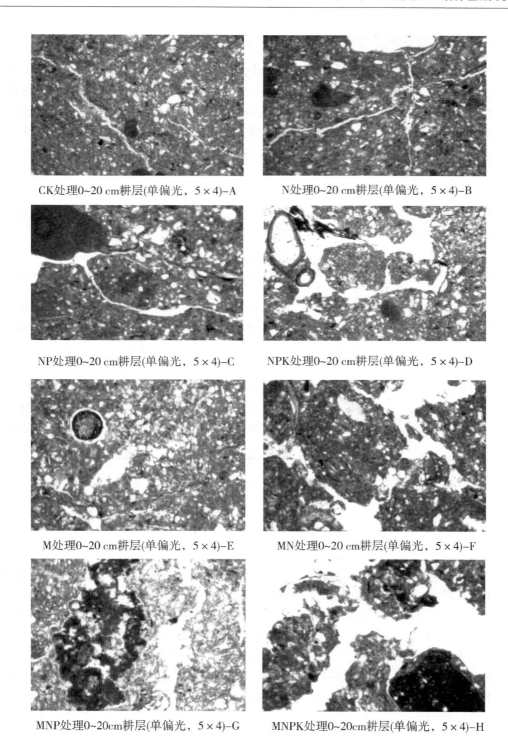

CK处理0~20 cm耕层(单偏光，5×4)-A　　　N处理0~20 cm耕层(单偏光，5×4)-B

NP处理0~20 cm耕层(单偏光，5×4)-C　　　NPK处理0~20 cm耕层(单偏光，5×4)-D

M处理0~20 cm耕层(单偏光，5×4)-E　　　MN处理0~20 cm耕层(单偏光，5×4)-F

MNP处理0~20cm耕层(单偏光，5×4)-G　　　MNPK处理0~20cm耕层(单偏光，5×4)-H

图3-2　长期不同施肥下紫色水稻土的微结构（2007年）

（图片来源：秦鱼生等，2009）

三、长期施肥对土壤垒结和微结构的影响

长期不同施肥处理耕作层土壤垒结和微结构见表 3-5，土壤微结构是指在放大 5 倍以上能够观察到的土壤集合体、微团粒、土块、微孔隙等及其空间排布。根据土壤微垒结类型的分布多少和主次即可确定土壤微结构类型。由于土壤的不均匀性，土壤的微结构常常是由一种或一种以上的土壤微垒结类型组成。土壤主要微垒结以碎屑聚积状、斑晶胶凝状、胶凝紧实状为主，而不同处理间差异较大。CK 处理与 N 处理相同，土壤微结构类型都为碎屑聚积状-沙粒聚积状；NP、NPK 处理相近，都为（细）斑晶胶凝状-细沙粒聚积状；而施用有机肥料的 M、MN、MNP、MNPK 处理的主要微垒结相同，都为胶凝紧实状，次要微垒结略有差异，土壤微结构类型以 MNPK 处理最好，为胶凝紧实状-多孔状微结构。

表 3-5 不同施肥处理耕作层土壤垒结和微结构

处理	主要微垒结	次要微垒结	土壤微结构类型
CK	碎屑聚积状	沙粒聚积状	碎屑聚积状-沙粒聚积状
N	碎屑聚积状	沙粒聚积状	碎屑聚积状-沙粒聚积状
NP	细斑晶胶凝状	细沙粒聚积状	细斑晶胶凝状-细沙粒聚积状
NPK	斑晶胶凝块状	细沙粒聚积状	斑晶胶凝块状-细沙粒聚积状
M	胶凝紧实块状	细沙粒聚积状	胶凝紧实块状-细沙粒聚积状
MN	胶凝紧实块状	细斑晶胶凝状	胶凝紧实块状-细沙粒聚积状
MNP	胶凝紧实块状	斑晶胶凝块状	胶凝紧实块状-斑晶胶凝块状
MNPK	胶凝紧实块状	多孔状	胶凝紧实块状-多孔状

第五节 小 结

与不施肥 CK 处理比较，无论长期施用化学肥料或增施有机肥均能降低土壤容重、增加土壤孔隙度，尤其是施用有机肥或有机无机肥配合施用效果更明显。所有处理土壤紧实度随着土层深度的增加而呈逐渐增加趋势，不同施肥下土壤紧实度大小排列顺序为：CK> NPK > M > MNPK，化肥与有机肥配合施用可以明显降低土壤紧实度。

不同施肥方式明显影响土壤微形态结构组成。不施肥 CK 处理，土壤耕层结构致密，很少有孔隙发育，土壤微结构为结构较差的碎屑聚积状-沙粒聚积状；单施化学肥料，土壤颗粒未形成结构体，少孔隙，土壤微结构主要为斑晶胶凝状-细沙粒聚积状结构，土壤结构稍微好于 CK 处理；长期施用有机肥或有机无机肥配施的处理，土壤粗颗粒数量显著增加，结构疏松，孔隙量大，动、植物残体丰富，有铁锰结核和腐殖质的形成和微团聚体的发育，土壤微结构类型以 MNPK 处理最好，为胶凝紧实状-多孔状结构。有机无机肥料配施能改良土壤微形态结构，有利于培肥土壤。

第四章 长期施肥土壤化学肥力演变

第一节 长期施肥下土壤 pH 值的演变

长期以来，土壤酸化一直是一个令人关注的问题。耕地土壤随着耕作年限的增加，会发生一定程度的酸化现象，而且土壤结构越简单、缓冲能力越弱，土壤的酸化现象越严重（徐仁扣和 Coventry，2002）。张喜林等（2008）报道我国东北黑土区长期大量施用氮肥导致土壤 pH 值已由 1979 年的 7.22 下降到 2006 年的 5.70，甚至在黑龙江省东部、北部一些地区土壤 pH 值在 5.0~6.0，说明黑土酸化现象是近年来农业生产中遇到的一个新问题。我国太湖地区水稻土具有较高的生产力，但近年来该地区土壤呈不断酸化趋势（徐茂等，2006；汪吉东等，2007）。在我国的南方，土壤酸化是限制大多数作物生长的一个主要环境胁迫因子，原因是低 pH 值条件下土壤中 Al 的溶解所导致的植物毒性，长期大量施用生理酸性氮肥及植物自身的生理活动和物质循环都会导致土壤酸化，引起土壤中对植物有毒金属离子的溶出（Delhaize et al.，1993；石锦芹等，1999；曾清如等，2005）。在一定条件下，土壤长期施用尿素会导致酸化、结构破坏、盐害和生态系统脆弱等问题（Malhi et al.，1998）。据统计，土壤酸化可造成农作物减产 20%，甚至更高，因此，土壤酸化已经成为影响土壤生产潜力的潜在因子，成为影响农业发展十分重要的问题（刘伟和尚庆昌，2001；许中坚等，2002；毕军等，2002；张喜林等，2008）。本章深入探讨了长期不同施肥对紫色水稻土 pH 值的影响，对于我们合理施用肥料、提高肥料的利用率、保护和培肥紫色土具有十分重要的意义。

长期施肥下土壤 pH 值的变化趋势

pH 值是土壤农化性状主要指标之一，土壤 pH 值的大小直接影响土壤中养分元素存在的形态与土壤供肥能力。国内外大量研究表明，农田施肥管理措施与土壤 pH 值关系密切（Delhaize et al.，1993；Malhi et al.，1998；刘伟和尚庆昌，2001；毕军等，2002；江吉东等，2007；张喜林等，2008）。白浆土上长期施用化学肥料和秸秆还田均能加速土壤酸化程度（董炳友等，2002）；黑土每年每公顷施用 150~300 kg 纯氮，连续 27 年施肥后耕层土壤 pH 值下降了 1.52 个单位（张喜林等，2008）；红壤上施入尿素能显著降低土壤 pH 值（曾清如等，2005）。

长期不同施肥对紫色水稻土 pH 值的影响见图 4-1。由图可知，不同施肥处理下土壤 pH 值对施肥年限的响应特征相似，即随着施肥年限的延续所有处理土壤 pH 值呈逐渐下降的趋势，即施肥导致紫色水稻土酸化。其中 CK、NP、NPK、MN、MNP 和

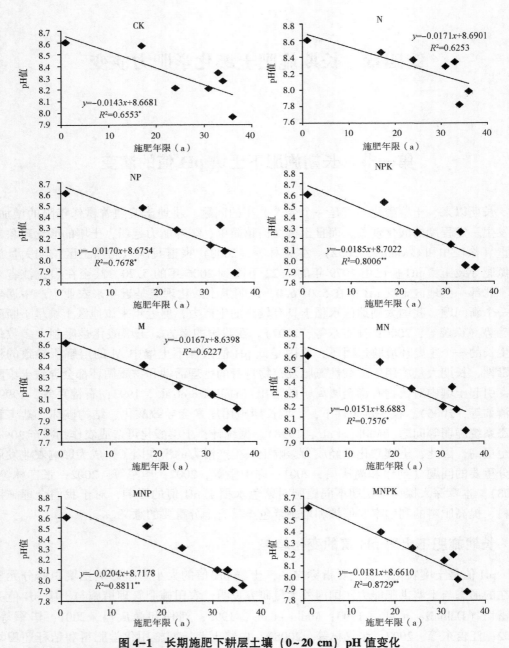

图 4-1　长期施肥下耕层土壤（0~20 cm）pH 值变化

注：图中样本数 $n=7$，** 表示在 1% 水平显著相关，* 表示在 5% 水平显著相关

MNPK 处理达显著水平，N 和 M 处理未达显著水平。经过 36 年不同施肥 CK 处理土壤 pH 值由试验开始的 8.60 下降到 7.97，36 年下降了 0.63 个单位，比试验开始时下降了 7.3%；N 处理从 8.60 下降到 7.98，36 年后下降了 0.62 个单位，下降了 7.2%；NP 和 NPK 处理从 8.60 下降到 7.88，36 年后下降了 0.72 个单位，下降了 8.4%；施用化学肥

料（N、NP、NPK）土壤 pH 值从 1982 年的 8.60 下降到 2017 年 7.91，36 年下降了 0.69 个单位，下降了 8.0%。经过 36 年 M 处理土壤 pH 值由试验开始的 8.60 下降到 8.00，36 年下降了 0.60 个单位，比试验开始时下降了 7.0%；MN 处理从 8.60 下降到 7.99，36 年后下降了 0.61 个单位，下降了 7.1%；MNP 处理从 8.60 下降到 7.95，36 年后下降了 0.65 个单位，下降了 7.6%；MNPK 处理从 8.60 下降到 7.93，36 年后下降了 0.67 个单位，下降了 7.8%；施用有机肥（M、MN、MNP、MNPK）土壤 pH 值从 1982 年的 8.60 下降到 2017 年 7.97，36 年下降了 0.63 个单位，下降了 7.3%。施用有机肥比施用化肥土壤 pH 值 36 年间少下降 0.06 个单位，降幅减少了 0.7%。因此，紫色水稻土壤上施用有机肥可以减缓土壤酸化的加剧。

第二节　长期施肥下土壤有机质的演变

土壤有机质是地球生态系统中最大的碳库之一，全球 1m 土层有机碳储量估计达 1500 Gt，其微小变化将对大气 CO_2 浓度产生重要影响。此外，有机质与土壤结构、肥力和作物产量密切相关，也就是说土壤有机质对维持土壤肥力和农田生产力的提高具有重要意义（Batjes，1996；Pan et al.，2009；张旭博等，2014；纪钦阳等，2015；张雅蓉等，2016；史康婕等，2017；郑慧芬等，2018）。如何科学估算土壤固碳潜力、评价土壤固碳饱和水平、明确土壤碳的"源汇关系"已成为研究的热点。国内外研究指出，农田土壤固碳主要受水热条件、土壤性质、施肥、耕作、土地利用方式及其他因素的影响（Yang and Kay，2001；徐明岗等，2017；王树涛等，2007；张璐等，2009；许菁等，2015；张雅蓉等，2018）。鉴于土壤碳循环的重要性，本节对长期不同施肥处理下紫色水稻土有机质演变特征、长期外源碳投入与碳固存关系进行探讨，为该区合理施肥、作物增产及进一步解释紫色土固碳机制、固碳潜力提供参考。

一、长期施肥下土壤有机质的变化趋势

由图 4-2A 可知，紫色水稻土长期不同施肥 36 年后，不施肥（CK）和单施氮肥（N）处理土壤有机质含量随施肥年限延续略有下降，但未达显著差异（表 4-1）。NP 和 MN 处理的土壤有机质含量总体呈增加趋势，也未达显著差异。NPK、M、MNP 和 MNPK 处理土壤有机质含量随施肥时间延长呈显著或极显著增加趋势，年增加速率为 0.11 g/kg、0.081 g/kg、0.094 g/kg 和 0.074 g/kg（图 4-2A、B，表 4-1）。说明氮磷钾平衡施肥、单施有机肥或有机肥配施化肥是有效增加土壤有机质的重要措施。施肥显著影响土壤有机质含量，不同施肥处理土壤有机质平均含量在 15.62~19.51 g/kg，其中 CK 处理有机质含量为 15.62 g/kg，单施化肥（N、NP 和 NPK）与有机肥配施化肥（MN、MNP 和 MNPK）土壤有机质含量比 CK 分别提高了 11.1% 和 21.0%，表明有机肥配施化肥提升土壤有机质的效果优于单施化肥和单施有机肥。

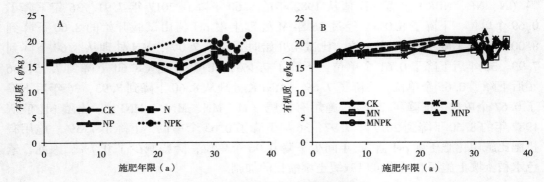

图4-2 不同施肥下土壤有机质演变

A：施用化肥；B：增施有机肥

表4-1 不同施肥处理土壤有机质演变特征参数

处理	有机质平均含量 （g/kg）	R^2	变化趋势	年变化量 [g/（kg·a）]
CK	15.62d	0.0133	维持	0.0108
N	16.12d	0.0025	维持	0.0033
NP	17.21c	0.1919	上升	0.0299
NPK	18.74ab	0.7159 **	上升	0.1085
M	18.48ab	0.4660 *	上升	0.0812
MN	17.85bc	0.0867	上升	0.0330
MNP	19.33a	0.5394 *	上升	0.0942
MNPK	19.51a	0.3629 *	上升	0.0735

注：同列数字后不同字母表示在5%水平差异显著，** 表示在1%水平显著相关，* 表示在5%水平显著相关

二、长期施肥下土壤剖面有机质变化

（一）土壤剖面有机质含量变化

由图4-3可知，紫色水稻土经过连续31年的不同施肥后，CK（14.11 g/kg）处理0~20 cm土层有机质含量明显低于试验开始时基础土壤有机质含量（15.90 g/kg），有机质含量较试验开始时下降了11.3%，表明该试验水稻土的自然地力不能维持作物生长对耕层土壤有机质的消耗。其他各施肥处理0~20 cm土层有机质含量变化范围为17.99~21.32 g/kg，且明显高于原始基础土壤。紫色水稻土连续31年不同施肥处理后，CK处理0~20 cm土层的有机质含量最低，为14.11 g/kg；各施肥处理较CK处理有机质含量均显著增加，但所有施肥处理间均无显著差异，以MNPK处理增加幅度最大，较CK处理有机质增加了51.1%，其次是MNP处理，较CK处理有机质提高了49.7%，其他施肥处理较CK有机质含量增加幅度为27.5%~36.5%。相同处理0~20 cm和20~40 cm土层有机质含量比较，0~20 cm土层有机质含量从14.11~21.32 g/kg下降到

20~40 cm 的 9.99~12.97 g/kg，下降幅度达 37.0%，表明土壤有机质含量随土层深度增加而降低。20~40 cm 土层有机质含量，以 M 处理最低，为 9.99 g/kg，CK 和 N 处理次之，且后两者无显著差异；CK 和 N 处理土壤有机质含量均显著低于 NP、NPK、MNP 和 MNPK 处理，而后面 4 个处理土壤有机质无显著差异。

就 0~20 cm 土层来说，化肥配施有机肥处理（MN、MNP 和 MNPK）土壤有机质含量（20.44 g/kg）比单施化肥处理（N、NP 和 NPK）（18.40 g/kg）和 CK（14.11 g/kg）处理以及试验开始时基础土壤有机质含量（15.90 g/kg）分别增加了 11.1%、44.9% 和 28.6%，单施化肥处理较 CK 和基础土壤有机质含量分别提高 30.4% 和 15.7%。CK 处理有机质含量年下降速率为 0.058 g/kg，化肥配施有机肥和单施化肥处理土壤有机质含量年增加速率分别为 0.15 g/kg 和 0.081 g/kg；化肥配施有机肥处理 20~40 cm 土层有机质含量（12.69 g/kg）较单施化肥（11.89 g/kg）和 CK（10.64 g/kg）分别增加了 6.7% 和 19.3%。并且无论 0~20 cm 还是 20~40 cm 土层有机肥配施化肥各处理土壤有机碳含量均高于相应仅施化肥处理，表明长期单施化肥也能促进土壤有机质累积，而有机肥配施化肥提升土壤有机质效果优于单施化肥。这与国内外多数研究结果基本一致（Banger et al.，2008；高伟等，2015；黄晶等，2015；蔡岸冬等，2015）。主要因为有机肥配施化肥一方面由于有机肥的投入直接增加了土壤有机碳来源，另一方面有机肥的施用增加了作物根茬、根系生物量和根系分泌物等间接碳来源（Xu et al.，2011；Wang et al.，2015）。但还有大量研究发现，长期单施化肥情况下土壤有机碳含量或呈持平效应（张璐等，2009；骆坤等，2013），或呈明显的负增长态势（乔云发等，2008）。长期施用化肥，虽然增加了作物根茬残留，同时也提高了土壤微生物活性，进而加速了土壤中有机物残茬和有机碳的分解矿化，促使土壤有机碳总量下降（Khan et al.，2007）。单施化肥是否促进土壤有机碳累积与试验前原始土壤的有机碳水平有关，当试验前土壤有机碳低于最低平衡点时，施用化肥能够增加土壤有机碳（骆坤等，2013）。

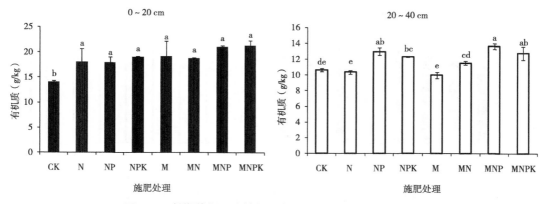

图 4-3 长期施肥下土壤剖面有机质含量变化（2012 年）

注：图中柱上不同字母表示在 5% 水平差异显著，误差线为标准差

（二）土壤剖面有机质储量变化

土壤有机质储量主要由容重和有机质含量决定，由于长期不同施肥条件下土壤容重和有机质含量受肥料种类、肥料用量、地表作物枯落物、地下根系分布和人为干扰等因素影响程度不同，因此不同施肥处理土壤有机质储量存在一定差异（董云中等，2014；李文军等，2015）。由图 4-4 可知，紫色水稻土经过连续 31 年不同施肥后，0～20 cm土层有机质储量在 34.58～51.55 t/hm²；其中 MNPK 处理土壤有机质储量最高，为51.55 t/hm²，MNP 处理次之，为 48.91 t/hm²，MN 处理有机质储量排第三，达47.75 t/hm²，N、NP、NPK 和 M 处理有机质储量差异不大，为 45.27～46.07 t/hm²，CK 处理有机质储量最小，为 34.58 t/hm²。方差分析结果表明，所有施肥处理土壤有机质储量显著高于 CK，而不同施肥处理之间未达显著差异；化肥配施有机肥处理土壤有机质储量均明显高于相应仅施化肥处理；说明有机肥和化肥配合施用提升土壤有机质储量效果优于单施化肥。20～40 cm 土层有机质储量的变化范围为 30.20～43.28 t/hm²，明显低于 0～20 cm 土层有机质储量（34.58～51.55 t/hm²）。CK、N 和 M 处理有机质储量差异不大，且三者之间未达显著差异；NP 和 NPK 处理有机质储量显著高于 N 和 CK处理，而前两者呈显著差异；MN、MNP 和 MNPK 处理有机质储量也显著高于 M 和 CK处理；有机肥与化肥配合施用各处理土壤有机质储量高于相应仅施化学肥料处理。相同施肥处理 0～20 cm 土层有机质储量明显高于 20～40 cm 土层，0～20 cm 土层有机质储量比 20～40 cm 土层提高了 28.8%；说明不同施肥处理方式下土壤有机质储量呈现出明显的表聚性，即土壤有机质储量随土层深度增加而降低。尚杰等（2015）在陕西塿土旱地、李文军等（2015）在洞庭湖双季稻区水稻土上的研究也说明不同施肥处理方式下土壤有机碳储量呈现出明显的表聚性。这主要是因为 0～20 cm 表层土壤接受较多的植物凋落物、根茬和有机肥等有机碳含量丰富的物质，导致有机碳投入量大于其分解损失量；而 20～40 cm 亚表层土壤有机碳的投入量较少，仅为一些植物细根、根系分泌物和部分表层淋溶下来的有机碳（骆坤等，2013）。

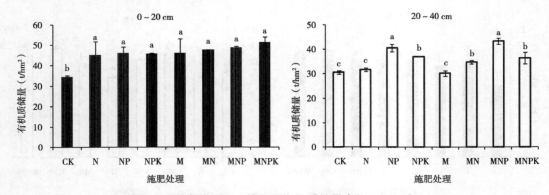

图 4-4　长期施肥下土壤剖面有机质储量变化（2012 年）
注：图中柱上不同字母表示在 5%水平差异显著，误差线为标准差

三、长期施肥下土壤有机碳对碳投入的响应

土壤中有机碳的保护和存储对提升土壤肥力水平、维持作物生产力和农田生态环境质量具有重要作用（Banger et al.，2009；Pan et al.，2009）。农田土壤生态系统中有机碳主要来源于残茬、根系及根系分泌物和添加到土壤中的有机肥、秸秆还田等（Pan et al.，2009；Zhang et al.，2016；张敬业等，2012）。因此，土壤中有机物质来源的数量和质量，必然影响土壤的肥力水平和固碳能力。一般认为，碳投入量越高土壤对碳的固定也越大。国内外许多研究指出，土壤固碳量与碳投入呈显著正相关关系（Lugato et al.，2007；Kundu et al.，2007；Zhang et al.，2010；Lou et al.，2011）；但也有研究指出，随着碳的大量投入土壤有机碳含量增加不明显，即表现出碳饱和现象（Six et al.，2002；Gulde et al.，2008；Chung et al.，2010；Zhang et al.，2012）。

（一）土壤碳素投入量变化

1. 水稻碳素投入量变化

图4-5和表4-2显示了不同施肥处理水稻不同器官碳素投入量的变化结果。由图4-5和表4-2可知，施肥显著影响水稻地上部碳投入量，其变化范围在2.09~5.10 t/（hm² · a），其中MNPK处理碳投入量最大，MNP次之，CK最小。单施化肥处理（N、NP和NPK）水稻地上部碳投入量为4.12 t/（hm² · a），化肥配施有机肥处理（MN、MNP和MNPK）水稻地上部碳投入量为4.78 t/（hm² · a），比CK分别提高了97.1%和128.7%；表明有机无机肥配施增加水稻地上部碳投入量的效果优于单施化肥和不施肥。施肥显著影响水稻根系碳投入量，水稻根系碳投入量在0.63~1.53 t/（hm² · a），其中MNPK处理碳投入量最大，MNP次之，CK最小。单施化肥处理水稻根系碳投入量为1.23 t/（hm² · a），化肥配施有机肥处理水稻根系碳投入量为1.43 t/（hm² · a），比CK分别提高了95.2%和127.0%。施肥也显著影响水稻根茬碳投入量，水稻根茬碳投入量在0.06~0.14 t/（hm² · a），其中MNPK处理碳投入量最大，MNP和NPK次之，CK最小。单施化肥处理水稻根茬碳投入量为0.11 t/（hm² · a），化肥配施有机肥处理水稻根茬碳投入量为0.13 t/（hm² · a），比CK分别提高了83.3%和116.7%。

表4-2 水稻季不同器官碳投入量变化参数 ［单位：t/（hm² · a）］

处理	地上部碳投入量	根系碳投入量	根茬碳投入量
CK	2.09f	0.63f	0.06f
N	2.83e	0.85e	0.08e
NP	4.69b	1.41b	0.12b
NPK	4.85ab	1.45ab	0.13ab
M	3.25d	0.98d	0.09d
MN	4.28c	1.29c	0.11c
MNP	4.96a	1.49a	0.13a
MNPK	5.10a	1.53a	0.14a

注：同列数字后不同字母表示在5%水平差异显著

2. 小麦碳素投入量变化

图 4-6 和表 4-3 显示了不同施肥处理小麦不同器官碳素投入量的变化结果。由图 4-6 和表 4-3 可知，施肥显著影响小麦地上部碳投入量，其变化范围在 0.88~2.41 $t/(hm^2 \cdot a)$，其中 MNPK 处理碳投入量最大，MNP 次之，CK 最小。单施化肥处理小麦地上部碳投入量为 1.97 $t/(hm^2 \cdot a)$，化肥配施有机肥处理小麦地上部碳投入量为 2.22 $t/(hm^2 \cdot a)$，比 CK 分别提高了 123.9%和 152.3%。施肥显著影响小麦根系碳投入量，小麦根系碳投入量在 0.20~0.55 $t/(hm^2 \cdot a)$，其中 MNPK 处理碳投入量最大，MNP 次之，CK 最小。单施化肥处理小麦根系碳投入量为 0.45 $t/(hm^2 \cdot a)$，化肥配施有机肥处理小麦根系碳投入量为 0.50 $t/(hm^2 \cdot a)$，比 CK 分别提高了 125.0%和 150.0%。施肥也显著影响小麦根茬碳投入量，小麦根茬碳投入量在 0.07~0.19 $t/(hm^2 \cdot a)$，其中 MNPK、NP、NPK 和 MNP 处理根茬碳投入量差异不大，CK 最小。单施化肥处理小麦根茬碳投入量为 0.15 $t/(hm^2 \cdot a)$，化肥配施有机肥处理小麦根茬碳投入量为 0.17 $t/(hm^2 \cdot a)$，比 CK 分别提高了 114.3%和 142.9%。

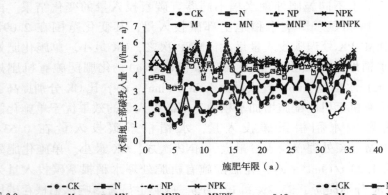

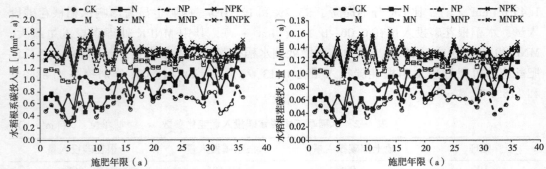

图 4-5　水稻季不同器官碳投入量变化

表 4-3　小麦季不同器官碳投入量变化　　　　　　[单位：$t/(hm^2 \cdot a)$]

处理	地上部碳投入量	根系碳投入量	根茬碳投入量
CK	0.88d	0.20d	0.07d
N	1.35c	0.31c	0.11c
NP	2.24a	0.51a	0.18a
NPK	2.32a	0.52a	0.18a

（续表）

处理	地上部碳投入量	根系碳投入量	根茬碳投入量
M	1.31c	0.30c	0.10c
MN	1.90b	0.43b	0.15b
MNP	2.33a	0.53a	0.18a
MNPK	2.41a	0.55a	0.19a

注：同列数字后不同字母表示在 5% 水平差异显著

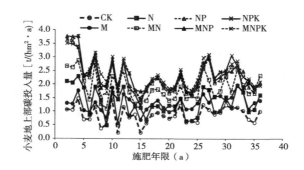

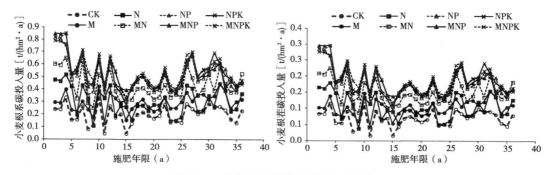

图 4-6　小麦季不同器官碳投入量变化

3. 水稻—小麦系统碳素投入量变化

农田土壤碳的投入包括作物残茬、根系分泌物及脱落物、秸秆还田或有机肥等（张敬业等，2012）。本试验由于水稻和小麦季作物秸秆全部移走，所以不施肥或施化肥处理，系统碳投入主要来源于作物根系及其分泌物和根茬。由图 4-7 可知，不同施肥处理显著提高了作物生物量碳，进而增加了系统的总碳投入量。与 CK 相比，不同施肥处理来源于作物生物量的有机碳归还量提高了 40.4%~158.2%；施用化肥各处理中以 NPK 作物生物量归还量最大，比 CK 提高了 141.5%，施用有机肥处理中以 MNPK 作物生物量归还量最高，比 CK 提高了 158.2%；由于有机肥与化肥配施处理作物产量高于相应仅施化肥处理，造成有机无机肥配施处理作物生物碳投入量高于相应单施化肥各处理。有机肥配施化肥（MN、MNP 和 MNPK）作物生物量平均碳投入为 2.22 t/（hm² · a），单施化肥（N、NP 和 NPK）作物生物量碳投入为 1.93 t/（hm² · a）。

与 CK 相比，施肥显著提高水稻—小麦轮作系统碳素投入总量，碳素投入量提高了 40.4%～566.0%，有机肥配施化肥系统总碳投入量为 6.10 t/(hm² · a)，单施化肥系统总碳投入量为 1.93 t/(hm² · a)，比 CK 处理总碳素投入量分别提高 548.9%和 105.3%。因此，施肥能够显著增加土壤碳素投入，尤其是化肥与有机肥配施效果更明显。这主要因为一方面施肥提高了作物产量，使归还土壤中的根茬和根系分泌物增加，间接提高有机碳投入；另一方面增施有机肥直接增加了土壤有机碳投入。总之，MNPK 处理总碳的投入量最大，达到了 6.26 t/(hm² · a)，其次为 MNP 处理，总碳投入量为 6.19 t/(hm² · a)。

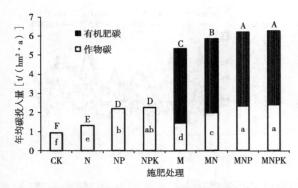

图 4-7　不同施肥模式下来自作物生物量和有机肥的年均碳投入量

注：不同小写字母代表来自作物的生物量碳投入在 5%水平差异显著，不同大写字母表示总有机碳投入在 5%水平差异显著

（二）土壤固碳速率变化

一般而言，土壤中有机碳的固定速率与土壤外源有机碳输入量和施肥时间长短有密切关系，固碳速率会随着外源碳投入量的增加而增加，而随施肥时期的延长固碳速率下降。相比试验初始土壤有机碳储量，紫色水稻土经过 36 年的不同施肥处理后，各处理碳素固持速率变化较大。由图 4-8 可知，连续 36 年不同施肥处理后，不施肥 CK 处理土壤有机碳表现为损失，平均损失速率为 0.0029 t/(hm² · a)，所有施肥处理有机碳表现出明显累积，尤以 MNP、NPK、MNPK 和 M 处理土壤有机碳固定速率较高，分别达 0.17 t/(hm² · a)、0.15 t/(hm² · a)、0.14 t/(hm² · a) 和 0.13 t/(hm² · a)，而 NP 和 MN 处理土壤固碳速率比较接近，分别为 0.052 t/(hm² · a) 和 0.074 t/(hm² · a)，N 处理固碳速率最小，仅为 0.0072 t/(hm² · a)。紫色水稻土平均固碳速率为 0.090 t/(hm² · a)，该研究结果低于蔡岸冬等（2015）在我国南方旱地红壤研究的固碳速率 0.76 t/(hm² · a)，主要的原因可能是该试验为水旱轮作，土壤干湿频繁交替变化，影响土壤微生物的种群结构与活性，使有机碳周转较快，损失多；另外，土壤固碳速率也随着试验年限的延续而降低（Fan et al.，2015），本试验年限（36 年）长于蔡岸冬等（20 年）的试验时间。

（三）土壤固碳效率变化

土壤的固碳效率不会无限增加，最终会趋于饱和；投入一定碳量，当距离碳饱和值

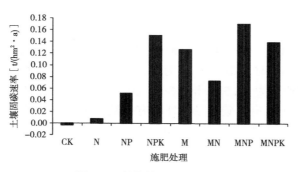

图 4-8　长期施肥下土壤固碳速率

较远时，土壤有机碳增量较多（此时固碳效率也较高）；当距离饱和值较近时，土壤有机碳增量较低（固碳效率也较低）（张雅蓉等，2018；魏猛等，2018）。不同施肥处理的有机碳储量与碳投入量分别减去不施肥的对照处理，得到施肥处理的有机碳储量变化量和累积碳投入变化量，然后计算不同施肥处理土壤有机碳固碳效率。由图 4-9 可知，通过多年不同施肥处理后，所有施肥处理土壤有机碳表现出明显累积，有机碳固定效率幅度为 1.51%~11.38%，其中以 NPK 处理土壤有机碳固定效率最高，达 11.38%，其次是 NP 处理，固碳效率为 4.13%，MN 处理固碳效率最小，N、M、MNP 和 MNPK 固碳效率从 1.91% 到 3.25%。单施化肥各处理（N、NP 和 NPK）土壤固碳效率高于相应有机肥配施化肥各处理（MN、MNP 和 MNPK），单施化肥比有机无机肥配施土壤固碳效率提高了 132.4%，说明施用化肥提升土壤固碳效率的效果优于有机无机肥配施，可能的原因是施用有机肥增加了土壤有机碳投入量而降低了固碳效率。紫色水稻土平均固碳效率为 3.96%。

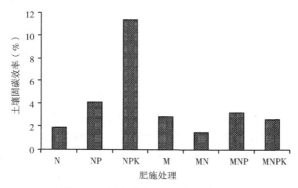

图 4-9　长期施肥下土壤固碳效率

（四）碳投入与有机碳储量关系

为更加清晰呈现紫色水稻土有机碳储量变化与累积碳投入的关系，找到分界拐点值，将各年份施肥处理的有机碳储量与累积碳投入量分别减去对应年份的不施肥处理，得到各年份施肥处理的有机碳储量变化量和累积碳投入变化量，并将累积碳投入变化量（x）与有机碳储量变化量（y）采用回归分析中分段函数求解。从图 4-10 可以看出，当累积碳投入量≤40.21 t/hm² 时，上升阶段的拟合方程为：$y = 0.1068x - 1.4876$（$R^2 = 0.4880$，$P<0.01$），有机碳储量平均值为 24.91 t/hm²，有机碳含量为 9.94 g/kg，土壤的固碳效率为 10.68%，有机碳含量随外源有机碳投入量的增加而显著增加；当累积碳投入量 >40.21 t/hm² 时，拟合方程为：$y = 0.0098x + 2.4129$（$R^2 = 0.0185$，$P>0.05$），有机碳储量平均值为 27.58 t/hm²，有机碳含量为 11.11 g/kg，其相关性系数明显降低，距离饱和值更近，有机碳储量随外源有机碳投入量增加的增加幅度明显减缓，因此固碳效率明显下降，土壤固碳效率为 0.98%。表明紫色水稻土固碳效率并非随碳投入量增加而维持不变，当有机碳随碳投入量增加到一定水平后，固碳效率比低有机碳投入水平阶段明显降低。

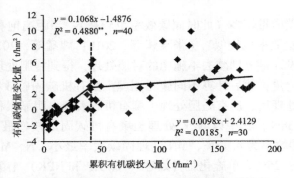

图 4-10　不同碳投入范围与有机碳储量变化的关系

四、长期施肥下土壤团聚体固碳特征

土壤团聚体是土壤结构的基本单元，土壤团聚体能够协调土壤的水、肥、气、热；同时，水稳性团聚体的数量和分布能反映土壤结构的稳定性和抗侵蚀能力（Tisdall and Oades，1982；Du et al.，2014）。因此，了解土壤团聚体的分布对土壤肥力和结构变化具有非常重要的意义。土壤有机碳的固持与团聚化作用密切相关，团聚化作用对有机碳起到了保护作用，有机碳的存在能促进团聚体的形成和稳定（刘中良和宇万太，2011）。土壤团聚体有机碳可分为游离态和团聚体内颗粒有机碳两部分。游离态有机碳指存在于土壤团聚体之间的有机碳；颗粒有机碳指与土壤团聚体相结合的有机碳，被团聚体包裹因而较稳定（袁俊吉等，2010）。Six 等（1998）的研究表明，游离态和颗粒有机碳是两类结构和功能都截然不同的组分，因这两种有机碳组分在土壤基质中所处位置的不同以及其与生物体易接近程度的不同，导致其抗分解能力亦有不同。因此，团聚体形成和有机碳固持的相互作用对促进土壤固碳具有重要意义。Tisdall 和 Oades（1982）指出微团聚体比大团聚体稳定，微团聚体的产生是大团聚体形成的前提条件；黏土矿物颗粒（<2 μm）首先与细菌、真菌和植物碎屑胶结形成微团聚体（0.2~250 μm），微团聚体又与瞬变性胶结剂（微生物和植物源多糖）和临时性胶结剂（根系和真菌菌丝体）结合形成大团聚体（>250 μm）。Oades（1984）指出，在大团聚体（>250 μm）中形成富含相对稳定有机质的微团聚体（<250 μm），微团聚体也可以

从大团聚体中释放出来。土壤团聚体的形成及其固碳速率受土壤本身性质、土地利用方式和耕作措施等因素影响（霍琳等，2008；冷延慧等，2008；李婕等，2014）。

不同粒级团聚体有机碳固持速率

1. 长期施肥下土壤不同粒级水稳性团聚体分布比例

紫色水稻土连续 31 年不同施肥处理对各粒级水稳性团聚体质量分布影响较大（图 4-11）。施肥处理土壤团聚体以>2 mm 或 0.25~2 mm 粒级团聚体为主要存在形式，0.053~0.25 mm 团聚体次之，<0.053 mm 团聚体质量分数最低。说明长期不同施肥模式改变了土壤结构，导致土壤各粒级团聚体重新分配，施肥显著增加了>2 mm 粒级团聚体所占比例，降低了 0.25~2 mm 粒级团聚体所占比例。CK、N、NP、NPK、M 和 MN 处理土壤团聚体组成以 0.25~2 mm 粒级团聚体为主，占据了总土质量的 44.5%~53.6%；而 MNP 和 MNPK 处理土壤团聚体以>2 mm 粒级团聚体为主，约占总土质量的 50%。与 CK 相比，施肥处理显著增加了>2 mm 粒级团聚体，其中单施化肥处理（N、NP、NPK）使>2 mm 粒级团聚体质量分数提高了 9.6%~14.1%，化肥与有机肥配施（MN、MNP、MNPK）使>2 mm 粒级团聚体质量分数提高了 16.4%~36.1%；而施肥处理显著降低了 0.25~2 mm 粒级团聚体，其中单施化肥处理降低了 6.7%~16.9%，化肥与有机肥配施降低了 10.4%~26.3%；施肥处理对 0.053~0.25 mm 和<0.053 mm 粒级团聚体质量分数影响不大，分别在 4.96%~7.56% 和 3.15%~5.68% 范围内变化。说明施肥主要促进了 0.25~2 mm 团聚体向>2 mm 团聚体转化，尤其是有机无机肥料配合施用促进土壤团聚化作用更明显。前人的多数研究也报道了类似的结果（霍琳等，2008；袁俊吉等，2010；刘恩科等，2010；邸佳颖等，2014；樊红柱等，2015），例如，邸佳颖等（2014）针对 23 年不同施肥模式下红壤性水稻土的研究表明，化肥与有机肥配施显著提高了水稳定性大团聚体（>2 mm）和较大团聚体（0.25~2 mm）的含量，降低了黏粉粒（<0.053 mm）含量；周萍等（2008）对太湖地区黄泥土和红壤性水稻土的研究表明，施肥明显增加了 2~0.2 mm 和 0.2~0.02 mm 粒径团聚体比例，且以有机无机肥配合施用增加最多，其增加幅度在 20%~50%，单施化肥增加幅度还不到 10%；花可可等（2014）对长期施肥紫色土旱坡地团聚体分布的研究表明，与 NPK 相比，猪厩肥配施氮磷钾和秸秆配施氮磷钾能显著提高>2 mm 和 0.25~2 mm 团聚体质量分数，对>2 mm 提升效果最为显著，分别为 NPK 处理的 2.7 倍和 3.3 倍。在黑垆土及褐潮土上的研究也表明，氮磷钾、化肥配施有机肥或秸秆还田可显著提高水稳定性大团聚体（>0.25 mm）及其有机碳含量（霍琳等，2008；刘恩科等，2010）。由此可见，有机无机肥料配施促使土壤中大团聚体的形成。许多研究表明，土壤有机质是团聚体形成的主要胶结剂（Tisdall and Oades，1982；Zhang and Horn，2001；刘中良和宇万太，2011）。Zhang 和 Horn（2001）、Oades（1984）的研究也表明，水稳性大团聚体的形成主要依靠土壤中有机无机复合体的胶结作用。长期施肥，尤其是有机无机肥料配施，作物产量的增加带入土壤更多的新鲜残茬和根系分泌物，施用有机肥能够为土壤提供丰富的外源有机质，这些有机物质在土壤微生物的作用下分解，为团聚体形成提供了所需的有机无机胶结物质（Lou et al.，2011）。施肥显著提高了紫色水稻土不同粒级团聚中有机碳含量，化肥与有机肥配施使>2 mm 团聚体中有机碳含量比 CK 增加了约 2 倍，其他粒级团聚体有机碳含量增加了约 1.3 倍。因此，有机无机肥料配施能够促进紫色水稻土大团聚体的形成，并提高团聚体中有机碳含量。

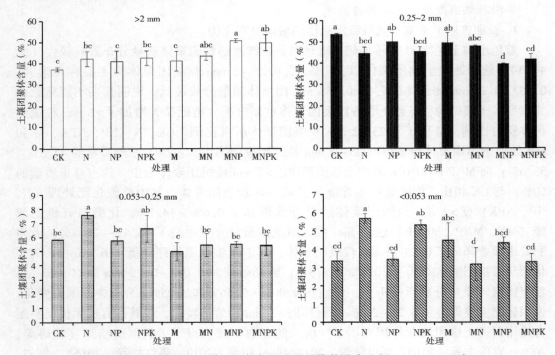

图 4-11　长期施肥下土壤不同粒级水稳性团聚体分布比例（%）（2012 年）

注：柱上不同字母代表不同处理间在 5% 水平差异显著，误差线为标准差

团聚体平均重量直径（MWD）是反映土壤团聚体稳定性的重要指标，MWD 值越大，表示土壤团聚体的团聚度越高、稳定性越强（李婕等，2014）。由图 4-12 可知，长期不同施肥处理显著影响土壤团聚体的 MWD。CK 处理 MWD 最低，为 2.38 mm，各施肥处理的 MWD 比 CK 提高了 5.5%~20.6%。其中，CK、N、NP、NPK、M 和 MN 处理的 MWD 差异不显著，MNP 和 MNPK 处理的 MWD 显著高于其他处理。NPK 处理的 MWD 比 CK 提高了 7.1%，而 MNP 和 MNPK 处理比 NPK 的 MWD 分别增加了 12.5% 和 11.4%。因此，单施化肥对紫色水稻土团聚体的稳定性影响不大，化肥与有机肥配施显著提高了团聚体的水稳定性。

2. 长期施肥下土壤团聚体有机碳含量

由图 4-13 可知，经历连续 31 年的施肥处理后，不同施肥处理对土壤团聚体有机碳含量具有显著影响。施肥显著提高了不同粒级团聚体中有机碳含量，>0.25 mm 大团聚体有机碳含量增加幅度较大，而 <0.25 mm 微团聚体中有机碳含量提高幅度较小，尤其是 <0.053 mm 的粉黏团聚体。CK 处理中 >2 mm 和 <0.053 mm 团聚体中有机碳含量较低，而 0.25~2 mm 有机碳含量最高，其次是 0.053~0.25 mm。与 CK 相比，单施化肥处理使 >2 mm 团聚体中有机碳含量增加了 50.8%~85.1%，0.25~2 mm 有机碳含量增加了 3.0%~24.9%，0.053~0.25 mm 有机碳含量仅提高了 3.8%~22.5%，而 <0.053 mm

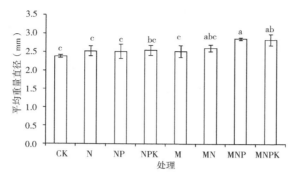

图 4-12　长期施肥下土壤水稳性团聚体平均重量直径（2012 年）

注：柱上不同字母代表不同处理间在 5% 水平差异显著，误差线为标准差

有机碳含量提高了 4.6%～62.5%。化肥与有机肥配施使 >2 mm 团聚体中有机碳含量增加了约 2 倍，其他粒级团聚体有机碳含量增加了约 1.3 倍。NP 和 MNP 处理 <0.053 mm 团聚体中有机碳含量较高，可能与该试验开始时土壤 N、P 缺乏有关。

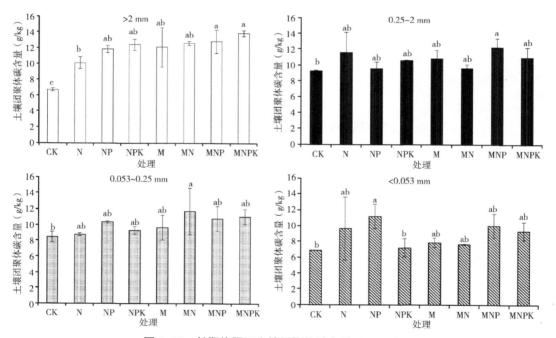

图 4-13　长期施肥下土壤团聚体碳含量（2012 年）

注：柱上不同字母代表不同处理间在 5% 水平差异显著，误差线为标准差

3. 不同施肥模式碳投入量与团聚体碳含量的相关关系

通过分析长期不同施肥 31 年后紫色水稻土团聚体中有机碳含量与碳投入的关系，表明 >2 mm 和 0.053～0.25 mm 团聚体中的碳含量与碳投入之间呈显著的正相关关系，0.25～2 mm 和 <0.053 mm 团聚体中碳含量随碳投入量增加而增加，但未达显著差异（图4-14 和表4-4）。土壤 >2 mm、0.25～2 mm、0.053～0.25 mm 和 <0.053 mm 团聚

体的碳含量与碳投入量直线关系的斜率分别为 0.729、0.162、0.406 和 0.062，可以看出，>2 mm 团聚体的固碳速率分别是 0.25~2 mm、0.053~0.25 mm 和<0.053 mm 的 4.5 倍、1.8 倍和 11.8 倍，说明增加的有机碳主要固持在>2 mm 团聚体中。一般认为，碳投入量越高土壤对碳的固定也越大，土壤固碳量与碳投入呈显著正相关关系（Zhang et al.，2010；Lou et al.，2011）；但也有研究指出，随着碳的大量投入而土壤有机碳含量增加不明显，即表现出碳饱和现象（张维等，2009；Zhang et al.，2012）。本研究表明 0.25~2 mm 和<0.053 mm 黏粉粒中的有机碳含量对碳投入量反应不敏感，表现出碳饱和迹象。邱佳颖等（2014）对红壤性水稻土团聚体固碳特征进行研究发现，总土、>2 mm 和 0.25~2 mm 团聚体的有机碳含量与累积碳投入量呈显著正相关；0.25~0.053 mm 和<0.053 mm 黏粉粒中的有机碳含量对累积碳投入量反应不敏感，表现出碳饱和迹象。

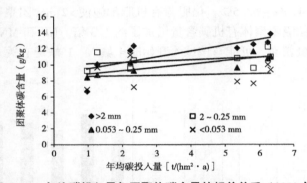

图 4-14　年均碳投入量与团聚体碳含量的相关关系（2012 年）

表 4-4　年均碳投入量与团聚体含量的线性相关参数

团聚体粒级（mm）	斜率	相关系数	显著性检验
>2.00	0.729	0.761	0.028
0.25~2.00	0.162	0.359	0.382
0.053~0.25	0.406	0.825	0.012
<0.053	0.062	0.095	0.823

五、合理施用有机肥

由图 4-10 不同碳投入范围与有机碳储量变化的关系可知，在低碳投入水平（累积碳投入量≤40.21 t/hm²）时，土壤中有机碳含量在较低的低肥力水平阶段，土壤的固碳效率为 10.68%，即每投入 100 t 碳，将有 10.68 t 的碳固持在土壤中。因此，处于低肥力水平阶段时，紫色水稻土有机碳储量如果提升 5%，所需额外投入碳量 10.92 t，折算需要投入干猪粪约 26.38 t，或玉米秸秆约 25.57 t，或小麦秸秆约 26.06 t。若土壤有机碳储量升高 10%，则需额外累积投入碳量 21.83 t，折算需要投入干猪粪约 52.76 t，或玉米秸秆约 51.13 t，或小麦秸秆约 52.11 t（表 4-5）。在较高碳投入水平下（累积碳投入量>40.21 t/hm²），有机碳含量在较高的土壤高肥力水平阶段时，土壤固碳效率下降至0.98%，此阶段若要提升土壤固碳量或维持土壤有机碳固存量，需要投入大量的外源有机物，这会导致大量能源物质的浪费和增加环境污染风险。因此，紫色水稻土有机碳库容量接近饱和状态时，通过外源碳投入来实现固碳较为困难，可能需要通过实行其他措施达到进一步固碳，例如保护性耕作、改变土地利用方式、改善土壤环境条件等措施（Moor，1990；张秀芝等，2011）。

表4-5　土壤有机碳提升或维持所需外源有机物料投入量

肥力水平		碳储量（t/hm²）	固碳效率（%）	所需投入碳量（t/hm²）	需投入有机肥（t/hm²，干基）		
					猪粪	玉米秸秆	小麦秸秆
	初始	23.32	—	—	—	—	—
低肥力	碳提升5%	24.48	10.68	10.92	26.38	25.57	26.06
	碳提升10%	25.65	10.68	21.83	52.76	51.13	52.11
高肥力	碳维持	25.73	0.98	246.21	594.99	576.61	587.62

第三节　长期施肥下土壤氮素的演变

　　土壤中氮素主要来源于动植物固氮、大气干沉降带入的氮、化肥和有机肥施用的氮、作物秸秆归还的氮等（张丽，2015），氮素是作物生长发育所需的重要营养元素，农业生产中通过施用氮肥是维持土壤氮素供应能力、促进作物生长发育对养分需求的重要措施之一（黄庆海，2014）。土壤中的氮素主要有有机态氮和无机态氮，有机态氮在土壤中矿化速率很慢，且只有很小一部分可被当季作物吸收利用；虽然无机态氮仅占土壤全氮的1%~5%，但这部分氮是作物吸收利用的主要来源，因此，土壤氮矿化量直接影响生态系统的生产力（高菊生等，2016）。朱兆良（1985）研究指出，高产水稻吸收的氮素有50%~80%来自土壤，培肥土壤、改善土壤供氮能力是获得水稻高产的重要途径。

　　施用有机肥是我国农耕发展上的传统举措，但随着农药和化肥的普及，导致有机肥施用量逐渐缩小。我国湖南省的新化、宁乡、株洲、桃江和武岗的长期试验研究表明，施用无机氮肥和有机氮肥均能显著提高土壤中的全氮和有效态氮的含量，且有机肥与化肥配合处理在提高土壤氮素含量方面的效果明显优于单施化肥和秸秆还田处理，且氮素含量随有机肥用量的增加而增加（李新爱等，2006）。张云贵等（2005）利用河北辛集潮土（21年定位试验）和北京昌平褐潮土（9年定位试验）两个长期定位施肥试验研究了华北平原冬小麦—夏玉米轮作体系下农田氮素平衡和硝态氮淋失风险。结果表明，单施氮肥的增产效果有限，昌平试验点甚至出现减产现象；而适量有机肥与化肥配施可显著提高作物产量，降低氮素盈余；单施氮肥时，辛集和昌平土壤硝态氮峰值分别达20.7 mg/kg和30.0 mg/kg，出现在160~200 cm和90~120 cm土层；硝态氮累积量高且大部分集中在根区外土壤，硝态氮淋失风险大。氮磷或氮磷钾肥配施时，硝态氮峰值出现深度上移30~40cm，根区和根区外土壤硝态氮累积量均大幅降低，淋失风险明显减弱；在氮磷或氮磷钾肥基础上适量施用有机肥时，硝态氮峰值出现深度进一步上移至根区土壤，深层土壤硝态氮累积量显著下降，淋失风险低。过量施用有机肥或过量施用氮肥时，深层土壤硝态氮累积量大幅增加，甚至超过单施氮肥处理，淋失风险大大增强。杨生茂等（2005）研究指出，不同施肥处理对土壤中硝态氮的积累与分布有显著影响，施用化肥导致硝态氮在土壤剖面中大量积累，尤其是在20~140 cm土层。化肥与有机肥配合施用硝态氮在土壤剖面中的积累显著低于化肥处理；长期连续施用化肥和有机肥均导致土壤剖面中硝态氮的积累；与化肥相比，有机肥导致更深土壤剖面（140~180 cm）中硝态氮的积累。孙锡发等（2009）在我国西南稻田的研究指出，控释氮肥在降低氮肥施用量的同时，配施有机肥通过改善土壤理化性质可以促进作物增产。杨修一等（2019）的研究也发现，采用30%~50%有机肥替代化肥氮素，可显著增加土壤总碳和铵态氮含量，减少深层土壤硝态氮淋溶，提高作物氮素利用率和籽粒产量。虽然施用化学氮肥能够提高土壤供氮能力、增加作物产量，但是土壤中有机氮库是土壤氮库中重要的组成部分，其对提高土壤供氮和储氮能力、保持土壤供氮的持续性具有十分重要的作用。因此，有机无机肥配合施用是维持和提高土壤氮素质量，尤其是增加土壤中有机态氮含量，提高作物产量，控制农田硝态氮淋失的重要途径。朱兆良等在总结了我国782个田间试验结果发现，我国稻田氮肥的利用效率常在30%~40%徘徊，我国氮肥利用效率比发达国家低了15~20个百分点，显著低于发达国家（吴晶，2019）。农田化学氮肥的过量或不当施用会产生很多负面效应，如生产成本的增加、地下水硝酸盐污染、土壤酸化、温室气体排放增加、水体富营养化等（Ju et al.，2009；Fischer et al.，2010；Zheng et al.，2017）。目前我国农业生产面临着严峻的农业污染、化肥施用过量、氮肥利用率低等问题，一些高效栽培技术、轮作模式、有机肥替代技术、氮肥运筹和方法、生物炭肥、氮肥抑制剂等措施越来越引发农业生产的重视（孙锡发等，2009；赵军，2016；王敬等，2019；樊晓东和孟会生，2019；杨修一等，2019；吴晶，2019；白杨等，2019；蒋鹏等，2020）。

本节系统深入地讨论了长期不同施肥紫色水稻土全氮、碱解氮、氮素活化率演变特征，作物氮素携出差异以及其与土壤氮素盈余的响应关系，氮肥回收率及其与土壤碱解氮的相互关系等，对提高紫色土氮肥科学合理施用具有重要意义。

一、长期施肥下土壤全氮和碱解氮的变化趋势及其关系

（一）长期施肥下土壤全氮的变化趋势

由表4-6可见，在1982年试验前对土壤中的全氮含量进行测定，基础土壤全氮含量为1.09 g/kg。在试验连续进行多年后的2015—2017年继续进行土壤全氮含量测试，各个处理土壤全氮含量均比试验开始时有不同程度的增加。CK、N、NP和NPK处理相比，NP处理在2015—2017年全氮含量平均值最低，为1.22 g/kg，与1982年相比，全氮含量增幅为11.9%；CK处理和N处理全氮含量次之，分别为1.27 g/kg和1.28 g/kg，增幅分别为16.5%和17.4%；NPK处理土壤全氮含量平均值最高，达

1.51 g/kg，增幅为 38.5%。施用有机肥的 M、MN、MNP 和 MNPK 处理相比，M 处理和 MN 处理连续施肥多年后的 2015—2017 年土壤全氮含量差异不大，且最小，都为 1.29 g/kg，与 1982 年全氮含量相比，增幅为 18.3%；MNP 处理在 2015—2017 年平均全氮含量次之，为 1.42 g/kg，增幅为 30.3%；MNPK 处理土壤全氮含量最高，为 1.60g/kg，增幅为 46.8%。研究还发现，有机肥配施化肥各处理与相应的单施化肥处理相比，有机无机肥料配合施用土壤全氮含量增加幅度明显高于单施化肥处理，且氮磷钾肥平衡施用土壤全氮含量增加相对较高，说明氮、磷、钾平衡施肥或有机肥和化肥配施是提高土壤全氮含量的重要措施。

表 4-6　长期施肥下土壤全氮含量

处理	1982 年 （g/kg）	2015—2017 年均值 （g/kg）	增减百分率（%）
CK		1.27	16.5
N		1.28	17.4
NP		1.22	11.9
NPK	1.09	1.51	38.5
M		1.29	18.3
MN		1.29	18.3
MNP		1.42	30.3
MNPK		1.60	46.8

长期不同施肥下紫色水稻土全氮含量变化如图 4-15 所示，没有氮素投入的 CK 处理，土壤全氮含量随施肥年限变化不大，相关性未达到显著水平；但土壤全氮从试验开始时（1982 年）的 1.09 g/kg 增加到 2017 年的 1.25 g/kg，增加幅度为 14.7%，土壤全氮含量增加，可能的原因是水稻种植时灌溉水每年带入的氮素养分能够维持该处理作物对养分的需求；另外，朱波等（1999）指出紫色母岩养分的风化释放是紫色土最重要的养分补偿过程，由于紫色母岩的物理、化学和极易风化等特性导致紫色土具有较强的养分自调能力和生产力；这些可能是紫色土不施氮肥土壤氮含量没有减少的原因。N、NP 和 MN 处理土壤中全氮含量也随着施肥年限的延续呈现出增加趋势，但未达显著相关。NPK、M、MNP 和 MNPK 处理土壤中全氮含量随着施肥年限的延续呈显著或极显著增加趋势，NPK、M、MNP 和 MNPK 处理土壤全氮含量与施肥时间的拟合关系式为：$y = 0.0142x + 1.0329$（$R^2 = 0.8620$，$P < 0.01$），$y = 0.0077x + 1.0778$（$R^2 = 0.7105$，$P < 0.01$），$y = 0.0080x + 1.1342$（$R^2 = 0.5438$，$P < 0.05$），$y = 0.0170x + 1.0304$（$R^2 = 0.6798$，$P < 0.01$），NPK、M、MNP 和 MNPK 处理土壤全氮含量年变化速率为 0.0142 g/kg、0.0077 g/kg、0.008 g/kg 和 0.017 g/kg。研究还发现有机肥和化肥配施处理土壤全氮年增加速率高于相应单施化肥各处理。

（二）长期施肥下土壤碱解氮的变化趋势

表 4-7 表明，经过 36 年的生产活动，各处理土壤的碱解氮含量比 1982 年试验开始

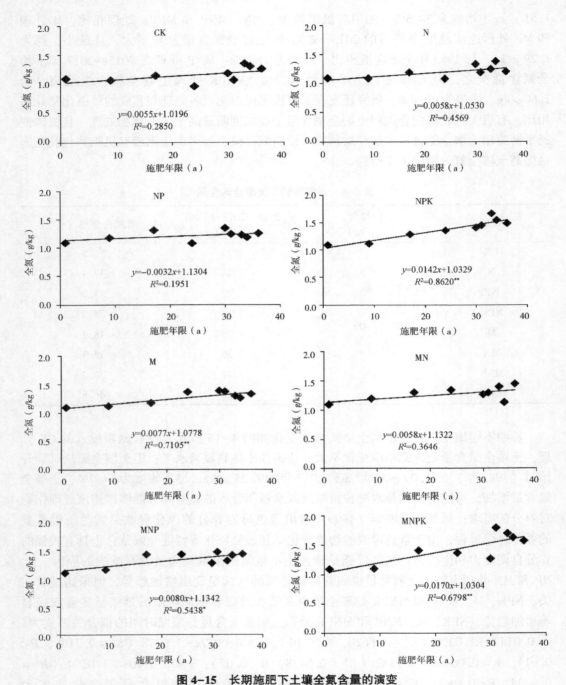

图 4-15　长期施肥下土壤全氮含量的演变

注：图中样本数 $n=9$，** 表示在 1%水平显著相关，* 表示在 5%水平显著相关

时的含量都有不同程度的增加，CK 处理在 2015—2017 年土壤平均碱解氮含量最低，为 81.87 mg/kg，与 1982 年相比，增幅为 23.5%；N 处理为 84.57 mg/kg，与 1982 年相比，增幅为 27.6%；NP 处理为 87.96 mg/kg，与 1982 年相比，增幅为 32.7%；NPK 处

理为 101.22 mg/kg，与 1982 年相比，增幅为 52.7%。N 处理比 CK 处理土壤碱解氮含量增幅为 3.3%，NP 处理比 N 处理增幅为 4.0%，NPK 处理比 NP 处理增幅为 15.1%。说明单独增施氮肥、磷肥土壤碱解氮含量增长幅度不是很大，当氮磷钾平衡施肥时，土壤碱解氮增加幅度较高，表明氮磷钾平衡施肥是提高土壤碱解氮含量的重要措施。单施有机肥的 M 处理，土壤碱解氮含量为 96.76 mg/kg，与 1982 年相比，增幅为 45.9%；MN 处理为 98.84 mg/kg，与 1982 年相比，增幅为 49.1%；MNP 处理为 101.58 mg/kg，与 1982 年相比，增幅为 53.2%；MNPK 处理为 113.64 mg/kg，与 1982 年相比，增幅为 71.4%。研究还发现有机肥和化肥配施处理土壤碱解氮含量高于相应单施化肥各处理。因此，紫色土稻田有机无机肥配施能够明显提高土壤碱解氮含量。

表 4-7　长期施肥下土壤碱解氮含量

处理	1982 年 （mg/kg）	2015—2017 年均值 （mg/kg）	增减百分率（%）
CK		81.87	23.5
N		84.57	27.6
NP		87.96	32.7
NPK	66.30	101.22	52.7
M		96.76	45.9
MN		98.84	49.1
MNP		101.58	53.2
MNPK		113.64	71.4

不同施肥处理下土壤碱解氮含量演变特征如图 4-16 所示。可以看出，除了 N 处理外，其他施肥处理土壤碱解氮含量均随着施肥年限的延续呈现出显著或极显著增加趋势。N 处理土壤碱解氮含量也随着施肥年限的延长呈增加趋势，但未达到显著相关。CK 处理土壤碱解氮含量与施肥时间的拟合关系式为：$y=0.40x+63.46$（$R^2=0.4527$，$P<0.01$）；NP 处理拟合关系式为 $y=0.66x+73.20$（$R^2=0.4064$，$P<0.05$）；NPK 处理拟合关系式为 $y=1.05x+71.09$（$R^2=0.6695$，$P<0.01$）；M 处理拟合关系式为 $y=0.89x+70.66$（$R^2=0.5074$，$P<0.01$）；MN 处理拟合关系式为 $y=0.97x+70.12$（$R^2=0.6594$，$P<0.01$）；MNP 处理拟合关系式为 $y=0.91x+74.89$（$R^2=0.5508$，$P<0.01$）；MNPK 处理拟合关系式为 $y=1.32x+69.90$（$R^2=0.7010$，$P<0.01$）。表明 CK 处理土壤碱解氮年增加速率为 0.40 mg/kg，NP 处理年增加速率为 0.66 mg/kg，NPK 处理年增加速率为 1.05 mg/kg，M 处理年增加速率为 0.89 mg/kg，MN 处理年增加速率为 0.97 mg/kg，MNP 处理年增加速率为 0.91 mg/kg，MNPK 处理年增加速率为 1.32 mg/kg。

（三）长期施肥下土壤全氮与碱解氮的关系

氮的活化系数（NAC）可以表示土壤氮活化能力，即土壤碱解氮含量占全氮含量的百分数，长期施肥下紫色水稻土氮素活化系数（NAC）随施肥时间的演变规律如图 4-17 所示，不同施肥处理土壤 NAC 与时间的相关性均没有达到显著水平，说明土壤

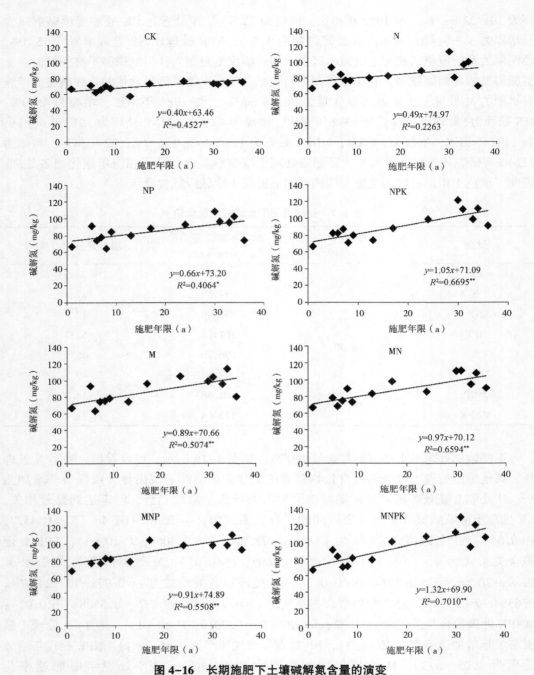

图4-16　长期施肥下土壤碱解氮含量的演变

注：图中样本数 $n=14$，** 表示在1%水平显著相关，* 表示在5%水平显著相关

NAC 比较稳定，随时间变化不大。CK 处理土壤多年 NAC 平均值为 6.43%。施用化学氮肥的 N、NP 和 NPK 三个处理，土壤 NAC 多年平均值分别为 7.18%、7.42% 和 7.01%；有机无机氮肥配施的 MN、MNP 和 MNPK 处理，土壤 NAC 平均值为 7.33%、

7.26%和7.14%。综上所述，施用化学氮肥、单施有机氮肥和有机无机氮肥配合施用土壤NAC值均高于不施肥CK，但所有施肥处理之间土壤NAC差异不大，说明施用氮肥能明显提高土壤氮素的活化能力，但施用不同类型氮素肥料对改善土壤氮素活化能力作用不大。

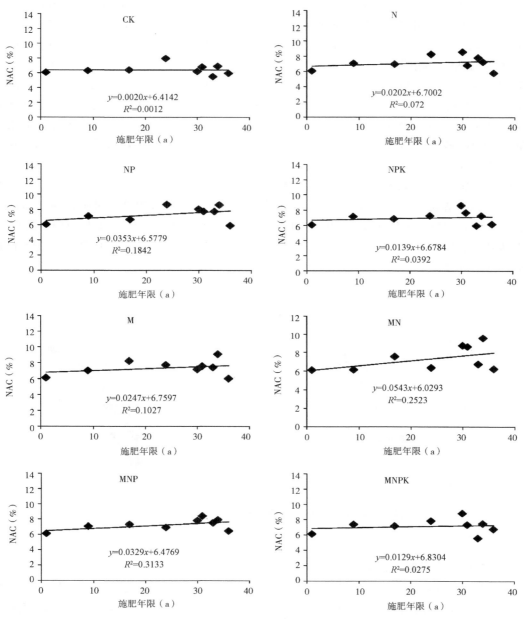

图4-17 长期施肥下土壤氮活化系数的演变

注：图中样本数 $n=9$

二、长期施肥下土壤剖面氮素分布

（一）土壤全氮剖面分布

由图 4-18 可知，连续不同施肥 24 年（2005 年）后，所有处理土壤全氮含量均随着土层深度的增加而逐渐下降。CK 处理 0~20 cm、20~40 cm、40~60 cm、60~80 cm 和 80~100 cm 土层全氮含量分别为 0.95 g/kg、0.78 g/kg、0.70 g/kg、0.48 g/kg 和 0.48 g/kg。N、NP 和 NPK 处理各层土壤全氮含量都高于 CK 相应土层，提高幅度在 7.1%~43.8%，施用化学氮肥（N、NP 和 NPK）0~20 cm、20~40 cm、40~60 cm、60~80 cm 和 80~100 cm 土层全氮平均含量比 CK 处理相应土层提高了 22.5%、19.2%、6.2%、32.6% 和 17.4%。单施有机肥的 M 处理各层土壤中全氮含量比 CK 处理相应土层提高了 43.2%、18.0%、22.9%、66.7% 和 22.9%。化学氮肥与有机肥配施（MN、MNP 和 MNPK）各层土壤中全氮含量都高于 CK 相应土层，提高幅度在 4.2%~49.5%，各层土壤中全氮含量比 CK 处理相应土层提高了 44.9%、22.2%、14.8%、23.6% 和 9.0%。说明不施肥没有造成土壤全氮淋溶，而无论单施化学氮肥、有机肥和有机无机氮肥配施都造成了土壤全氮向土壤深层淋溶。单施化学氮肥和单施有机肥处理 0~60 cm 土层全氮含量低于有机无机氮肥配施处理，而 60~80 cm 土层化学氮肥和单施有机肥处理却高于有机无机氮肥配施处理，表明单施化学氮肥和单施有机肥比有机无机氮肥配施更容易造成全氮的淋溶。

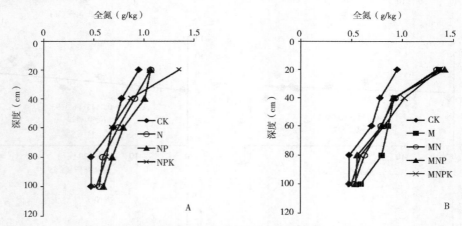

图 4-18　长期施肥下土壤剖面（0~100 cm）全氮含量
A：施用化肥；B：增施有机肥（2005 年）

（二）土壤碱解氮剖面分布

由图 4-19 可知，连续不同施肥 24 年（2005 年）后，不同施肥处理土壤中的碱解氮含量与全氮变化相似，即所有处理土壤中碱解氮含量均随着土层深度的增加而逐渐下降。CK 处理 0~20 cm、20~40 cm、40~60 cm、60~80 cm 和 80~100 cm 土层碱解氮含量分别为 75.84 mg/kg、56.89 mg/kg、47.03 mg/kg、25.82 mg/kg 和 17.89 mg/kg。施用化学肥料的 N、NP 和 NPK 处理 0~60 cm 土层碱解氮含量高于或低于 CK 处理，而

60~80 cm 和 80~100 cm 土层碱解氮平均含量比 CK 处理相应土层提高了 54.6% 和 68.3%。单施有机肥的 M 处理各层土壤中碱解氮含量比 CK 处理相应土层提高了 3.6%~77.6%，尤其是 60 cm 以下单施有机肥处理明显高于 CK。化学氮肥与有机肥配施的 MN、MNP 和 MNPK 处理各层土壤中碱解氮含量都高于 CK 相应土层，提高幅度在 0.2%~27.4%，尤其是表层 0~20 cm 碱解氮含量提高幅度更高，为 27.4%，表现出明显的表聚性。说明单施化学氮肥、有机肥和有机无机氮肥配施都造成了土壤中碱解氮向土壤深层的淋溶。

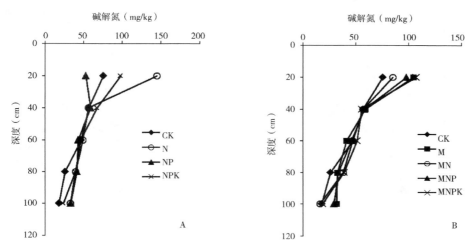

图 4-19　长期施肥下土壤剖面（0~100 cm）碱解氮含量
A：施用化肥；B：增施有机肥（2005 年）

（三）土壤硝态氮剖面分布

近年来，调查研究表明，我国许多地区地表水和地下水氮污染严重，这与大量施用氮肥而造成的硝态氮淋失有关（王家玉等，1996）。紫色水稻土经过 13 年（1994 年）连续耕作施肥后，各处理 0~100 cm 土层剖面中硝态氮含量分布如图 4-20 所示。由图可知，所有处理土壤中硝态氮含量在 0~20 cm 土层含量最高，总体上随土层深度的增加硝态氮含量逐渐降低。但不同施肥处理各层土壤中硝态氮含量差异较大，其中 CK、NP、NPK 和 MN 处理土壤硝态氮含量在 0~20 cm 土层中最高，而在 80~100 cm 中最小，呈现出随土层深度的增加硝态氮含量逐渐降低的变化趋势；M 处理 5 个剖面层中硝态氮含量变化不大；N 和 MNPK 处理 80~100 cm 土层中硝态氮含量高于 40~60 cm 和 60~80 cm，MNP 处理 80~100 cm 土层中硝态氮含量高于 60~80 cm，这三个处理土壤中硝态氮含量呈现出随土层深度的增加先减小后增加的变化趋势。连续施肥 13 年后，单施 N 处理每层土壤硝态氮含量均高于 CK 处理，尤其是 N 处理 20~40 cm 和 80~100 cm 土层硝态氮含量明显高于 CK，这可能是长期单施氮肥后土壤中的硝态氮浓度相对增高，加之作物吸氮量相对较低，当降水或灌溉时硝态氮随降水向土壤深层迁移造成氮素淋溶损失。NP 和 NPK 处理 0~40 cm 土层硝态氮含量较 CK 处理高很多，而 40~100 cm 土层硝态氮含量与 CK 变化不大，所以短期内不会造成土壤硝态氮淋溶，但对环境存在一定的威胁。施用有机肥的 M、MN 和 MNP 处理各层硝态氮含量均高于 CK，但 MNPK 处理各层硝态氮含量明显低于 CK，这与 MNPK 处理作物吸收较多的氮素有关（黄庆海，2014；徐明岗等，2006a，2015），说明有机无机肥料的平衡施用可减少土壤硝态氮的淋失，有利于减少氮素的损失和避免地下水体的污染。综上所述，NP、NPK 和 MNPK 处理没有造成土壤中硝态氮淋溶，而 N、M、MNP 和 MNPK 处理土壤中硝态氮出现向深层淋溶的现象。

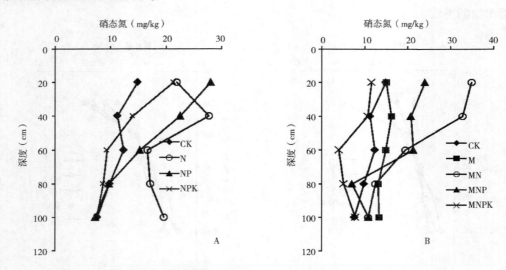

图 4-20　长期施肥下土壤剖面（0~100 cm）硝态氮含量
A：施用化肥；B：增施有机肥（1994 年）

由图 4-21 可知，连续不同施肥 24 年（2005 年）后，所有施肥处理土壤中硝态氮含量随土层深度的增加而下降。连续施肥 24 年（2005 年）和 13 年（1994 年）相比，所有处理土壤中硝态氮含量都有所降低，这可能是由于土壤中硝态氮受环境影响很大有关。所有施肥处理不同土层中硝态氮含量均高于 CK，说明所有施肥处理都造成土壤硝态氮的淋溶。

三、长期施肥下土壤氮素变化对氮盈亏的响应特征

（一）不同施肥处理作物吸氮量的变化

表 4-8 是本试验各个处理 36 年水稻地上部分携出氮量。由表可知，不同施肥处理水稻地上部携出氮量变化较大，且同一处理不同年份间水稻地上部携出氮量呈波动变化。不施肥 CK 处理水稻地上部携出氮量最低，多年平均携出氮量为 55.27 kg/hm²，其次是单施有机肥 M 处理，地上部携出氮量为 77.89 kg/hm²，NP、NPK 和 MN 处理水稻地上部携出氮量差异不大，在 127.00~131.97 kg/hm² 变化，施用有机肥的 MNP 和 MNPK 处理水稻地上部携出氮量也相差不大，分别为 145.24 kg/hm² 和 145.38 kg/hm²。研究还发现，同一施肥处理不同年份间水稻地上部携出氮量呈波动变化。可能的原因是，一方面因为不同年份间降水等气候因素影响水稻产量进而影响水稻地上部对氮素的

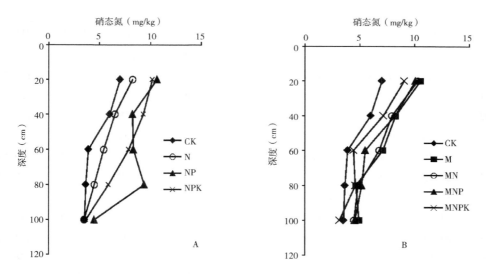

图4-21　长期施肥下土壤剖面（0～100 cm）硝态氮含量

A：施用化肥；B：增施有机肥（2005 年）

吸收，另一方面由于该定位试验水稻品种没有固定，种植品种为当地主栽水稻品种，不同水稻品种也可能引起不同年份水稻地上部携出氮量有所差异。

表4-8　长期施肥下水稻携出氮量　　　　　　　　　　（单位：kg/hm²）

年份	CK	N	NP	NPK	M	MN	MNP	MNPK
1982	42.46	73.70	124.72	120.29	57.16	114.63	140.14	138.26
1983	51.60	83.31	132.77	132.13	58.85	116.71	157.78	153.60
1984	42.46	73.70	122.57	120.29	57.16	114.63	140.14	138.26
1985	34.34	54.50	120.07	118.90	42.30	98.24	132.27	126.21
1986	22.11	29.63	113.77	122.92	57.41	89.88	137.40	142.06
1987	29.77	41.05	96.98	91.75	41.72	98.24	101.47	101.87
1988	60.86	100.65	130.56	150.58	88.58	135.58	154.58	157.22
1989	48.26	50.22	139.89	136.59	84.03	135.90	156.92	158.90
1990	57.73	76.24	157.67	160.20	76.95	146.51	168.98	172.68
1991	33.60	58.32	123.39	132.20	75.45	114.13	136.96	134.37
1992	43.73	57.34	154.43	153.47	77.15	140.32	175.14	168.83
1993	48.72	75.97	118.64	115.94	67.43	110.83	124.76	124.93
1994	52.34	76.61	130.12	130.79	76.54	125.56	155.15	122.14
1995	62.12	115.89	152.81	160.16	78.22	146.89	173.35	177.17
1996	72.74	104.88	129.91	136.13	87.04	128.90	143.33	142.65
1997	44.66	73.08	139.93	146.23	72.94	119.18	158.16	160.18
1998	66.83	102.80	129.60	129.80	57.44	127.76	144.10	163.34

（续表）

年份	CK	N	NP	NPK	M	MN	MNP	MNPK
1999	63.61	107.35	136.53	137.70	85.20	130.19	147.61	147.94
2000	80.07	104.88	131.34	136.66	94.40	129.81	139.21	140.27
2001	56.16	75.15	126.87	129.69	80.30	119.18	134.33	139.72
2002	61.58	83.82	130.27	134.04	86.43	119.18	139.96	144.84
2003	71.39	103.64	132.95	133.35	89.19	126.39	140.33	143.19
2004	72.40	109.42	124.54	130.74	87.96	124.12	136.96	139.54
2005	59.85	97.24	118.15	116.76	77.11	115.50	128.72	128.25
2006	64.62	121.80	149.23	149.54	88.58	133.23	161.91	162.92
2007	61.58	104.05	128.30	134.04	77.54	137.40	136.58	141.73
2008	61.58	125.52	132.95	138.05	89.80	133.98	148.77	154.15
2009	55.83	103.64	127.22	134.92	81.22	148.03	150.09	148.86
2010	49.06	74.73	130.80	134.39	80.30	123.36	145.40	146.12
2011	69.36	116.85	128.84	128.82	103.59	144.99	140.52	153.42
2012	73.30	114.13	158.21	154.95	98.07	137.33	169.13	168.88
2013	37.92	91.55	121.01	84.36	68.15	119.27	128.97	108.65
2014	44.66	111.48	121.68	120.99	85.92	128.67	136.96	135.16
2015	52.44	98.68	122.63	128.47	93.27	134.49	135.77	140.76
2016	77.82	146.16	132.06	124.99	95.93	151.07	149.90	148.12
2017	62.25	142.45	141.36	140.14	84.59	151.82	157.03	158.54
均值	55.27	91.12	130.91	131.97	77.89	127.00	145.24	145.38

　　表4-9是本试验各个处理35年小麦地上部分携出氮量。由表可知，不同施肥处理小麦地上部携出氮量变化较大，且同一处理不同年份间小麦地上部携出氮量呈波动变化。MNPK处理小麦地上部携出氮量最大，为101.19 kg/hm²，其次是MNP处理，携出氮量为93.51 kg/hm²；NP、NPK和MN处理小麦地上部携出氮量变化不大，其范围为84.04~86.80 kg/hm²；M处理小麦地上部携出氮量是47.39 kg/hm²；不施肥CK处理小麦地上部携出氮量最低，平均携出氮量为33.42 kg/hm²。同一施肥处理不同年份间小麦地上部携出氮量呈波动变化，原因可能与不同年份间降水等气候因素影响有关，同时试验小麦品种变化也可能影响小麦地上部对氮素的吸收能力。

表4-9　长期施肥下小麦携出氮量 （单位：kg/hm²）

年份	CK	N	NP	NPK	M	MN	MNP	MNPK
1983	39.39	89.42	131.85	127.98	46.62	108.09	140.40	132.84
1984	40.62	93.47	133.24	130.26	46.81	118.91	150.75	151.63
1985	56.59	104.21	127.20	125.45	64.47	130.34	151.51	158.60

（续表）

年份	CK	N	NP	NPK	M	MN	MNP	MNPK
1986	26.82	85.41	88.51	84.37	37.97	95.87	93.56	97.38
1987	26.92	39.54	85.22	89.03	35.43	65.48	98.84	106.96
1988	44.42	86.85	115.74	111.29	48.81	125.45	126.71	132.87
1989	17.73	80.86	66.76	85.65	40.94	51.73	77.97	101.41
1990	19.71	22.09	63.70	69.53	28.11	50.22	80.18	87.64
1991	55.45	76.97	104.82	113.20	68.43	104.05	111.06	122.23
1992	8.35	65.96	59.57	66.64	20.66	89.82	71.22	79.44
1993	44.79	86.95	105.01	107.64	60.02	111.98	112.08	123.95
1994	37.59	45.05	79.01	77.31	61.89	89.99	107.84	106.09
1995	34.16	53.94	67.67	61.21	45.28	58.75	71.96	74.34
1996	8.35	52.10	56.49	46.12	25.10	62.01	70.40	59.49
1997	21.64	31.88	67.67	71.33	39.37	63.64	71.41	73.48
1998	33.65	53.94	77.08	80.43	45.77	81.39	86.35	93.06
1999	36.75	54.56	84.21	85.24	51.67	82.49	90.42	98.74
2000	32.09	45.97	70.72	73.60	41.83	74.66	80.64	87.67
2001	28.47	55.78	63.60	66.52	35.93	64.25	70.60	77.74
2002	32.09	54.56	66.40	71.33	38.39	67.31	74.13	80.58
2003	47.10	67.43	85.99	92.57	54.63	87.51	96.39	107.25
2004	23.29	29.42	63.35	66.52	39.86	67.31	70.60	80.01
2005	24.85	30.04	60.29	64.50	40.35	72.21	65.98	74.90
2006	22.78	35.55	69.70	77.14	48.23	67.92	78.47	91.36
2007	48.14	87.04	97.43	98.14	60.53	120.96	112.69	125.97
2008	41.41	82.14	111.43	116.35	49.21	99.13	120.56	129.94
2009	34.68	44.75	77.85	84.48	57.09	70.37	85.53	93.63
2010	37.27	46.59	81.92	91.56	58.07	80.16	92.32	104.41
2011	48.14	69.88	86.75	93.33	51.67	104.64	98.02	105.83
2012	40.81	53.32	102.28	119.53	62.12	107.06	114.81	140.59
2013	26.85	55.90	81.75	77.25	49.65	80.27	85.59	104.40
2014	39.86	78.46	94.13	85.74	63.48	89.95	72.23	79.73
2015	27.43	45.36	71.99	80.43	39.86	75.88	83.36	93.06
2016	22.78	49.04	63.60	67.53	48.72	79.55	76.57	82.00
2017	38.82	73.56	78.61	78.66	51.67	105.87	81.73	82.28
均值	33.42	60.80	84.04	86.80	47.39	85.86	93.51	101.19

图 4-22 显示了长期不同施肥处理 36 年作物（水稻+小麦）地上部分携出氮量。不施肥 CK 处理和单施有机肥 M 处理携出氮量相对较低，每年约为 88.70 kg/hm² 和 125.28 kg/hm²，单施氮肥的 N 处理每年携出氮量要高于 CK 和 M 处理，每年携出量约为 151.92 kg/hm²，NP、NPK、MN 处理携出氮量较高，且这三个处理之间差异较小，分别为 221.50 kg/hm²、218.77 kg/hm² 和 212.86 kg/hm²，MNP 和 MNPK 处理每年携出氮量差异不大，分别为 238.75 kg/hm² 和 246.57 kg/hm²；施用化学氮肥作物地上部每年携出氮量约为 195.21 kg/hm²，有机肥和化肥配合施用作物地上部每年携出氮量为 232.73 kg/hm²，有机无机肥配施处理作物地上部携出氮量高于相应单施化肥各处理；氮素投入高于作物携出氮量，就出现氮素盈余。在稻—麦轮作系统中，不同施肥处理作物（水稻+小麦）地上部分携出氮量变化较大，不同施肥处理作物地上部携出氮量的变化范围为 88.70~246.57 kg/hm²，但不同施肥处理下不同作物地上部携出氮量占作物（水稻+小麦）地上部携出氮量差异却很小，不同施肥处理水稻地上部携出氮量对作物（水稻+小麦）系统地上部携出氮量的贡献率为 58.96%~62.32%，小麦地上部携出氮量的贡献率为 37.68%~41.04%。表明稻—麦轮作系统中水稻的氮素吸收量要高于小麦，该系统氮肥管理时水稻季氮肥用量应高于小麦季。

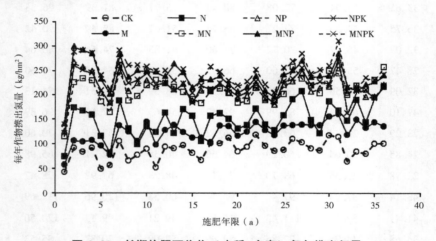

图 4-22　长期施肥下作物（水稻+小麦）每年携出氮量

图 4-23 是长期不同施肥处理 36 年作物地上部分累积携出氮量变化。由图可知，所有处理作物地上部携出氮量随着施肥年限的延续呈逐渐增加趋势。CK 处理和 M 处理作物累积携出氮量较低，36 年累积携出氮量为 3 159.60 kg/hm² 和 4 462.55 kg/hm²；N 处理高于 CK，累积携出氮量为 5 408.39 kg/hm²；NP、NPK、MN 三者累积携出氮量非常接近，都远远高于 N 处理，约为后者的 1.4 倍；在所有处理中又以 MNP 和 MNPK 处理作物携出氮量最高，但两者差异不大，分别为 8 501.62 kg/hm² 和 8 775.24 kg/hm²。N、NP 和 NPK 处理氮素的投入量相同，增施钾肥没有明显提高作物累积携出氮量，而增施磷肥则明显提高了作物携出氮量，这主要是该试验土壤磷素极其缺乏，而钾素含量丰富；MN、MNP 和 MNPK 处理氮素的投入量也相同，平均累积氮素携出量为 8 284.66 kg/hm²，施用化肥处理（N、NP 和 NPK）平均累积氮素携出量为

6 950.50 kg/hm²，有机无机肥配合施用（MN、MNP 和 MNPK）氮素累积携出量是单施化肥处理携出量的 1.19 倍。

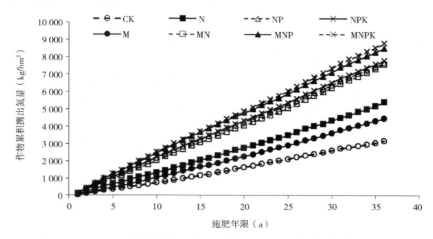

图 4-23　长期施肥下作物（水稻+小麦）累积携出氮量

（二）长期施肥下土壤氮素盈亏情况

当氮素投入不足时，土壤氮素缺乏会导致农作物减产；但氮素投入远远高于作物需求时，又会引起氮素大量盈余；如果土壤长期处于氮素盈余状态，会增加氮素流失而加剧水体环境污染的风险（柴如山，2015；谢勇等，2017；Yang et al.，2018；杜金丽，2019）。图 4-24 显示了紫色水稻土不同施肥处理 36 年当季土壤表观氮盈亏状况，由于没有肥料氮素直接投入，加之干湿沉降、灌溉等其他氮素间接来源极少，CK 处理作物吸收的氮主要来源于土壤自身，因此氮素一直处于亏缺状态，平均每年亏缺氮量为 87.77 kg/hm²，氮素亏缺量随施肥时间持续而增加。其他处理由于氮素投入量高于作物携出量，不同处理间土壤氮素盈余量存在显著差异，年均盈余量为23.64～225.24 kg/hm²，且随施肥年限的延续土壤氮素盈余量呈上升趋势。N、NP 和NPK 处理氮素投入量相同，NP 和 NPK 处理作物产量差异不大，两者作物产量都高于 N 处理，所以作物携出氮量差异不大，两个处理氮盈余量基本一致，年均氮素盈余量分别为 27.38 kg/hm² 和 23.64 kg/hm²，而 N 处理由于作物携出氮量低于 NP 和NPK 处理，而年均氮素盈余量高于 NP 和 NPK 处理，为 89.77 kg/hm²；同样的原因，MNP 和 MNPK 处理氮素盈余量也几乎接近，年均盈余量分别为 199.56 kg/hm² 和191.96 kg/hm²；M 处理氮素投入量远大于作物携出量，年均氮素盈余量为71.76 kg/hm²。化肥配施有机肥处理（MN、MNP 和 MNPK）氮素年均盈余量为205.59 kg/hm²，单施化肥处理（N、NP 和 NPK）氮素年均盈余量为 46.93 kg/hm²，前者约是后者的 4.3 倍，说明在施用有机肥的情况下可适当减少化学氮肥的投入量，以免造成氮肥过量施用，增加农田系统氮素的环境风险。

图 4-25 为紫色水稻土连续不同施肥 36 年土壤累积氮盈亏。由图可知，不施肥的CK 处理土壤累积氮始终处于亏缺状态，且亏缺量随施肥年限延续而不断增大，36 年土壤累积氮亏缺总量为 3 159.60 kg/hm²。施氮量相同的 N、NP 和 NPK 处理土壤累积氮

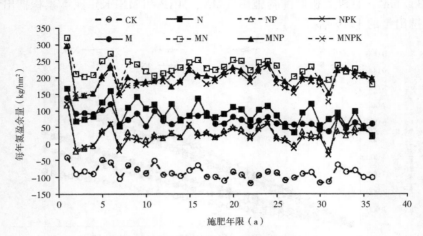

图 4-24 不同施肥下土壤氮素表观盈亏

呈盈余状态，氮素盈余量分别为 3 231.61 kg/hm²、985.71 kg/hm² 和 851.18 kg/hm²。施氮量相同的 MN、MNP 和 MNPK 处理土壤累积氮也呈盈余状态，氮素盈余量分别为 8 108.74 kg/hm²、7 184.26 kg/hm² 和 6 910.64 kg/hm²。单施有机氮肥的 M 处理、单施化学氮肥的（N、NP 和 NPK）处理以及有机无机氮肥配施处理（MN、MNP 和 MNPK）土壤累积氮一直处于盈余状态，且随施肥年限延续而增加；连续施肥 36 年以后，土壤累积氮盈余量分别为 2 583.33 kg/hm²、1 689.50 kg/hm² 和 7 401.22 kg/hm²。表明单施有机肥或化肥配施有机肥能有效地增加土壤氮素积累，因此农田施用有机肥时应减少化学氮肥的施用量。

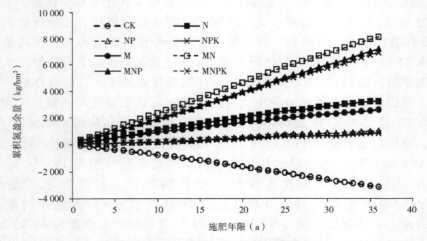

图 4-25 不同施肥下土壤氮素累积盈亏

（三）长期施肥下土壤全氮变化对土壤氮素盈亏的响应

长期不同施肥处理下土壤中累积氮盈余（氮平衡）对土壤全氮的消长存在不同影响。各处理土壤全氮增量与土壤累积氮盈余之间的线性回归方程见图 4-26，各方程中 x

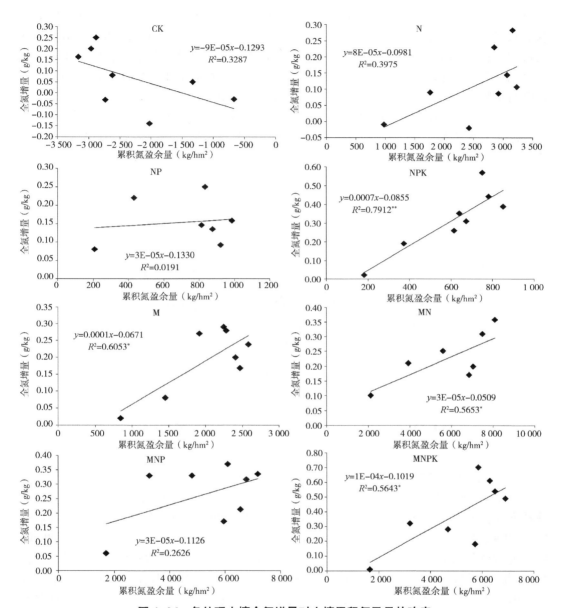

图 4-26　各处理土壤全氮增量对土壤累积氮盈亏的响应

注：图中样本数 $n=8$，＊＊ 表示在 1% 水平显著相关，＊ 表示在 5% 水平显著相关

为土壤累积氮盈亏量（kg/hm^2），y 为土壤全氮增量（g/kg），回归方程中的斜率代表土壤氮每增减 1 个单位（kg/hm^2）相应的土壤全氮消长量（g/kg）（裴瑞娜等，2010；刘彦伶等，2016）。由图可知，CK、N、NP 和 MNP 处理，土壤全氮增量对氮盈亏响应关系不显著，表明 CK、N、NP 和 MNP 处理氮盈亏对土壤全氮含量增加量影响很小。NPK、M、MN 和 MNPK 4 个处理土壤全氮增量与累积氮盈亏呈显著或极显著正相关，当土壤每累积盈余氮 100 kg/hm^2，4 个处理土壤中全氮增量分别为 0.070 g/kg、

0.010 g/kg、0.0030 g/kg 和 0.0096 g/kg。由于单施化肥的 3 个处理（N、NP 和 NPK）施氮水平一致，土壤每累积氮 100 kg/hm²，土壤中全氮含量几乎增加 0.025 g/kg；有机无机肥配施的 MN、MNP 和 MNPK 处理土壤全氮增量对氮盈亏的响应程度小于单施化学氮肥处理，即土壤每累积氮 100 kg/hm²，土壤全氮含量增加 0.0052 g/kg。表现出有机肥与化肥配施提升紫色水稻土全氮的速率小于单施化肥。

如图 4-27 所示，紫色水稻土所有处理土壤 36 年间的全氮变量与土壤累积氮盈亏值达到极显著正相关关系（$R^2 = 0.2398$，$P<0.01$），紫色水稻土每盈余氮 100 kg/hm²，全氮含量增加 0.0027 g/kg。

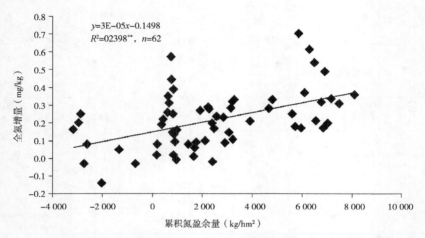

图 4-27　紫色水稻土所有处理全氮增量与土壤累积氮盈亏的关系

注：** 表示在 1% 水平显著相关

（四）长期施肥下土壤碱解氮变化对氮素盈亏的响应

由图 4-28 可知，土壤碱解氮增量对氮素盈余的响应关系与氮盈余和全氮增量消长关系不同，即 CK 处理随着氮素盈余量的增加土壤中碱解氮含量显著下降，而施肥的 NP、NPK、M、MN、MNP 和 MNPK 处理土壤碱解氮增量与氮素盈余量呈线性正相关，M 处理达显著水平，NP、NPK、MN、MNP 和 MNPK 5 个处理均达极显著正相关。由图 4-28 直线回归方程可知，由于 CK 处理没有氮肥投入，作物生长主要消耗土壤中的氮素，因此土壤中每亏缺 100 kg/hm² 氮时，土壤碱解氮增量下降 0.46 mg/kg；其他处理由于施用了氮肥，土壤中每盈余氮 100 kg/hm²，NP 处理土壤碱解氮增量增加 2.60 mg/kg，NPK 处理土壤碱解氮增量 4.21 mg/kg，M 处理土壤碱解氮增量 1.27 mg/kg，MN 处理土壤碱解氮增量 0.41 mg/kg，MNP 处理土壤碱解氮增量 0.40 mg/kg，MNPK 处理土壤碱解氮增量 0.66 mg/kg。

如图 4-29 所示，紫色水稻土所有处理土壤 36 年间的碱解氮变量与土壤累积氮盈亏值达到极显著正相关关系（$R^2 = 0.3356$，$P<0.01$），紫色水稻土每盈余氮 100 kg/hm²，土壤碱解氮含量上升 0.35 mg/kg。

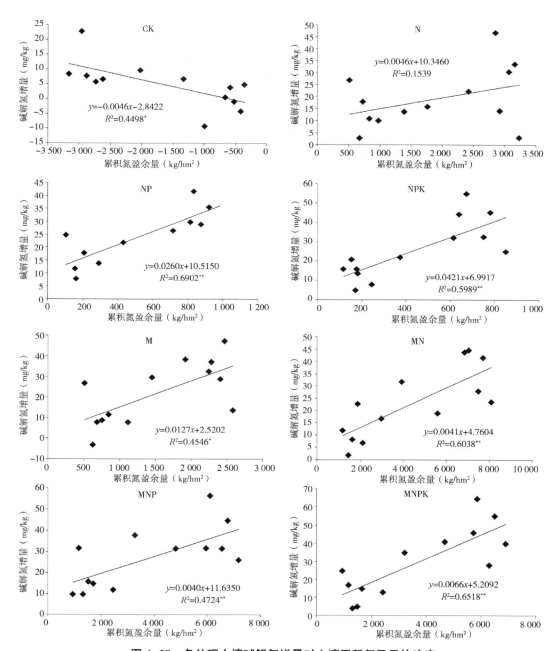

图4-28 各处理土壤碱解氮增量对土壤累积氮盈亏的响应

注：图中样本数 $n=13$，** 表示在1%水平显著相关，* 表示在5%水平显著相关

（五）不同肥料类型下土壤碱解氮变量与土壤累积氮盈亏的关系

图4-30为施用不同类型氮肥情况下土壤碱解氮变量与土壤累积氮盈亏的关系。不施肥处理（CK）土壤中碱解氮增量随氮素亏缺量的增加而显著降低，土壤中每亏缺100 kg/hm² 氮时，土壤中碱解氮降低0.46 mg/kg；单施化学氮肥（N、NP 和 NPK）土

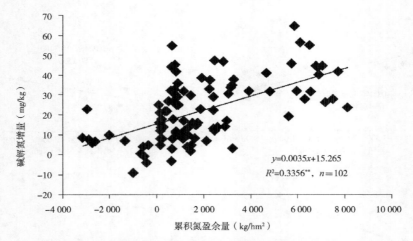

图4-29 紫色水稻土所有处理碱解氮增量与土壤累积氮盈亏的关系

注：** 表示在1%水平显著相关

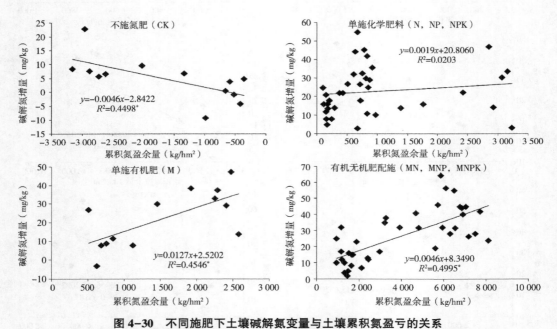

图4-30 不同施肥下土壤碱解氮变量与土壤累积氮盈亏的关系

注：图中不施氮肥和单施有机肥样本数 $n=13$，单施化学肥料和有机无机肥配施样本数 $n=39$，

** 表示在1%水平显著相关， * 表示在5%水平显著相关

壤碱解氮变化量与累积氮盈余量无显著相关性；单施有机肥（M）和有机无机氮肥配施（MN、MNP 和 MNPK）的土壤碱解氮含量变化与氮盈余量呈显著或极显著正相关，土壤每累积氮 100 kg/hm²，土壤碱解氮含量分别增加 1.27 mg/kg 和 0.46 mg/kg。综上所述，土壤碱解氮含量随土壤氮素盈余而变化，与氮肥施用种类密切相关；土壤每累积

氮 100 kg/hm^2，在不施氮肥条件下，土壤碱解氮含量降低 0.46 mg/kg，单施有机氮肥和有机无机氮肥配施情况下，土壤碱解氮含量分别增加 1.27 mg/kg 和 0.46 mg/kg，说明紫色水稻土长期施用有机肥或有机肥与化肥配施提升土壤碱解氮的速率大于单施化学肥料。可能的原因是，增施有机肥一方面增加了土壤中有机态氮素养分的含量，另一方面有机肥中的有机氮源可结合土壤中无机形态氮素养分，从而减少了无机态氮素养分的淋溶和损失，因而增施有机肥有利于提高土壤碱解氮含量。

四、氮肥回收率的演变趋势

（一）水稻氮肥回收率

长期不同施肥处理下水稻氮肥回收率对时间的响应关系各不相同。由图 4-31 和表 4-10 可以看出，N 处理水稻氮肥回收率随着施肥年限的延长呈极显著增加，M 和 MN 处理水稻氮肥回收率与施肥时间无显著相关关系，而 NP、NPK、MNP 和 MNPK 处理水稻氮肥回收率随着施肥年限的延长呈显著或极显著下降趋势。连续施肥 36 年后，N 处理水稻平均氮肥回收率为 29.88%，年增加速率为 1.00%；NP 处理水稻平均氮肥回收率为 63.03%，年下降速率为 0.41%；NPK 处理水稻平均氮肥回收率为 63.92%，年下降速率为 0.54%；MNP 处理水稻平均氮肥回收率为 41.30%，年下降速率为 0.29%；MNPK 处理水稻平均氮肥回收率为 41.36%，年下降速率为 0.25%。综上所述，氮肥投入量相同的 NP 和 NPK 处理水稻氮肥回收率差异不大，分别为 63.03% 和 63.92%；同样的 MNP 和 MNPK 处理氮肥回收率也差异不大，分别为 41.30% 和 41.36%。整体来看施用化肥水稻氮肥回收率要高于施用有机肥。

表 4-10　水稻氮肥回收率（y）随种植年限（x）的变化关系

处理	方程	R^2
N	$y = 1.001x + 11.347$	0.5026**
NP	$y = -0.405x + 70.524$	0.1339*
NPK	$y = -0.538x + 73.862$	0.1878**
M	$y = 0.297x + 18.544$	0.0897
MN	$y = 0.051x + 31.972$	0.1121
MNP	$y = -0.286x + 46.581$	0.1511*
MNPK	$y = -0.249x + 45.964$	0.1187*

注：** 表示在 1% 水平显著相关，* 表示在 5% 水平显著相关

（二）小麦氮肥回收率

长期不同施肥处理下小麦氮肥回收率对时间的响应关系各不相同。由图 4-32 和表 4-11 可以看出，M 处理小麦氮肥回收率随着施肥年限的延长显著增加，其他 N、NP、NPK、MNP 和 MNPK 处理小麦氮肥回收率随着施肥年限的延长呈显著或极显著下降趋势，而 MN 处理无显著相关。由图 4-32 和表 4-11 可以得出，连续施肥 36 年后，N 处理小麦平均氮肥回收率为 22.81%，年下降速率为 0.55%；NP 处理小麦平均氮肥回收

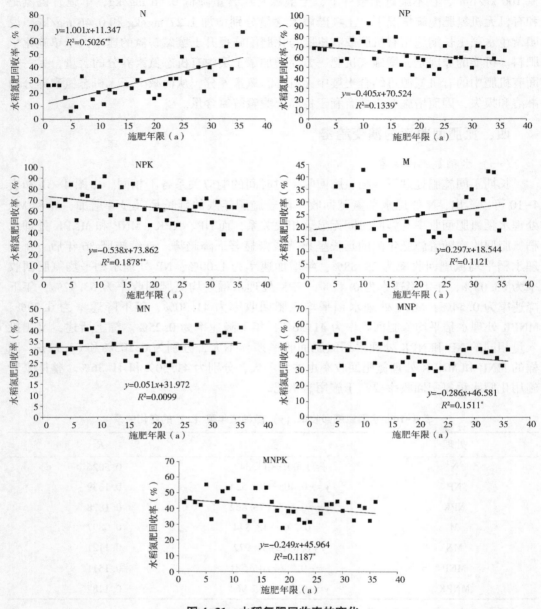

图 4-31　水稻氮肥回收率的变化

注：图中样本数 $n=36$，** 表示在 1% 水平显著相关，* 表示在 5% 水平显著相关

率为 42.18%，年下降速率为 0.59%；NPK 处理小麦平均氮肥回收率为 44.48%，年下降速率为 0.48%；MNP 处理小麦平均氮肥回收率为 27.58%，年下降速率为 0.45%；MNPK 处理小麦平均氮肥回收率为 31.10%，年下降速率为 0.35%；M 处理小麦平均氮肥回收率为 14.27%，年增加速率为 0.27%。综上所述，氮肥投入量相同的 NP 和 NPK 处理小麦氮肥回收率差异不大，分别为 42.18% 和 44.48%；同样的 MNP 和 MNPK 处理

氮肥回收率也差异不大，分别为 27.58% 和 31.10%。整体来看施用化肥小麦氮肥回收率要高于施用有机肥。

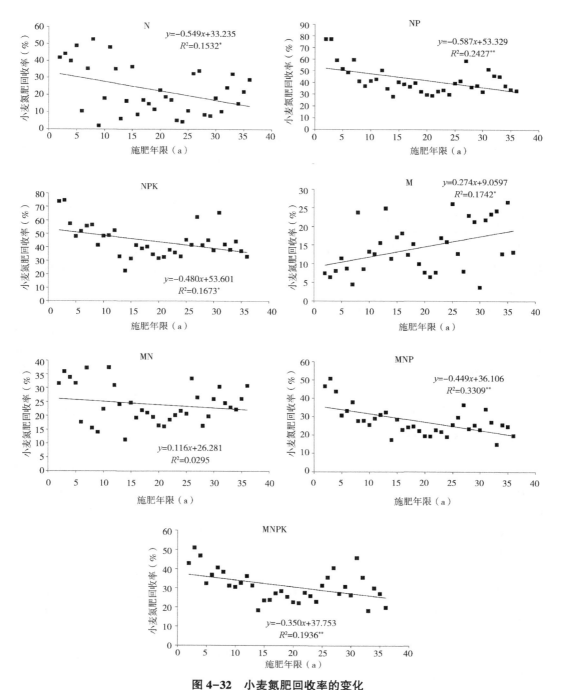

图 4-32　小麦氮肥回收率的变化

注：图中样本数 $n=35$，＊＊表示在 1% 水平显著相关，＊表示在 5% 水平显著相关

表 4-11 小麦氮肥回收率 (y) 随种植年限 (x) 的变化关系

处理	方程	R^2
N	$y=-0.549x+33.24$	0.153[*]
NP	$y=-0.587x+53.33$	0.243[**]
NPK	$y=-0.480x+53.601$	0.167[*]
M	$y=0.274x+9.060$	0.174[*]
MN	$y=-0.116x+26.281$	0.030
MNP	$y=-0.449x+36.11$	0.331[**]
MNPK	$y=-0.350x+37.75$	0.194[**]

注：** 表示在 1% 水平显著相关，* 表示在 5% 水平显著相关

（三）水稻氮肥回收率与土壤碱解氮的关系

图 4-33 为长期不同施肥下水稻氮肥回收率与土壤碱解氮的响应关系。由图可知，不同施肥处理氮肥回收率对土壤碱解氮含量响应差异较大。N、MNP 和 MNPK 处理水稻氮肥回收率随土壤碱解氮的增加呈现出先降低后逐渐增加的变化趋势；NP、NPK、M 和 MN 处理水稻氮肥回收率随着土壤碱解氮含量增加先增加后降低；所有施肥处理土壤碱解氮含量与水稻氮肥回收率都没有达到显著相关。

（四）小麦氮肥回收率与土壤碱解氮的关系

图 4-34 为长期不同施肥下小麦氮肥回收率与土壤碱解氮含量的响应关系。由图可知，不同处理氮肥回收率对土壤碱解氮含量响应差异较大。其中 N、NP 和 M 处理小麦氮肥回收率随土壤碱解氮含量的增加呈现出先上升后降低的变化趋势；MN 处理小麦氮肥回收率与土壤碱解氮含量呈正相关关系，但没有达到显著相关；而 NPK、MNP 和 MNPK 处理小麦氮肥回收率随土壤碱解氮含量的增加呈现出先下降后上升的变化趋势。

五、合理施用氮肥

图 4-35 显示了紫色水稻土土壤氮素盈亏量与氮肥施用量的关系。由图可知，氮肥施用量与土壤氮素盈亏值之间呈现出极显著正相关关系，其数学表达式为 $y=0.678x-95.7$ ($R^2=0.8614$，$P<0.01$)，当土壤中施入 1 kg/hm² 氮肥时，土壤中盈余氮素量增加 0.68 kg/hm²。当土壤中氮素没有盈余时，即上述方程中 y 为零值，适宜的氮肥施用量为 141.2 kg/hm²。

图 4-36 显示了紫色水稻土土壤碱解氮含量与氮肥施用量的关系。由图可知，氮肥施用量与土壤碱解氮含量之间呈现出极显著正相关关系，其数学表达式为 $y=0.0399x+75.111$ ($R^2=0.1296$，$P<0.01$)，当土壤中施入 1 kg/hm² 氮肥时，土壤碱解氮含量增加 0.04 mg/kg。由图 4-36 可知，当土壤中氮肥施用量为 141.2 kg/hm² 时，土壤中则没有氮素盈余，此时土壤碱解氮含量为 80.7 mg/kg，即将氮肥施用量为 141.2 kg/hm² 带入上述方程中计算出的 y 值。

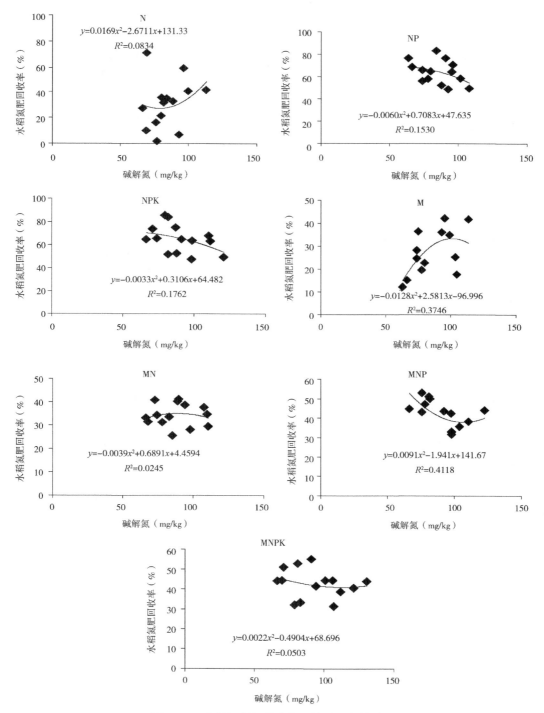

图 4-33　水稻氮肥回收率与土壤碱解氮的关系

注：图中样本数 $n = 14$

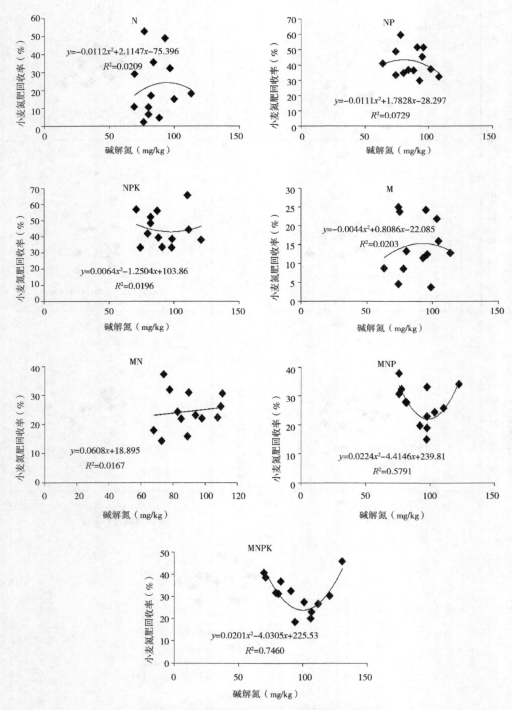

图4-34　小麦氮肥回收率与土壤碱解氮的关系

注：图中样本数 $n = 13$

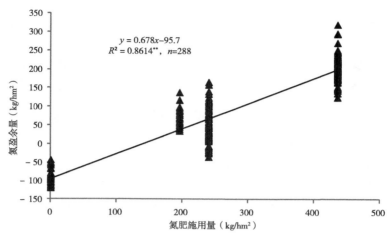

图4-35　土壤氮盈亏与氮肥施用量的关系

注：** 表示在 1% 水平显著相关

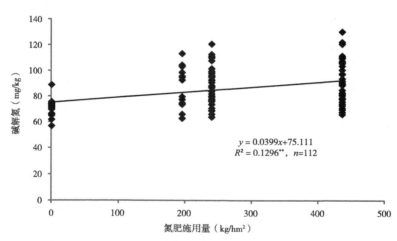

图4-36　土壤碱解氮与氮肥施用量的关系

注：** 表示在 1% 水平显著相关

第四节　长期施肥下土壤磷素的演变

　　长期以来，我国科研工作者在紫色土养分流失、高效施肥、土壤培肥与作物栽培等方面开展了大量的研究（Su et al.，2010；Zhang and Li，2011；李太魁等，2012；何晓玲等，2013；宋春等，2015），取得了许多成果，为紫色土区作物高产、土壤培肥积累了宝贵经验。研究表明磷素是紫色土作物产量增加、肥力持续的主要限制因子，全磷和 Olsen-P 是土壤磷素养分的重要指标，全磷反映了土壤磷库的大小，Olsen-P 代表可供作物当季吸收利用的磷素水平,其是确定磷肥用量和农业磷环境风险评价的重要指标(陈明明,2009;曲均峰等,2009)。迄今为止,关于我国西南地区紫色土中磷素的研究可谓广泛而深入,但缺乏系统性。本节以紫色水稻土长期肥料定位试验为平台,系统深入地研究了紫色土磷素演变、磷含量对磷平衡的响应关系、磷素的形态特征、磷素农学阈值和回收率等,可为提高紫色土磷素科学施用提供重要的参考信息。

一、长期施肥下土壤全磷和有效磷的变化趋势及其关系

(一) 长期施肥下土壤全磷的变化趋势

长期不同施肥下紫色水稻土全磷含量变化如图 4-37 所示。没有磷素投入的 CK 和 N 处理,虽然作物每年要吸收土壤的一部分磷,但是土壤全 P 含量仍表现为增加趋势,但未达显著水平(表 4-12),从试验开始时(1982 年)的 0.59 g/kg 分别增加到 2017 年的 0.55 g/kg 和 0.60 g/kg。许多研究表明,土壤磷库的变化是一个缓慢的过程,长期不施磷土壤磷含量会降低,长期过量施磷会导致磷含量升高(Liu et al.,2007;万艳玲等,2010;Shen et al.,2014)。而本研究指出,紫色水稻土长期不施磷肥,土壤全磷含量基本维持稳定,不施磷肥作物生长不断消耗土壤自身的磷素,造成土壤磷含量下降,当磷素下降到一定水平时保持基本稳定;因为土壤中不同形态磷素之间存在一种动态平衡关系,在磷素投入极少的情况下,土壤各缓效态磷转化释放有效磷以补充土壤磷素亏缺(Takahashi and Anwar,2007;Hu et al.,2012;高菊生等,2014)。另外,朱波等(1999)指出紫色母岩养分的风化释放是紫色水稻土最重要的养分补偿过程,由于紫色母岩的物理、化学和极易风化等特性导致紫色水稻土具有较强的养分自调能力;同时,由于灌溉水、种苗、根茬等会带入一部分磷养分(黄绍敏等,2006;秦鱼生等,2008);这些可能是紫色水稻土不施磷肥土壤磷含量变化不大、甚至增加的原因。仅有有机磷素投入的 M 和 MN 处理,土壤磷含量也随种植年限的延续而增加,但未达显著水平。樊红柱等(2016)研究指出施用有机肥时土壤中年未知去向磷为 29.60 ~ 61.89 kg/hm²,平均年未知去向磷量为 47.17 kg/hm²,虽然单施有机肥土壤中年表观盈余磷量达 59.93 kg/hm²,但磷素净盈余量仅为 12.76 kg/hm²,所以有机肥的投入并没有显著提升土壤中磷素含量;可能是由于水旱轮作体系稻田在干湿交替过程中提高了微生物活性,加速了有机肥的分解,也增加了磷素淋溶损失(Sharpley et al.,2004;秦鱼生等,2008)。当土壤施用化学磷肥或有机无机磷肥配施后,各处理由于磷的施用量大于作物携出磷量,土壤全 P 含量与时间呈极显著正相关,即随种植时间延长表现出上升趋势。单施化学磷肥的 NP 和 NPK 处理,土壤全 P 含量随时间延长表现为极显著上升趋势,2017 年两个处理土壤全磷含量分别达 1.02 g/kg 和 1.25 g/kg,较试验开始时分别上升了 71.0% 和 110.9%。NP 和 NPK 处理土壤年全磷增加量为 0.013 g/kg 和 0.017 g/kg。化肥配施有机肥的 MNP 和 MNPK 处理也能显著提高土壤全 P 含量,2017 年两个处理土壤全磷含量分别达 1.23 g/kg 和 1.33 g/kg,较试验开始时分别上升了 106.5% 和 124.6%,土壤年全磷增加量为 0.015 g/kg 和 0.018 g/kg。磷素是制约作物生长发育的重要因子,如果土壤连续种植作物而不施用磷肥,由于磷的耗竭,土壤磷素将变得更为缺乏,施用磷肥是作物持续增产的有效措施(曲均锋,2009)。

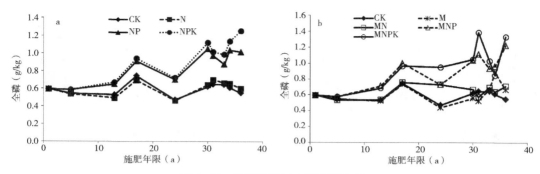

图 4-37　长期施肥下土壤全磷含量

a：施用化肥；b：增施有机肥

表 4-12　长期施肥下土壤全磷演变特征参数

处理	全磷平均含量 （g/kg）	R^2	变化趋势	年变化量 [g/(kg·a)]
CK	0.60b	0.0189	维持	0.0008
N	0.60b	0.2156	维持	0.0033
NP	0.84a	0.7568**	上升	0.0129
NPK	0.90a	0.8042**	上升	0.0171
M	0.62b	0.1064	维持	0.0033
MN	0.64b	0.2436	维持	0.0032
MNP	0.89a	0.7193**	上升	0.0150
MNPK	0.94a	0.6635**	上升	0.0180

注：同列数字后面不同字母表示在5%水平上差异显著，** 表示在1%水平显著相关

（二）长期施肥下土壤有效磷的变化趋势

如图 4-38 所示，在长期没有磷素投入的处理（CK 和 N）中，作物生长需要消耗土壤中的磷素，土壤磷亏缺程度越来越大，不施磷肥的 CK 和 N 处理及施用有机磷的 M 和 MN 处理土壤有效磷（Olsen-P）基本维持，因此，可以认为种植年限对 CK、N、M 和 MN 处理土壤 Olsen-P 含量影响不大。施用化学磷肥或化肥配施有机肥处理（NP、NPK、MNP 和 MNPK），土壤 Olsen-P 含量随施肥年限的延续呈现出极显著上升趋势（表 4-13）。其中，单施化学磷肥的 NP 和 NPK 处理土壤 Olsen-P 含量由试验开始时的 3.9 mg/kg 分别上升到 2017 年的 50.26 mg/kg 和 93.38 mg/kg，Olsen-P 年增加量分别为 1.47 mg/kg 和 2.04 mg/kg。化肥配施有机肥的 MNP 和 MNPK 处理，土壤 Olsen-P 年增加量分别为 1.86 mg/kg 和 1.68 mg/kg，土壤 Olsen-P 含量由试验开始时的 3.9 mg/kg 分别上升到 2017 年的 83.73 mg/kg 和 82.18 mg/kg。目前，NP、NPK、MNP 和 MNPK 处理土壤 Olsen-P 含量超过了磷环境阈值，因而在农业生产中连续数年施用足量磷肥后，土壤磷素含量达到一定水平时，可根据实际情况减少磷用量，以节约磷肥资源并提高磷肥利用率，实现高产和保护环境的双赢目标（Colomb et al.，2007；樊红柱等，2016）。

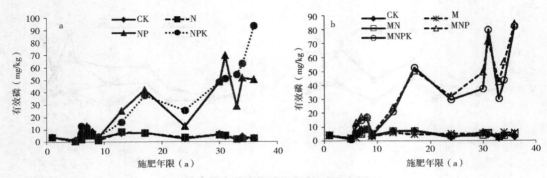

图 4-38 长期施肥下土壤有效磷含量

a：施用化肥；b：增施有机肥

表 4-13 长期施肥下土壤有效磷演变特征参数

处理	有效磷平均含量 （mg/kg）	R^2	变化趋势	年变化量 [mg/(kg·a)]
CK	4.39b	0.0792	维持	0.0495
N	3.95b	0.0001	维持	0.0021
NP	25.99a	0.6930**	上升	1.4745
NPK	30.52a	0.8581**	上升	2.0449
M	4.59b	0.0685	维持	0.0348
MN	4.70b	0.0348	维持	0.0276
MNP	33.44a	0.8141**	上升	1.8647
MNPK	30.54a	0.6534**	上升	1.6834

注：同列数字后面不同字母表示在 5% 水平上差异显著，** 表示在 1% 水平显著相关

（三）长期施肥下土壤全磷与有效磷的关系

磷活化系数（PAC）可以表示土壤磷活化能力，长期施肥下紫色水稻土磷活化系数（PAC）随时间的演变规律如图 4-39 所示。不施磷肥的 CK 和 N 处理以及仅施有机肥磷肥的 M 和 MN 处理土壤 PAC 随时间延长呈下降趋势，但这 4 个处理都没有达到显著水平（表 4-14），多年土壤 PAC 分别依次为 0.69%、0.69%、0.77% 和 0.69%，这 4 种处理的土壤 PAC 值均低于 2%，表明全磷各形态很难转化为有效磷（贾兴永和李菊梅，2011）。施用磷肥的 NP、NPK、MNP 和 MNPK 处理，土壤 PAC 与时间呈显著或极显著正相关，即 PAC 随施肥时间的延长均呈现上升趋势，连续施磷肥 13 年以后，施磷肥处理的土壤 PAC 均高于不施磷肥处理，且 PAC 值大于 2，说明土壤全磷容易转化为有效磷。单施化学磷肥的处理（NP 和 NPK）以及化肥配施有机肥的处理（MNP 和 MNPK）土壤 PAC 值均随种植时间延长而显著上升，由试验开始时的 0.66% 分别上升到 2017 年的 4.95%、7.45%、6.83% 和 6.16%，这 4 个处理 PAC 年增加速率分别为 0.13%、0.17%、0.16% 和 0.13%，其土壤 PAC 值虽然一直上升，但总体低于 10%。

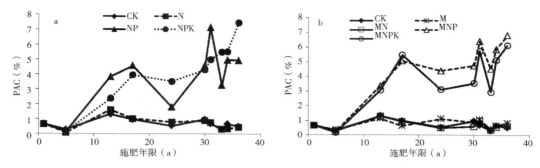

图4-39　长期施肥下土壤 PAC

a：施用化肥；b：增施有机肥

表4-14　长期施肥下土壤磷素活化率演变特征参数

处理	PAC 平均含量（%）	R^2	变化趋势	年变化量（%）
CK	0.69b	0.0137	维持	0.0030
N	0.69b	0.0278	维持	0.0057
NP	3.60a	0.5388*	上升	0.1257
NPK	3.85a	0.8975**	上升	0.1695
M	0.77b	0.0631	维持	0.00585
MN	0.69b	0.0190	维持	0.0033
MNP	4.22a	0.8202**	上升	0.1594
MNPK	3.60a	0.5881*	上升	0.1251

注：同列数字后面不同字母表示在5%水平上差异显著，＊＊ 表示在1%水平显著相关，＊ 表示在5%水平显著相关

二、长期施肥下土壤剖面磷素分布

由图4-40可知，连续不同施肥24年（2005年）后，不施磷肥的处理（CK 和 N）土壤全磷含量在 0～20 cm 耕层分布最高，分别为 0.47 g/kg 和 0.46 g/kg；与耕层 0~20 cm 土壤全磷含量比较，CK 处理的 20～40 cm、40～60 cm、60～80 cm 和 80～100 cm 土层全磷含量分别降低了 8.5%、31.9%、34.0% 和 46.8%，N 处理的 20～40 cm、40~60 cm、60~80 cm 和 80~100 cm 土层全磷含量分别降低了 30.4%、30.4%、28.3% 和 32.6%；随土层深度的增加，这两个处理土壤全磷含量逐渐降低，说明不施磷肥（CK 和 N）处理土壤磷素淋溶较弱。施磷肥的所有处理（NP、NPK、M、MN、MNP、MNPK）磷素剖面分布基本相似，即全磷在 0～20 cm 耕层土壤含量最高，80～100 cm 土层次之，40~60 cm 土层最低，土壤剖面磷素分布表现出上下土层高、中间土层低的特点。这与王月立等（2013）在辽河平原潮棕壤的长期定位试验上研究的剖面土壤磷分布规律一致。经过33年（2014年）不同施肥，各处理土壤全磷剖面分布与施肥24年时相似，即不施磷处理土壤全磷随土层深度的增加而降低，施磷肥处理呈现出

上下高、中间低的变化趋势。

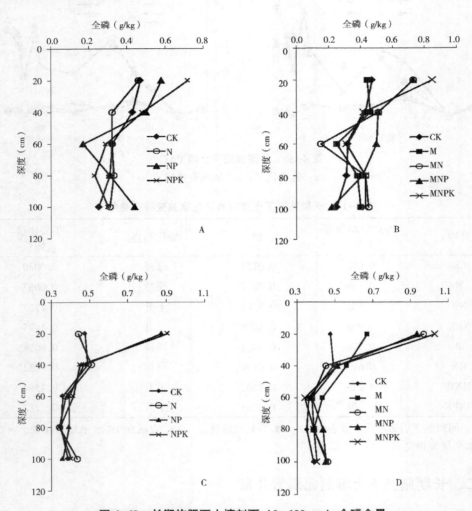

图4-40　长期施肥下土壤剖面（0~100 cm）全磷含量
A：施用化肥（2005年）；B：增施有机肥（2005年）；C：施用化肥（2014年）；
D：增施有机肥（2014年）

施磷处理（NP、NPK、M、MN、MNP和MNPK）的0~20 cm、20~40 cm、40~60 cm、60~80 cm和80~100 cm土层全磷含量与不施磷处理（CK和N）相同土层比较，连续不同施肥24年，施磷处理各层土壤全磷平均含量比不施磷处理相同土层分别增加了45.2%、28.0%、-13.0%、14.1%和33.3%，连续不同施肥33年，施磷比不施磷处理相同土层全磷含量分别增加了48.9%、-1.3%、5.5%、10.8%和2.9%；说明施用磷肥促进磷素向土壤深层淋溶。不同施肥24年时，施用化学磷肥（NP和NPK）和有机无机磷肥配施处理（MNP和MNPK）的0~20 cm、20~40 cm和40~100 cm土层全磷平均含量比CK处理相同土层增加了38.3%、14.0%、2.3%，68.1%、8.1%和30.7%；连续施肥 33 年时，有机无机磷肥配施处理 0~20 cm 和 80~100 cm 土层全磷含量比施用化学磷肥处理分别提高了 10.3% 和 11.7%，比 CK 处理增加了 106.4% 和 10.8%；表明长期施用磷肥土壤磷素垂直迁移深度可达 100 cm 以下土层，且有机肥的施用促进了磷素由表层向底层迁移。

由图 4-41 可知，紫色水稻土 24 年和 33 年连续不施磷处理（CK 和 N），0~100 cm 土壤剖面 Olsen-P 分布特征与全磷剖面分布相反，随土层深度的增加 Olsen-P 含量呈增加趋势，尤其是 80~100 cm 土层 Olsen-P 含量远远高于上面其他土层。施磷处理各土层 Olsen-P 含量或多或少都高于 CK 和 N 处理相应土层 Olsen-P 含量，尤其是 0~20 cm 土层；而施磷处理土壤 Olsen-P 剖面分布特征与全磷相似，呈现出上下土层高、中间低的变化特征。24 年单施化学磷肥处理（NP 和 NPK）的 0~60 cm 土层 Olsen-P 含量高于 CK，而 60~100 cm 低于 CK；有机肥与化肥配施的处理（MNP 和 MNPK），各层 Olsen-P 含量均明显高于 CK，尤其是 0~20 cm 和 80~100 cm 土层。33 年单施化学磷肥处理 0~80 cm 土层 Olsen-P 含量高于 CK，而 80~100 cm 低于 CK；有机肥与化肥配施处理所有土层 Olsen-P 含量都高于 CK。说明施用化学磷肥土壤磷素可向下淋溶至 60~80 cm 土层，有机无机磷肥配施土壤磷素可迁移到 100 cm 以下土层，且土壤磷素迁移深度随施肥年限的延续而增加。

不同施肥处理对土壤有效磷含量的影响与全磷相似，施磷与不施磷相比，24 年和 33 年时土壤有效磷含量分别提高了 110.1% 和 165.0%。施肥 33 年时，MNPK 处理剖面有效磷含量比 NPK 处理增加了 6.9%，MNP 比 NP 提高了 30.9%。表明有机无机磷肥配施促进有效磷累积效果更明显，这与国内外研究结果一致（秦鱼生等，2008；高菊生等，2014；Shen et al.，2014），由于施磷量超过作物吸收量，导致土壤磷素盈余，进而增加土壤磷含量。试验期间，不施磷处理土壤全磷含量随土层深度的增加而降低，有效磷含量则相反；施用磷肥所有处理全磷和有效磷在土壤剖面呈现出上下层高、中间低的分布格局。这与黄绍敏等（2011）在潮土上的磷素剖面分布结果一致。但 Han 等（2005）在我国北方 12 年的长期肥料试验表明，黑土速效磷含量随土层深度增加而逐渐降低，与本研究结果不一致。土壤剖面磷含量上下高、中间低的变化趋势除了与土壤类型、磷肥用量、灌溉方式和作物对磷素吸收等因素有关外（Takahashi and Anwar，2007；Shafqat and Pierzynski，2013），还与磷在土壤中向下淋溶有关（Han et al.，2005；秦鱼生等，2008；黄绍敏等，2011）。24 年连续单施化学磷肥 0~60 cm 土壤有效磷含量高于 CK，而 60~100 cm 低于 CK；单施有机磷肥和有机无机磷肥配施，各层有效磷含量均明显高于 CK，尤其是 80~100 cm 土层。经过 32 年施用化学磷肥 0~80 cm 土壤有效磷含量高于 CK，而 80~100 cm 仍低于 CK；施用有机肥和有机肥配施化肥的处理，所有土层有效磷含量都高于 CK。这说明两个问题，首先大量磷素投入确实可以使磷素向下迁移，且随施肥年限的延续迁移深度增加；其次有机肥配施化肥相对化肥而言更易于磷素向下层迁移。Eghball 等（1996）等在美国 40 年的长期施肥试验表明，施用有机肥的农田磷素向下迁移达 1.5~1.8 m，而化肥仅为 1.1 m。Sharpley 等（2004）对这一现象的解释是有机肥中含有的有机酸利于活化土壤中的磷素，降低土壤对磷的吸附，使磷素更易于向土壤深层移动。因而在农业生产中连续数年施用足量磷肥后，施磷

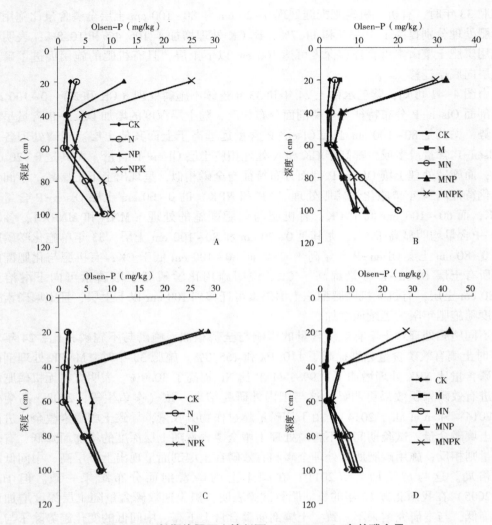

图 4-41 长期施肥下土壤剖面（0~100 cm）有效磷含量

A：施用化肥（2005 年）；B：增施有机肥（2005 年）；C：施用化肥（2014 年）；

D：增施有机肥（2014 年）

量可根据具体情况酌减，以节约磷肥资源并提高磷肥利用率，减少由于有机肥过量施用带来的磷素大量快速累积和淋失，实现高产和保护环境的双赢目标。

三、长期施肥下土壤磷素变化对磷盈亏的响应特征

（一）不同施肥处理作物携出磷量的变化

表 4-15 是本试验各个处理 36 年水稻地上部分携出磷量。由表可知，不同施肥处理水稻地上部携出磷量变化较大，且同一处理不同年份间水稻地上部携出磷量呈波动变化。没有磷素投入的 CK 和 N 处理水稻地上部携出磷量最低，多年平均携出磷量分别为 8.34 kg/hm² 和 8.32 kg/hm²，其次是仅施有机磷的 M 和 MN 处理，地上部携出磷量大

约是不施磷肥的 1.8 倍，分别为 15.74 kg/hm² 和 15.54 kg/hm²，施用化学磷肥（NP 和 NPK）与有机无机磷配施（MNP 和 MNPK）处理之间水稻地上部磷素携出量差异不大，4 个处理水稻地上部携出磷量依次为 28.71 kg/hm²、27.12 kg/hm²、28.70 kg/hm² 和 29.01 kg/hm²，大约是不施磷肥的 3.5 倍，约是施用有机磷肥的 1.8 倍。说明增施磷肥，无论是化学磷肥还是有机磷肥都能明显地提高水稻地上部携出磷量。研究还发现，同一施肥处理不同年份间水稻地上部吸收磷量呈波动变化，一方面不同年份间降水等气候因素影响作物产量而影响吸磷量，另一方面由于该定位试验水稻品种没有固定，而种植品种为当地主栽水稻品种，不同水稻品种也可能引起不同年份水稻地上部携出磷量有所差异。

表 4-15　长期不同施肥水稻的携出磷量　　　　（单位：kg/hm²）

年份	CK	N	NP	NPK	M	MN	MNP	MNPK
1982	6.38	6.70	27.31	24.73	11.47	13.98	27.64	27.58
1983	7.75	7.57	29.08	27.16	11.81	14.24	31.12	30.64
1984	6.38	6.70	26.84	24.73	11.47	13.98	27.64	27.58
1985	5.16	4.95	26.30	24.44	8.49	11.99	26.09	25.17
1986	3.05	2.54	26.43	28.87	9.51	7.57	29.48	32.13
1987	3.68	3.69	20.78	19.17	5.96	11.54	20.45	21.38
1988	7.84	10.47	32.42	27.70	15.55	19.75	36.36	33.25
1989	7.25	4.57	30.64	28.08	16.86	16.58	30.95	31.69
1990	8.67	6.93	34.53	32.93	15.44	17.87	33.33	34.44
1991	5.05	5.30	27.02	27.17	15.14	13.92	27.02	26.80
1992	6.57	5.21	33.82	31.54	15.48	17.12	34.55	33.67
1993	7.32	6.91	25.98	23.83	13.53	13.52	24.61	24.92
1994	4.35	5.63	20.95	22.90	12.72	13.88	22.92	25.18
1995	9.33	10.53	33.47	32.92	15.70	17.92	34.19	35.33
1996	10.93	9.53	28.45	27.98	17.47	15.73	28.27	28.45
1997	6.71	6.64	30.65	30.06	14.64	14.54	31.20	31.95
1998	12.05	11.26	33.74	22.83	12.05	16.32	28.45	31.02
1999	9.56	9.76	29.90	28.30	17.10	15.88	29.12	29.51
2000	12.03	9.53	28.76	28.09	18.95	15.84	27.46	27.98
2001	8.44	6.83	27.78	26.66	16.12	14.54	26.50	27.87
2002	9.25	7.62	28.53	27.55	17.35	14.54	27.61	28.89
2003	10.72	9.42	29.12	27.41	17.90	15.42	27.68	28.56
2004	10.88	9.95	27.28	26.87	17.65	15.14	27.01	27.83
2005	8.99	8.84	25.88	24.00	15.48	14.09	25.39	25.58
2006	9.71	11.07	32.68	30.74	17.78	16.25	31.94	32.49
2007	9.25	9.46	28.10	27.55	15.56	16.76	26.94	28.27

（续表）

年份	CK	N	NP	NPK	M	MN	MNP	MNPK
2008	9.25	11.41	29.12	28.38	18.02	16.35	29.35	30.74
2009	8.39	9.42	27.86	27.73	16.30	18.06	29.61	29.69
2010	7.37	6.79	28.65	27.62	16.12	15.05	28.68	29.14
2011	10.42	10.62	28.22	26.48	20.79	17.69	27.72	30.60
2012	13.98	11.14	37.88	36.59	31.69	18.63	35.44	29.13
2013	7.99	7.10	22.16	19.45	14.49	15.74	24.22	20.75
2014	6.71	10.13	26.65	24.87	17.24	15.70	27.01	26.96
2015	7.88	8.97	26.86	26.41	18.72	16.41	26.78	28.07
2016	11.69	13.29	28.92	25.69	19.25	18.43	29.57	29.54
2017	9.35	12.95	30.96	28.81	16.98	18.52	30.97	31.62
均值	8.34	8.32	28.71	27.12	15.74	15.54	28.70	29.01

表4-16 是本试验各个处理35 年小麦地上部分携出磷量。由表可知，不同施肥处理小麦地上部携出磷量变化较大，且同一处理不同年份间小麦地上部携出磷量呈波动变化。没有磷素投入的 CK 和 N 处理小麦地上部携出磷量最低，多年平均携出磷量分别为 4.22 kg/hm² 和 6.25 kg/hm²，其次是仅有有机磷素投入的 M 和 MN 处理，地上部携出磷量分别为 6.25 kg/hm² 和 9.03 kg/hm²，施用化学磷肥的 NP 和 NPK 处理小麦地上携出磷量比较接近，且高于不施磷肥各处理，分别为 14.44 kg/hm² 和 14.90 kg/hm²，有机无机磷配施的 MNP 和 MNPK 处理小麦地上部磷素携出量差异也不大，但高于不施磷肥和单施化学磷肥各处理，小麦地上部携出磷量依次为 17.29 kg/hm² 和 17.02 kg/hm²。说明增施磷肥，无论是化学磷肥还是有机磷肥都能明显地提高小麦地上部携出磷量。同一施肥处理不同年份间小麦地上部携出磷量呈波动变化，可能的原因是不同年份间降水等气候因素影响小麦产量而导致地上部携出磷量有差异，同时试验小麦品种变化也影响小麦地上部对磷素的吸收能力。

表4-16 长期不同施肥小麦的携出磷量　　　　　（单位：kg/hm²）

年份	CK	N	NP	NPK	M	MN	MNP	MNPK
1983	5.20	9.75	21.63	21.08	6.51	12.88	27.46	23.86
1984	5.09	9.54	22.90	22.37	6.16	12.51	27.83	25.49
1985	7.10	10.64	21.86	21.55	8.49	13.71	27.97	26.66
1986	3.36	8.72	15.21	14.49	5.00	10.08	17.27	16.37
1987	3.37	4.04	14.65	15.29	4.66	6.89	18.25	17.98
1988	5.57	8.87	19.89	19.12	6.42	13.19	23.39	22.34
1989	1.59	7.04	10.64	12.37	5.08	7.89	14.34	17.29
1990	2.47	2.26	10.95	11.94	3.70	5.28	14.80	14.73

（续表）

年份	CK	N	NP	NPK	M	MN	MNP	MNPK
1991	6.95	7.86	18.01	19.44	9.01	10.94	20.50	20.55
1992	1.05	6.73	10.24	11.45	2.72	9.45	13.15	13.35
1993	5.61	8.88	18.05	18.49	7.90	11.78	20.69	20.84
1994	5.08	4.19	14.83	15.17	8.94	9.47	18.95	18.47
1995	4.28	5.51	11.63	10.51	5.96	6.18	13.28	12.50
1996	1.05	5.32	9.71	7.92	3.30	6.52	13.00	10.00
1997	2.71	3.25	11.63	12.25	5.18	6.69	13.18	12.35
1998	4.22	5.51	13.25	13.82	6.02	8.56	15.94	15.64
1999	4.61	5.57	14.47	14.64	6.80	8.67	16.69	16.60
2000	4.02	4.69	12.15	12.64	5.51	7.85	14.89	14.74
2001	3.57	5.69	10.93	11.43	4.73	6.76	13.03	13.07
2002	4.02	5.57	11.41	12.25	5.05	7.68	13.69	13.54
2003	5.91	6.88	14.78	15.90	7.19	9.20	17.80	18.03
2004	2.92	3.00	10.89	11.43	5.25	7.08	13.03	13.45
2005	3.12	3.07	10.36	11.08	5.31	7.59	12.18	12.59
2006	2.86	3.63	11.98	13.25	6.35	7.14	14.49	15.36
2007	6.04	8.89	16.75	16.86	7.97	12.72	20.80	21.18
2008	5.19	8.39	19.15	19.99	6.48	10.43	22.26	21.84
2009	4.35	4.57	13.38	14.51	7.51	7.40	15.79	15.74
2010	4.67	4.76	14.08	15.73	7.64	8.43	17.04	17.55
2011	6.04	7.13	14.91	16.03	6.80	11.00	18.10	17.79
2012	3.55	4.70	16.95	19.34	6.48	6.02	17.84	20.42
2013	6.13	9.01	15.16	15.44	7.67	9.86	19.52	18.62
2014	5.00	8.01	16.18	14.73	8.36	9.46	13.33	13.40
2015	3.44	4.63	12.37	13.82	5.25	7.98	15.39	15.64
2016	2.86	5.01	10.93	11.60	6.41	8.37	14.14	13.78
2017	4.87	7.51	13.51	13.51	6.80	11.13	15.09	13.83
均值	4.22	6.25	14.44	14.90	6.25	9.03	17.29	17.02

图 4-42 显示了紫色水稻土不同施肥处理 36 年间作物（水稻+小麦）年携出磷量变化。由图可知，CK 和 N 处理作物携出磷量相对较小，平均携出磷量分别为 12.45 kg/hm² 和 14.40 kg/hm²；单施有机磷肥的 M 和 MN 处理，作物磷素携出量差异不大，且高于不施磷肥的 CK 和 N 处理，分别为 21.82 kg/hm² 和 24.32 kg/hm²；单施化学磷肥的 NP 和 NPK 处理和有机无机磷肥配施的 MNP 和 MNPK 处理作物携出磷量差异不大，均高于单施有机磷肥处理，变化幅度在 41.60~45.55 kg/hm²。MNP 和 MNPK 处

理的施磷肥量要高于 NP 和 NPK 处理，而这 4 个处理作物地上部携出磷量差异不大，说明过多的磷素投入不利于作物吸收利用，同时可能也会造成磷素环境风险。

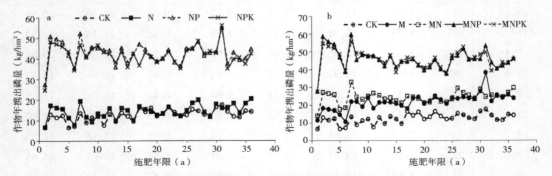

图 4-42　长期施肥下作物（水稻+小麦）年携出磷量
a：施用化肥；b：增施有机肥

图 4-43 是长期不同施肥处理 36 年作物（水稻+小麦）地上部分累积携出磷量变化。由图可知，不施磷肥和所有施磷处理作物地上部携出磷量随着施肥年限的延续呈逐渐增加趋势。不施磷肥的 CK 和 N 处理作物累积携出磷量差异不大，分别为 448.18 kg/hm² 和 518.25 kg/hm²；单施化学磷肥的 NP 和 NPK 处理累积携出磷量高于 CK 和 N 处理，且两者之间差异不大，累积携出磷量分别为 1 539.13 kg/hm² 和 1 497.69 kg/hm²；单施有机磷肥的 M 和 MN 处理累积携出磷量差异不大，但低于单施化学磷肥处理（NP 和 NPK），分别为 785.41 kg/hm² 和 875.66 kg/hm²；有机无机磷肥配施的 MNP 和 MNPK 处理两者累积携出磷量非常接近，都大大高于单施化学磷肥和单施有机磷肥处理，分别约是后两者的 1 倍和 2 倍，分别为 1 638.39 kg/hm² 和 1 639.95 kg/hm²。

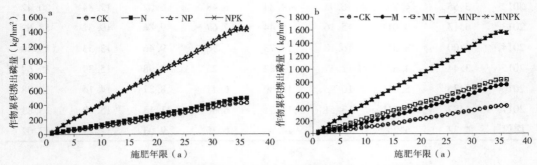

图 4-43　长期施肥下作物（水稻+小麦）累积携出磷量
a：施用化肥；b：增施有机肥

（二）长期施肥下土壤磷素盈亏情况

当磷素投入不足时，土壤磷素缺乏会导致农作物减产；但磷素投入远远高于作物需要时，又会引起磷素大量盈余；如果土壤长期处于磷素盈余状态，会增加磷素流失而加剧水体环境污染的风险（宋春和韩晓增，2009；Zhao et al.，2013）。图 4-44 显示了紫色水稻土不同施肥处理 36 年当季土壤表观磷盈亏状况。由于没有肥料磷素直接投入，加之降水、灌溉等其他磷素间接来源极少，CK 和 N 处理作物吸收的磷主要来源于土壤自身，因此磷素一直处于亏缺状态，平均每年亏缺磷量分别为 12.45 kg/hm² 和 14.40 kg/hm²，磷素亏缺量随施肥时间的持续而增加。其他处理由于磷素投入量高于作物携出量，不同处理间土壤磷素盈余量存在显著差异，年均盈余量为 9.57~90.79 kg/hm²，且随施肥年限的延续土壤磷素盈余量呈上升趋势。NP 和 NPK 处理磷素投入量相同，年均磷素盈余量差异不大，分别为 9.57 kg/hm² 和 10.72 kg/hm²；M 和 MN 处理磷盈余量也几乎接近，年均盈余量分别为 62.21 kg/hm² 和 59.70 kg/hm²；MNP 和 MNPK 处理磷素投入量远大于作物携出量，年均磷素盈余量在 90.00 kg/hm² 以上，显著高于其他处理。不施磷肥处理（CK 和 N）、单施化学磷肥（NP 和 NPK）、单施有机磷肥（M 和 MN）和有机无机磷肥配施（MNP 和 MNPK）磷素年盈余量分别为 −13.42 kg/hm²、10.14 kg/hm²、60.96 kg/hm² 和 90.81 kg/hm²，有机无机肥配施比单施化学肥料和单施有机肥年磷素盈余量提高了 795.6% 和 49.0%。

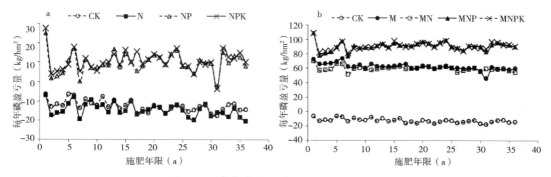

图 4-44　长期施肥下当季土壤表观磷盈亏

a：施用化肥；b：增施有机肥

　　图 4-45 为紫色水稻土连续不同施肥 36 年土壤累积磷盈亏。由图可得，未施磷肥的 CK 和 N 处理土壤累积磷始终处于亏损缺态，且亏缺值随施肥年限的延续而增大；CK 和 N 处理 36 年土壤累积磷亏缺总量分别为 448.18 kg/hm² 和 518.25 kg/hm²，其中 N 处理磷素亏缺量高于 CK，主要是因为施用氮肥后，提高了作物产量，导致携出土壤磷量增加（郝小雨等，2015）。单施有机磷肥的处理（M 和 MN）、单施化学磷肥的处理（NP 和 NPK）以及有机无机磷肥配施处理（MNP 和 MNPK）土壤累积磷一直处于盈余状态，且随施肥年限的延续而增加；连续施肥 36 年以后，以上处理土壤累积磷盈余量依次为 2 239.56 kg/hm²、2 149.31 kg/hm²、344.39 kg/hm²、385.83 kg/hm²、3 270.10 kg/hm² 和 3 268.54 kg/hm²。表明单施有机肥或化肥配施有机肥能有效地增加土壤磷素积累，而单施化学磷肥的 NP 和 NPK 处理对土壤磷平衡值的影响差异较小。这与高菊生等（2014）在我国南方红壤上的研究一致。可能的原因是，一方面有机肥本身含有一定数量的磷，以有机磷为主，这部分磷易于分解释放；另一方面有机肥施入土壤后可增加有机质含量，而有机质可减少无机磷的固定，并促进无机磷的溶解（赵晓齐和鲁如坤，1991），因此在施用化学磷肥的基础上增施有机肥，其增加土壤有效磷

的效果更加显著。

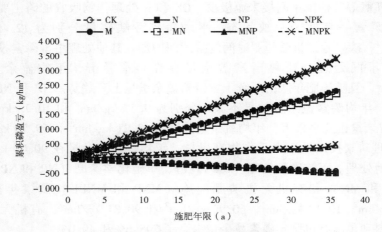

图4-45 长期施肥下土壤累积磷盈亏

（三）长期施肥下土壤全磷变化对土壤磷素盈亏的响应

长期不同施肥处理下土壤中累积磷盈余（磷平衡）对土壤全磷的消长存在不同影响。各处理土壤全磷增量与土壤累积磷盈余之间的线性关系见图4-46。各方程中 x 为土壤累积磷盈亏量（kg/hm²）, y 为土壤全磷增量（g/kg）, 回归方程中的斜率代表土壤磷每增减1个单位（kg/hm²）相应的土壤全磷消长量（g/kg）（裴瑞娜等, 2010; 刘彦伶等, 2016）。由图4-46可知, 不施磷肥的CK、N和单施有机磷肥的M和MN 4个处理, 土壤全磷增量对磷盈亏响应关系不显著; CK、N、M和MN处理磷盈亏对土壤全磷含量影响很小, 基本没有影响。NP和NPK处理, 土壤全磷增量与累积磷盈亏呈极显著正相关。由于单施化学磷肥的2个处理（NP和NPK）施磷水平一致, 磷每增减1个单位, 土壤全磷增量非常接近, 即土壤每累积磷100 kg/hm², 土壤中全磷含量分别提高0.12 g/kg和0.16 g/kg。有机无机磷肥配施的MNP和MNPK处理土壤全磷增量与累积磷盈亏也呈极显著正相关, 但全磷增量对磷盈亏的响应程度小于单施化学磷肥处理, 即土壤每累积磷100 kg/hm², 土壤中全磷含量均增加0.02 g/kg。表现出有机磷肥与化学磷肥配施提升紫色水稻土全磷的速率小于单施化学磷肥。

如图4-47所示, 紫色水稻土所有处理土壤36年间的全磷变量与土壤累积磷盈亏值达到极显著正相关关系, 其数学表达式为 $y=0.0001x+0.0889$ （$R^2=0.2514$, $P<0.01$）, 紫色水稻土每盈余磷100 kg/hm², 全磷含量增加0.01 g/kg。

（四）长期施肥下土壤有效磷变化对土壤磷素盈亏的响应

由图4-48可知, 土壤Olsen-P增量对磷素盈余的响应关系与磷盈余和全磷增量消长关系相似, 即CK、N、M和MN处理磷素盈余与土壤Olsen-P增量无显著相关, 说明磷素盈亏对这4个处理下土壤有效磷增量影响不大; 而NP、NPK、MNP和MNPK处理呈极显著线性正相关, 由直线回归方程可知, NP和NPK处理土壤每累积磷100 kg/hm², 土壤中Olsen-P含量分别增加15.34 mg/kg和20.08 mg/kg; 但有机无机磷投入的MNP和MNPK处理土壤Olsen-P增量对磷盈亏的响应程度小于单施无机磷肥

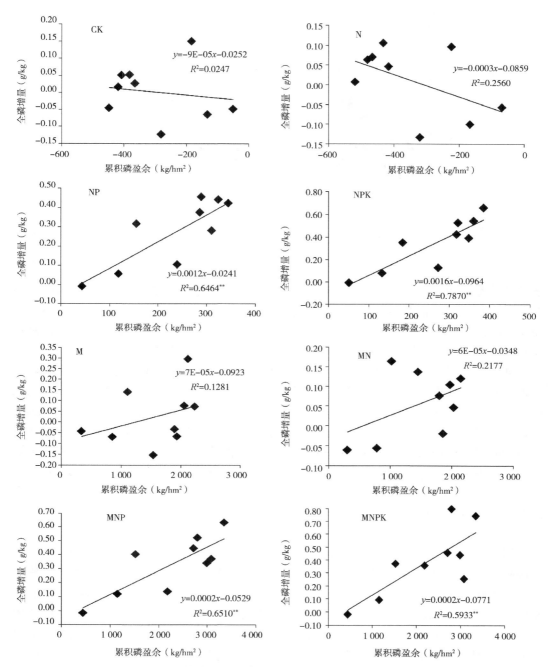

图 4-46 长期施肥下土壤全磷增量对土壤累积磷盈亏的响应

注：图中样本数 $n=9$，** 表示在 1% 水平显著相关

的 NP 和 NPK 处理，即土壤每累积磷 100 kg/hm²，土壤中 Olsen-P 含量分别增加 2.06 mg/kg 和 1.87 mg/kg。综上所述，土壤 Olsen-P 含量随土壤磷素盈余而变化，与磷

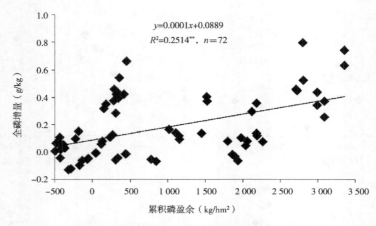

图4-47 紫色水稻土所有处理全磷增量与土壤累积磷盈亏的关系

注：** 表示在1%水平显著相关

肥施用种类密切相关；土壤每累积磷100 kg/hm²，在不施磷肥条件下，土壤中Olsen-P含量降低0.30 mg/kg，单施化学磷肥、单施有机磷肥和有机无机磷肥配施情况下，土壤中Olsen-P含量分别增加17.71 mg/kg、-0.005 mg/kg和1.97 mg/kg；说明紫色水稻土长期单施化学磷肥提升土壤Olsen-P的速率大于有机无机磷肥配施。

如图4-49所示，紫色水稻土所有处理土壤36年间的Olsen-P变量与土壤累积磷盈亏值达到极显著正相关关系，其数学表达式为$y = 0.0103x + 6.1426$（$R^2 = 0.2504$，$P < 0.01$），紫色水稻土每盈余磷100 kg/hm²，Olsen-P含量上升1.03 mg/kg。Johnston（2000）研究认为土壤中约10%的累积磷盈余转变为有效磷，Cao等（2012）对我国7个长期肥料定位试验点土壤Olsen-P增量与土壤累积磷盈亏的关系进行研究，发现土壤Olsen-P变量与土壤磷盈亏呈极显著线性相关，我国土壤每盈余磷100 kg/hm²，Olsen-P含量上升范围为1.44~5.74 mg/kg。本试验所得结果稍微低于该范围，可能是连续施肥的时间、环境、种植制度和土壤理化性质不同所致。

（五）不同肥料类型下Olsen-P与土壤累积磷盈亏的关系

图4-50为施用不同类型磷肥情况下土壤Olsen-P变量与土壤累积磷盈亏的关系。不施磷肥处理（CK和N）土壤中Olsen-P增量随土壤磷素亏缺量减少而增加，土壤中每亏缺100 kg/hm²磷时，土壤中Olsen-P含量增加0.29 mg/kg；单施化学磷肥（NP和NPK）土壤中Olsen-P变化量与累积磷盈余量呈极显著正相关关系，土壤每累积磷100 kg/hm²，土壤中Olsen-P含量增加17.95 mg/kg；单施有机磷肥（M和MN）土壤中Olsen-P增量与累积磷盈余量呈负相关，但没有达到显著水平，土壤每累积磷100 kg/hm²，土壤中Olsen-P含量下降0.005 mg/kg；有机无机磷投入（MNP和MNPK）的处理土壤Olsen-P含量变化与磷盈余量呈极显著正相关，土壤每累积磷100 kg/hm²，土壤中Olsen-P含量增加1.97 mg/kg。综上所述，土壤Olsen-P含量随土壤磷素盈余而变化，与磷肥施用种类密切相关，紫色水稻土单施化学磷肥提升土壤Olsen-P含量的速率远远大于施用有机肥或有机无机肥料配施。土壤Olsen-P增量对磷盈亏的响应关系受

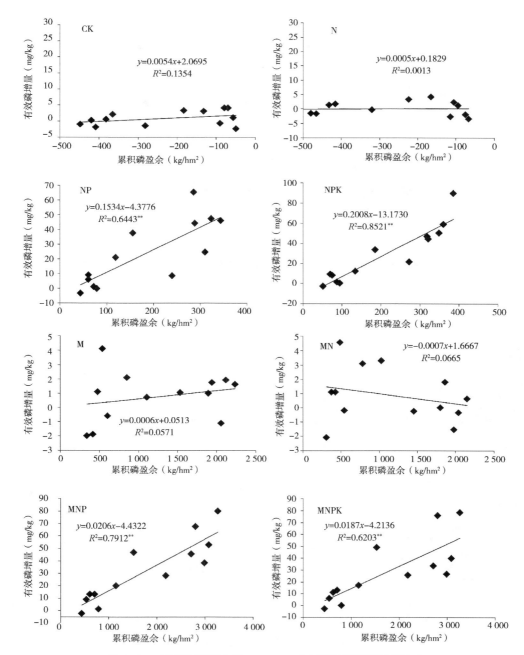

图 4-48　长期施肥下土壤 Olsen-P 对土壤累积磷盈亏的响应

注：图中样本数 $n=13$，** 表示在 1% 水平显著相关

土壤类型、作物种类、轮作制度、施肥等农田管理措施因素影响较大。裴瑞娜等（2010）在甘肃的黑垆土、刘彦伶等（2016）在贵州黄壤性水稻土、沈浦（2014）在我国水旱轮作区研究长期定位试验下土壤累积磷盈余量与 Olsen-P 增量的关系，结果

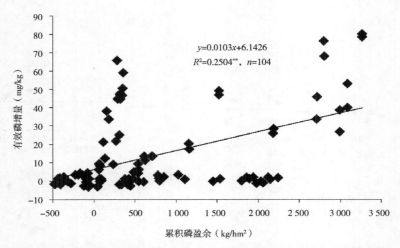

图 4-49　紫色水稻土所有处理 Olsen-P 增量与土壤累积磷盈亏的关系
注：＊＊ 表示在 1% 水平显著相关

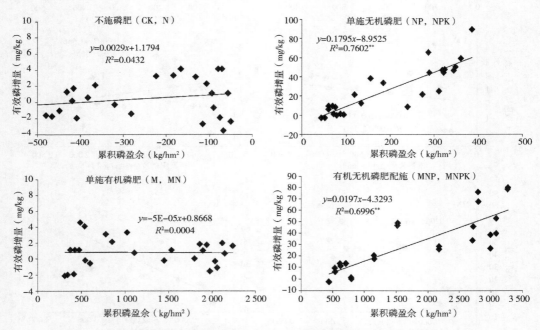

图 4-50　不同肥料类型下 Olsen-P 与土壤累积磷盈亏的关系
注：图中样本数 $n=26$，＊＊ 表示在 1% 水平显著相关

均显示单施化学磷肥比有机肥配施化肥能提高更多的 Olsen-P，这与本研究结果一致。杨军等（2015）在潮土、李渝等（2016）在西南黄壤旱地上进行长期监测，指出化肥配施有机肥比单施化学磷肥能提高土壤更多的 Olsen-P，这与本研究结果相反。沈浦（2014）对我国双季旱作区的报道与杨军和李渝的结果一致；而水旱轮作区结果却相

反，表现为单施化学磷肥比有机肥配施化肥能提高更多的 Olsen-P，这与本研究结果相似。可能是淹水条件下，增施有机肥后加剧了土壤还原过程，增加了土壤中铁氧化物等对磷的固定（李中阳，2007；刘彦伶等，2016）；同时有机肥的加入促进了土壤磷的有效化，一方面加入的有机肥对土壤无机磷的固定速率远大于土壤磷的有效化速率，另一方面在水旱交替环境下活化的磷素更容易向土壤深层淋溶迁移（裴瑞娜等，2010；李学平等，2011）；此外，化学磷肥主要投入无机形态磷，有机肥则以有机磷形态投入为主，特别是高稳态有机磷，有机肥的加入促进无机磷向有机磷的转化，导致土壤无机磷下降（裴瑞娜等，2010；尹岩等，2012；刘彦伶等，2016）。因此，化学磷肥对土壤磷素含量的影响较大，施用化学磷肥后土壤磷含量增量大于施用有机肥。

四、长期施肥对磷形态的影响

（一）不同施肥土壤无机磷组分变化

土壤有效磷是土壤中可被植物吸收利用的磷组分，包括水溶性磷、部分吸附态磷和有机态磷，其含量随吸附-解吸和沉淀-溶解等动态过程的变化而变化（王斌等，2013）。土壤磷包括无机磷和有机磷，其中无机磷和有机磷含多个组分，如无机磷包括 Ca-P、Fe-P、Al-P 和闭蓄态磷等组分，有机磷包括活性、中活性、中稳性和高稳性等组分；由于不同磷组分的溶解性不同，所以其对有效磷含量的影响也有差异（顾益初和钦绳武，1997；黄庆海等，2003；向春阳等，2005）。紫色水稻土连续不同施肥 13 年（1994 年）后 0~20 cm 耕层土壤无机磷组分见图 4-51。由图可知，不同施肥处理对不同无机磷组分影响较大。不同施肥处理土壤中 Ca_2-P 含量在 7.5~24.6 mg/kg，其中 CK 处理最低，而 NP 处理最高；不施磷肥的 CK 和 N 处理 Ca_2-P 平均含量为 7.6 mg/kg，单施化学磷肥的 NP 和 NPK 处理 Ca_2-P 平均含量为 19.9 mg/kg，单施有机磷肥的 M 和 MN 处理 Ca_2-P 平均含量为 7.25 mg/kg，有机无机磷肥配施的 MNP 和 MNPK 处理 Ca_2-P 平均含量为 22.6 mg/kg。不同施肥处理土壤中 Ca_8-P 含量在 54.9~99.0 mg/kg，其中 CK 处理最小，而 MNP 处理最高；不施磷肥的 CK 和 N 处理 Ca_8-P 平均含量为 57.35 mg/kg，单施化学磷肥的 NP 和 NPK 处理 Ca_8-P 平均含量为 91.5 mg/kg，单施有机磷肥的 M 和 MN 处理 Ca_8-P 平均含量为 46.95 mg/kg，有机无机磷肥配施的 MNP 和 MNPK 处理 Ca_8-P 平均含量为 89.0 mg/kg。不同施肥处理土壤中 $Ca_{10}-P$ 含量在 662.0~756.0 mg/kg，其中 CK 处理最小，而 NP 处理最高；不施磷肥的 CK 和 N 处理 $Ca_{10}-P$ 平均含量为 868.0 mg/kg，单施化学磷肥的 NP 和 NPK 处理 $Ca_{10}-P$ 平均含量为 737.0 mg/kg，单施有机磷肥的 M 和 MN 处理 $Ca_{10}-P$ 平均含量为 677.0 mg/kg，有机无机磷肥配施的 MNP 和 MNPK 处理 $Ca_{10}-P$ 平均含量为 730.0 mg/kg。不同施肥处理土壤中 Al-P 含量在 77.5~122.0 mg/kg，其中 CK 处理最小，而 MNP 处理最高；不施磷肥的 CK 和 N 处理 Al-P 平均含量为 78.25 mg/kg，单施化学磷肥的 NP 和 NPK 处理 Al-P 平均含量为 111.0 mg/kg，单施有机磷肥的 M 和 MN 处理 Al-P 平均含量为 78.5 mg/kg，有机无机磷肥配施的 MNP 和 MNPK 处理 Al-P 平均含量为 118.0 mg/kg。不同施肥处理土壤中 Fe-P 含量在 82.0~110.0 mg/kg，其中 CK 处理最小，而 NP 处理最高；不施磷肥的 CK 和 N 处理 Fe-P 平均含量为 83.5 mg/kg，单施化学磷肥的 NP 和 NPK 处理

Fe-P 平均含量为 105.0 mg/kg，单施有机磷肥的 M 和 MN 处理 Fe-P 平均含量为 85.0 mg/kg，有机无机磷肥配施的 MNP 和 MNPK 处理 Fe-P 平均含量为 104.0 mg/kg。不同施肥处理土壤中 O-P 含量在 6.8～15.3 mg/kg，其中 CK 处理最小，而 NP 和 MNP 处理最高；不施磷肥的 CK 和 N 处理 O-P 平均含量为 7.65 mg/kg，单施化学磷肥的 NP 和 NPK 处理 O-P 平均含量为 13.65 mg/kg，单施有机磷肥的 M 和 MN 处理 O-P 平均含量为 10.50 mg/kg，有机无机磷肥配施的 MNP 和 MNPK 处理 O-P 平均含量为 14.90 mg/kg。紫色水稻土无机磷组分 Ca_2-P、Ca_8-P、Ca_{10}-P、Al-P、Fe-P 和 O-P 平均含量分别为 14.3 mg/kg、71.2 mg/kg、707.5 mg/kg、96.4 mg/kg、94.4 mg/kg 和 11.7 mg/kg，说明紫色水稻土壤无机磷组分以 Ca_{10}-P 为主，其次为 Al-P，再次为 Fe-P，而 O-P 最少。连续施肥 13 年后，所有处理土壤的无机磷含量都发生了很大的变化，CK、N、NP、NPK、M、MN、MNP 和 MNPK 处理无机磷组分平均含量分别为 148.5 mg/kg、158.3 mg/kg、186.6 mg/kg、172.7 mg/kg、146.7 mg/kg、155.0 mg/kg、185.3 mg/kg 和 174.3 mg/kg。连续不断施用化学磷肥，土壤无机磷含量增加明显，与不施肥（CK）相比，NP、NPK、MNP、MNPK 处理无机磷组分含量平均增加 31.3 mg/kg，相对增加率达 21.1%，其中 NP、MNP 处理较 NPK、MNPK 处理增加量更多。与 CK 或 N 处理比较，单施有机肥对增加土壤无机磷组分含量的作用并不明显，单施化学磷肥的 NP、NPK 处理与有机无机肥料配合施用的 MNP、MNPK 处理能明显增加土壤无机磷组分含量。

图 4-52 显示了紫色水稻土连续不同施肥 13 年（1994 年）后高效性有机磷组分和低效性无机磷组分的变化。王伯仁等（2002）对我国南方红壤长期施肥试验条件下土壤中 Olsen-P 含量与土壤各无机磷组分进行相关分析，发现土壤中 Olsen-P 含量与 Ca_2-P 组分相关性最好，其次是 Al-P 和 Ca_8-P，O-P 相关性最差，说明可以把土壤中 Ca_2-P、Ca_8-P 和 Al-P 划分为有效磷源。由图 4-52 可知，不施磷肥的 CK 和 N 处理中有效性较高的 Ca_2-P、Ca_8-P 和 Al-P 组分平均含量为 47.7 mg/kg，有效性低的 Ca_{10}-P、Fe-P 和 O-P 组分平均含量为 259.1 mg/kg；单施有机磷肥的 M 和 MN 处理，高效性有机磷组分平均含量为 44.2 mg/kg，低效性无机磷含量为 257.5 mg/kg；单施有机磷肥各有效性磷组分含量与不施磷肥处理相差不大。单施化学磷肥的 NP 和 NPK 处理，高效性无机磷组分 Ca_2-P、Ca_8-P、Al-P 平均含量为 74.2 mg/kg，低效性无机磷组分 Ca_{10}-P、Fe-P、O-P 平均含量为 285.3 mg/kg；有机无机磷肥配施的 MNP 和 MNPK 处理，高效性无机磷组分 Ca_2-P、Ca_8-P、Al-P 平均含量为 76.5 mg/kg，低效性无机磷组分 Ca_{10}-P、Fe-P、O-P 平均含量为 283.0 mg/kg；单施化学磷肥和有机无机磷肥配施处理间高效性磷和低效性磷组分含量变化不大。与不施磷肥的 CK 处理比较，单施化学磷肥高效性无机磷组分含量提高了 59.2%，低效性无机磷组分含量增加了 13.9%，有机无机磷肥配施土壤中高效性无机磷组分和低效性无机磷组分含量分别增加了 64.2% 和 13.1%。以上结果表明施用化学磷肥后，相当比例的未被当季作物利用的磷转化成了低效性的无机磷组分，而施用有机肥后残留磷转化为高活性磷组分相对较多。

（二）无机磷组分与 Olsen-P 的关系

表 4-17 为长期不同连续施肥 13 年后无机磷组分含量对土壤 Olsen-P 含量的响应特

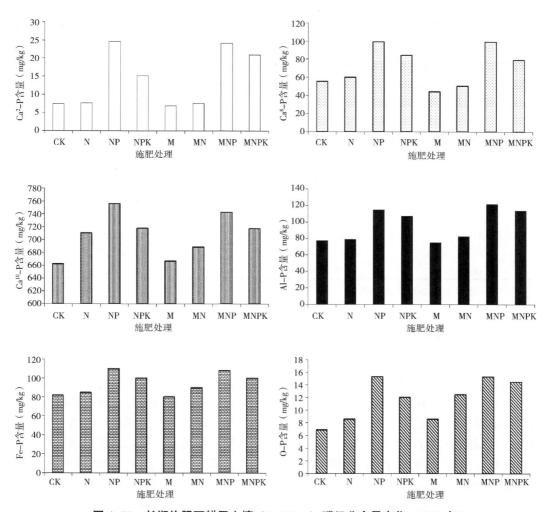

图 4-51 长期施肥下耕层土壤（0~20cm）磷组分含量变化（1994 年）

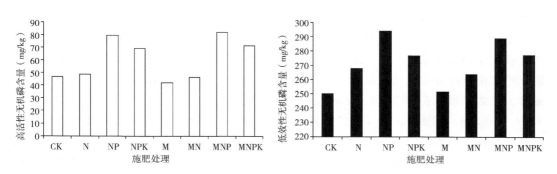

图 4-52 长期施肥下土壤高效性磷和低效性磷组分变化（1994 年）

征。由表可知，无机磷组分 Ca_2-P、Ca_8-P、$Ca_{10}-P$、$Al-P$、$Fe-P$ 和 $O-P$ 随着土壤中 Olsen-P 含量的增加呈现出极显著增加趋势。不同无机磷组分对 Olsen-P 的增量响应程度不同，当土壤中 Olsen-P 含量增加 1 个单位时，Ca_2-P 含量增加 0.96 mg/kg，Ca_8-P 含量增加 2.57 mg/kg，$Ca_{10}-P$ 含量增加 3.71 mg/kg，$Al-P$ 含量增加 2.36 mg/kg，$Fe-P$ 含量增加 1.37 mg/kg，$O-P$ 含量增加 0.36 mg/kg；说明土壤中 Olsen-P 极易转化为高活性的 Ca_2-P 和 Ca_8-P，低效性无机磷组分极易转化为 $Al-P$。

表 4-17 不同施肥处理土壤无机磷组分（y）与 Olsen-P（x）关系特征参数

无机磷组分	方程	R^2
Ca_2-P	$y=0.9634x+0.6096$	0.9962 [**]
Ca_8-P	$y=2.5714x+34.5580$	0.9285 [**]
$Ca_{10}-P$	$y=3.7073x+654.6707$	0.8109 [**]
$Al-P$	$y=2.3619x+62.7808$	0.9569 [**]
$Fe-P$	$y=1.3727x+74.8134$	0.9257 [**]
$O-P$	$y=0.3592x+6.5568$	0.7702 [**]

注：** 表示在 1% 水平显著相关

五、土壤磷素农学阈值

土壤有效磷含量是影响作物产量的重要因素，土壤中有效磷含量较低时，不能满足作物的生长需求，造成作物明显减产；但当土壤有效磷含量过高时，则对作物的增产效果不明显，甚至可能由于淋溶或者地表径流造成环境污染，因而确保土壤有效磷含量的适宜水平对作物产量与环境保护具有非常重要的意义。磷农学阈值是指当土壤中的有效磷含量达到某个值后，作物产量不随磷肥的继续施用而增加，即作物产量对磷肥的施用响应降低。确定土壤磷素农学阈值的方法中，应用比较广泛的是米切里西方程（Mallarino and Blackmer, 1992；李渝等, 2016；刘彦伶等, 2016）。本节基于紫色水稻土不同施肥处理土壤有效磷含量水平与作物产量长期定位数据，通过分析作物相对产量和土壤有效磷的变化趋势，结果表明采用米切里西方程可以较好地模拟二者的关系。采用拟合的米切里西方程计算出水稻、小麦的农学阈值平均值分别为 4.38 mg/kg、9.21 mg/kg（图 4-53），可以看出紫色水稻土水稻的农学阈值低于小麦的农学阈值。该研究结果与沈浦（2014）对我国西南地区重庆紫色水稻土长期稻麦轮作系统中水稻和小麦磷农学阈值非常相似，水稻农学阈值为 4.3 mg/kg、小麦农学阈值为 7.5 mg/kg，但无论水稻或小麦农学阈值均低于武昌黄棕壤和杭州水稻土上的试验结果，两个地方小麦和大麦农学阈值分别为 17.8 mg/kg 和 23.9 mg/kg，水稻农学阈值分别为 7.7 mg/kg 和 14.9 mg/kg。然而 Bai 等（2013）采用线性平台模型计算出我国南方祁阳红壤长期定位站的小麦、玉米的农学阈值分别为 12.7 mg/kg、28.2 mg/kg，并指出祁阳红壤小麦农学阈值低于玉米。而沈浦（2014）对哈尔滨黑土、乌鲁木齐灰漠土、平凉黑垆土、郑州潮土、杨凌墣土和徐州潮土上的玉米—小麦轮作制度下作物磷农学阈值研究发现，玉米平均农学阈值为 11.0 mg/kg、小麦为 18.0 mg/kg，小麦农学阈值稍微高于玉米。可以推断，不同作物的磷农学阈值受作物类型、种植模式、土壤类型、施肥管理措施及气候环境等诸多因素的影响，因此在实际应用中需要结合实际情况考虑（Colomb et al.，2007；Tang et al.，2009；刘彦伶等，2016；李渝等，2016）。

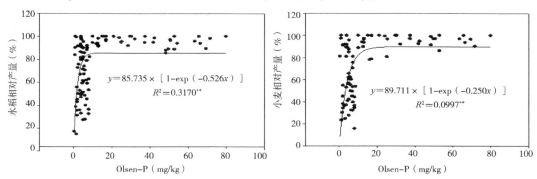

图4-53　水稻及小麦产量与土壤有效磷的响应关系

六、磷肥回收率的演变趋势

（一）水稻磷肥回收率

长期不同施肥处理下水稻磷肥回收率对时间的响应关系各不相同（图4-54和表4-18）。由图4-54可以看出，M处理水稻磷肥回收率随着施肥年限的延长呈极显著增加趋势，NP、MNP和MNPK处理水稻磷肥回收率随着施肥年限的延长呈显著下降趋势，而NPK和MN处理水稻磷肥回收率与施肥年限无显著相关。由图4-54和表4-18可以得出，连续施肥36年后NP处理水稻磷肥回收率从初始的80.03%下降到74.23%，平均磷肥回收率为77.88%，年下降速率为0.41%；M处理水稻磷肥回收率从初始的12.12%增加到18.07%，平均磷肥回收率为17.41%，年增加速率为0.24%；MNP处理水稻磷肥回收率从初始的31.19%下降到28.97%，平均磷肥回收率为29.86%，年下降速率为0.21%；MNPK处理水稻磷肥回收率从初始的31.09%下降到29.42%，平均磷肥回收率为30.32%，年下降速率为0.22%。综上所述，磷肥投入量相同的NP和NPK处理水稻磷肥回收率差异不大，分别为77.88%和71.72%；单施有机磷肥的M和MN处理磷肥回收率也相差不大，分别为17.41%和17.13%；有机无机配施的MNP和MNPK处理磷肥回收率也差异不大，分别为29.86%和30.32%；整体来看施用化肥水稻磷肥回收率要高于施用有机肥，可能的原因是水旱轮作系统中的干湿交替促进了土壤中有机磷素的淋溶，从而导致施用有机肥磷素回收较低。

表4-18　水稻磷肥回收率（y）随种植年限（x）的变化关系

处理	方程	R^2
NP	$y=-0.4062x+85.323$	0.1339[*]
NPK	$y=-0.3822x+78.842$	0.0961
M	$y=0.2442x+13.019$	0.3004[**]
MN	$y=-0.0430x+17.929$	0.0094

（续表）

处理	方程	R^2
MNP	$y=-0.2071x+33.662$	0.1748^{**}
MNPK	$y=-0.2244x+34.430$	0.1966^{**}

注：** 表示在1%水平显著相关，* 表示在5%水平显著相关

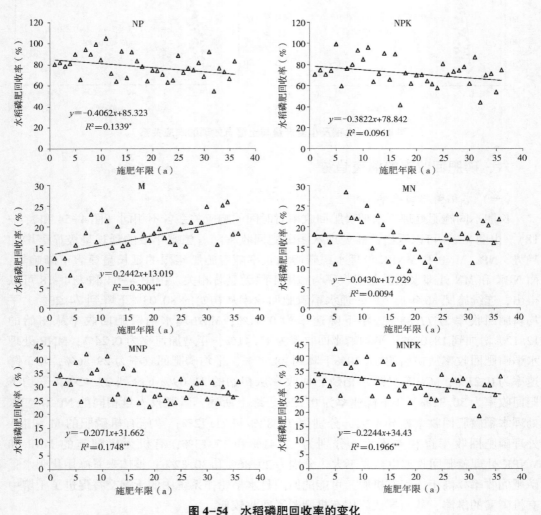

图 4-54　水稻磷肥回收率的变化

注：图中样本数 $n=36$，** 表示在1%水平显著相关，* 表示在5%水平显著相关

（二）小麦磷肥回收率

　　长期不同施肥处理下小麦磷肥回收率对时间的响应关系各不相同（图4-55 和表4-19）。由图4-55 可以看出，M 处理小麦磷肥回收率随着施肥年限的延长呈上升趋势；其他 NP、NPK、MN、MNP 和 MNPK 处理小麦磷肥回收率随着施肥年限的延长呈显著或极显著下降趋势。由图4-55 和表4-19 可以得出，连续施肥36 年后 NP 处理小麦磷

肥回收率从初始的 62.79% 下降到 33.04%，平均磷肥回收率为 39.05%，年下降速率为 0.45%；NPK 处理小麦磷肥回收率从初始的 60.71% 下降到 33.04%，平均磷肥回收率为 40.80%，年下降速率为 0.35%；MN 处理小麦磷肥回收率从初始的 18.29% 下降到 14.91%，平均磷肥回收率为 11.45%，年下降速率为 0.14%；MNP 处理小麦磷肥回收率从初始的 32.65% 下降到 14.99%，平均磷肥回收率为 19.16%，年下降速率为 0.28%；MNPK 处理小麦磷肥回收率从初始的 27.38% 下降到 13.15%，平均磷肥回收率为 18.76%，年下降速率为 0.22%。综上所述，磷肥投入量相同的 NP 和 NPK 处理小麦磷肥回收率差异不大，分别为 39.05% 和 40.80%；单施有机磷肥的 M 和 MN 处理磷肥回收率差异较大，M 处理为 4.81%，MN 处理为 11.45%；有机无机配施的 MNP 和 MNPK 处理磷肥回收率也差异不大，分别为 19.16% 和 18.76%；整体来看施用化肥小麦磷肥回收率要高于施用有机肥，可能的原因是水旱轮作系统中的干湿交替促进了土壤中有机磷素的淋溶，从而导致施用有机肥磷素回收较低。

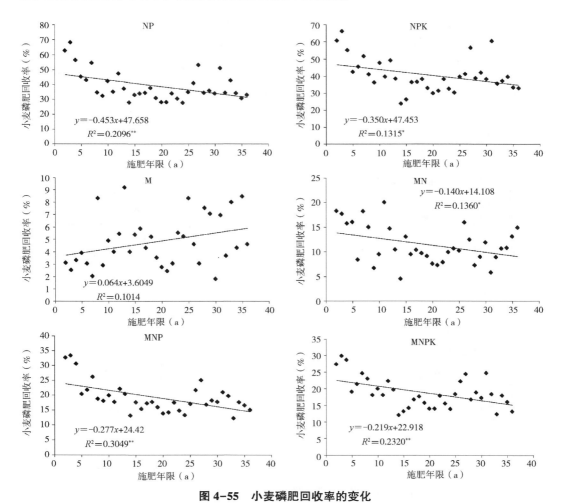

图 4-55 小麦磷肥回收率的变化

注：图中样本数 $n=35$，** 表示在 1% 水平显著相关，* 表示在 5% 水平显著相关

表 4-19 小麦磷肥回收率（y）随种植年限（x）的变化关系

处理	方程	R^2
NP	$y=-0.453x+47.658$	0.2096^{**}
NPK	$y=-0.350x+47.453$	0.1315^{*}
M	$y=0.636x+3.605$	0.1014
MN	$y=-0.140x+11.108$	0.1360^{*}
MNP	$y=-0.277x+24.420$	0.3049^{**}
MNPK	$y=-0.219x+22.918$	0.2320^{**}

注：$**$ 表示在 1% 水平显著相关，$*$ 表示在 5% 水平显著相关

（三）水稻磷肥回收率与土壤 Olsen-P 关系

图 4-56 为长期不同施肥下水稻磷肥回收率与土壤 Olsen-P 的响应关系。由图可知，

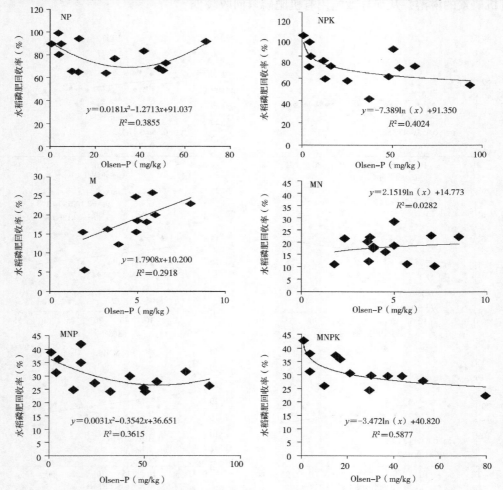

图 4-56 水稻磷肥回收率与土壤 Olsen-P 的关系

注：图中样本数 $n=14$

不同施肥处理磷肥回收率对 Olsen-P 含量的响应差异较大。NP 处理水稻磷回收率随土壤 Olsen-P 含量的增加呈现出先下降后增加的变化趋势；M 和 MN 处理水稻磷肥回收率随着土壤中 Olsen-P 含量的增加而增加；NPK 和 MNPK 处理水稻磷肥回收率与土壤 Olsen-P 含量呈负相关关系，即土壤中 Olsen-P 含量增加而水稻磷肥回收率则下降。所有处理均未达显著相关。

（四）小麦磷肥回收率与土壤 Olsen-P 关系

图 4-57 为长期不同施肥下小麦磷肥回收率与土壤 Olsen-P 含量的响应关系。由图可知，不同处理磷肥回收率对土壤 Olsen-P 响应差异较大。其中 NP、MN、MNP 和 MNPK 处理小麦磷肥回收率随土壤磷含量的增加呈现出先降低后上升的变化趋势；NPK

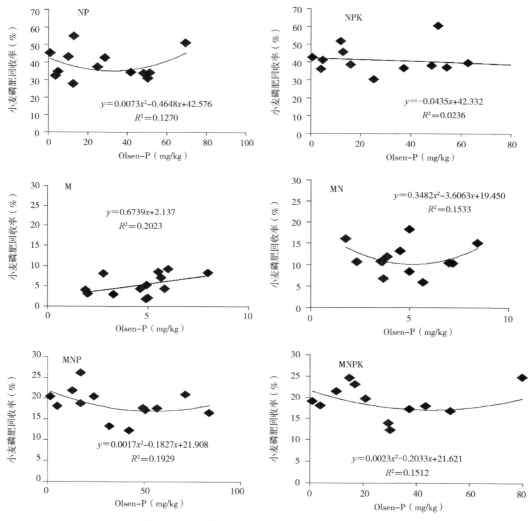

图 4-57　小麦磷肥回收率与土壤 Olsen-P 的关系

注：图中样本数 $n=13$

处理小麦磷肥回收率与土壤 Olsen-P 含量呈负相关关系；而 M 处理小麦磷肥回收率随土壤 Olsen-P 含量增加而增加。所有处理均未达显著相关。

七、合理施用磷肥

图 4-58 显示了紫色水稻土土壤磷素盈亏量与磷肥施用量的关系。由图可知，磷肥施用量与土壤磷素盈亏值之间呈极显著正相关关系，其数学表达式为 $y = 0.8075x - 17.9273$（$R^2 = 0.9366$，$P<0.01$），当土壤中施入 1 kg/hm² 磷肥时，土壤中盈余磷素量增加 0.81 kg/hm²。当土壤中磷素没有盈余时，即上述方程中 y 为零值，适宜的磷肥施用量为 22.2 kg/hm²。

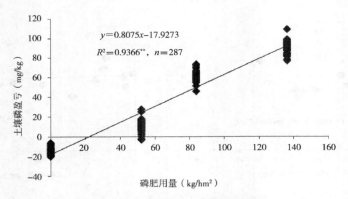

图 4-58 土壤磷盈亏与磷肥施用量的关系

注：** 表示在 1% 水平显著相关

图 4-59 显示了紫色水稻土土壤有效磷含量与磷肥施用量的关系。由图可知，磷肥施用量与土壤有效磷含量之间呈极显著正相关关系，其数学表达式为 $y = 0.1622x + 5.0335$（$R^2 = 0.1600$，$P<0.01$），当土壤中施入 1 kg/hm² 磷肥时，土壤中有效磷含量增

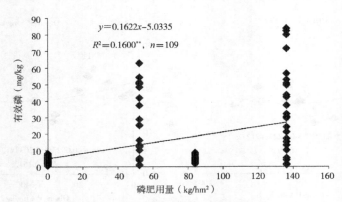

图 4-59 土壤有效磷与磷肥施用量的关系

注：** 表示在 1% 水平显著相关

加 0.16 mg/kg。由图 4-58 可知，当土壤中磷肥施用量为 22.2 kg/hm² 时，土壤中则没有磷素盈余，此时土壤有效磷含量为 8.63 mg/kg，即将磷肥施用量 22.2 kg/hm² 带入上述方程中计算出的 y 值。由图 4-53 可知，水稻、小麦的农学阈值分别为 4.38 mg/kg、9.21 mg/kg，所以小麦季适宜的磷肥施用量为 -4.03 kg/hm²，水稻季适宜的磷肥施用量为 25.75 kg/hm²，因此，在西南地区稻—麦轮作系统中水稻季施入足够的磷肥，小麦季可充分利用上茬水稻残留的磷素。

第五节　长期施肥下土壤钾素的演变

钾是植物必需的大量营养元素之一，其能够促进作物光合作用，而且有助于作物的抗逆性，同时也对提高作物产量、改善作物品质具有非常重要的意义（叶英聪等，2015；殷志遥等，2017）。我国土壤中速效钾含量的匮乏以及钾肥的总体投入不足，使我国缺钾的耕地面积逐渐增加（李宗泰等，2012）。在粮食生产过程中，我国每年生产约 7 亿吨的作物秸秆，相当于 800 多万吨钾肥，但由于处理措施不当，导致每年有大量的钾肥资源因焚烧等途径而损失（胡宏祥等，2012）。近年来，农产品质量的改善、作物单产水平的提高、复种指数的增加及作物秸秆焚烧等，均已导致农田生态系统处于负钾平衡状态，土壤缺钾问题越来越严重（高菊生等，2016）。面对我国耕地缺钾问题，如何在达到作物高产的同时维持和提高土壤钾含量就显得极为重要。本节系统深入地研究了不同施肥下紫色水稻土钾素演变特征、钾含量对钾平衡的响应关系、钾肥利用率及钾肥合理用量等，可为提高紫色水稻土钾素科学施用提供重要参考信息。

一、长期施肥下土壤全钾和有效钾的变化趋势及其关系

（一）长期施肥下土壤全钾的变化趋势

长期不同施肥下紫色水稻土全钾含量变化如图 4-60 所示。由图可知，N 处理土壤全钾含量随施肥年限延续呈显著下降趋势，其他处理土壤全钾含量与施肥时间无显著相关关系，但表现出土壤全钾含量随着施肥年限的延续呈逐渐下降的趋势，说明随着种植年限的延续土壤可能出现缺钾状态。所有处理土壤全钾含量从试验开始时（1982 年）的 26.89 g/kg 下降到 2011—2015 年的 19.83 ~ 21.59 g/kg（表 4-20），降低幅度为 19.7% ~ 26.3%，平均下降幅度为 21.8%。单施化学肥料（N、NP 和 NPK）处理土壤全钾含量平均下降了 22.2%，有机肥配施化肥（MN、MNP 和 MNPK）处理土壤全钾含量下降了 22.1%，表明有机肥和化肥配施也造成土壤钾素消耗。由图还可知，N 处理土壤全钾含量年下降量为 0.22 g/kg。钾素是制约作物生长发育的重要因子，尤其与作物品质提升关系密切，如果土壤连续种植作物而不施用钾肥，由于钾素的耗竭，土壤钾素将变得更为缺乏，施用钾肥是作物持续增产的有效措施。

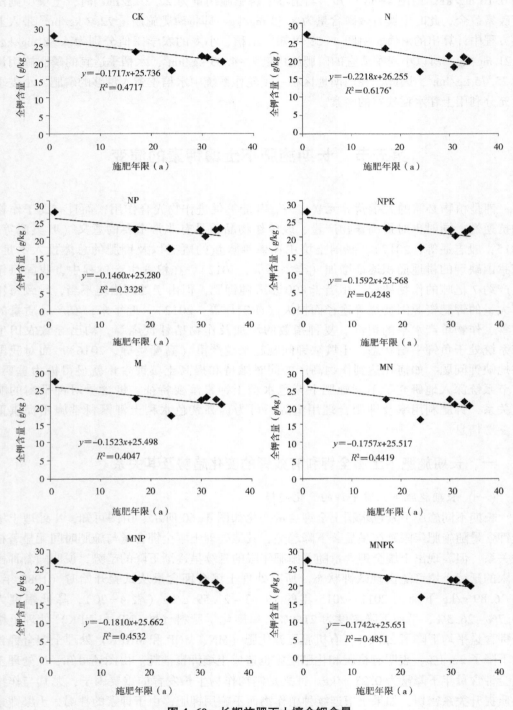

图 4-60　长期施肥下土壤全钾含量

注：图中样本数 $n=7$，　＊ 表示在 5% 水平显著相关

表 4-20 长期施肥下土壤全钾含量变化

处理	1982 年 （g/kg）	2011—2015 年均值 （g/kg）	增减百分率（%）
CK		21.10	−21.5
N		19.83	−26.3
NP		21.59	−19.7
NPK		21.35	−20.6
M	26.89	21.59	−19.7
MN		20.91	−22.2
MNP		20.89	−22.3
MNPK		21.02	−21.8

（二）长期施肥下土壤有效钾的变化趋势

长期不同施肥下紫色水稻土有效钾含量变化如图 4-61 所示。由图可知，所有处理土壤中有效钾含量对施肥时间的响应呈现出相似的变化规律，即土壤有效钾含量随着施肥年限的延续呈逐渐下降的趋势，但都没有达到显著相关水平，说明施肥时间对紫色水稻土中有效钾含量影响较小。所有处理土壤有效钾含量从试验开始时（1982 年）的 130.6 g/kg 下降到 2011—2015 年的 78.45～128.99 g/kg（表 4-21），降低幅度为 1.2%～39.9%，平均下降幅度为 22.5%。单施化学肥料土壤有效钾含量下降了 22.4%，有机肥配施化肥土壤有效钾含量下降了 28.2%，表明有机肥和化肥配施也造成土壤钾素消耗，有机肥配施化肥土壤有效钾含量下降幅度高于单施化肥，可能是该处理作物产量较高，需要吸收土壤中更多的钾素所致。因此，在紫色水稻土上种植作物需要补充钾肥来满足作物对钾素的吸收需要，以免造成土壤钾素缺乏。

表 4-21 长期施肥下土壤有效钾含量的变化

处理	1982 年 （mg/kg）	2011—2015 年均值 （mg/kg）	增减百分率（%）
CK		110.43	−15.4
N		100.64	−22.9
NP		78.45	−39.9
NPK		128.99	−1.2
M	130.6	109.98	−15.8
MN		90.40	−30.8
MNP		83.50	−36.1
MNPK		107.54	−17.7

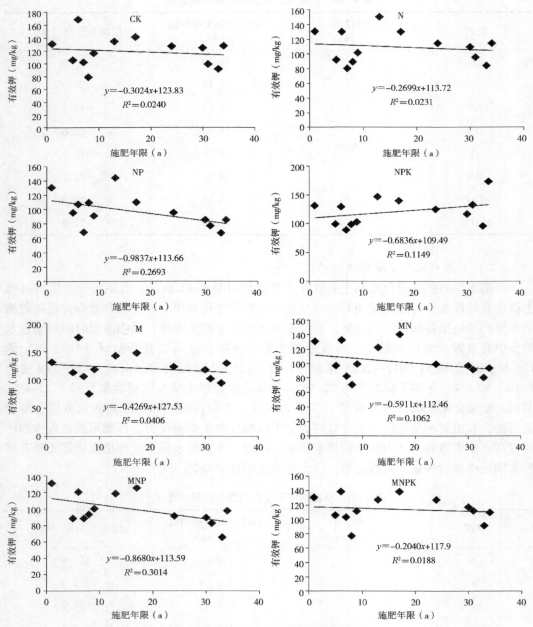

图 4-61　长期施肥下土壤有效钾含量

注：图中样本数 $n = 13$

（三）长期施肥下土壤全钾与有效钾的关系

钾活化系数（KAC）可以表示土壤钾活化能力，长期施肥下紫色水稻土钾活化系数（KAC）随时间的演变规律如图 4-62 所示。由图可知，CK、N 和 NPK 处理土壤 KAC 随施肥时间的延续而增加，但 3 个处理都没有达到显著相关；土壤 KAC 比试验开始时分别增加了 8.6%、4.8% 和 24.2%，到 2011—2015 年 KAC 依次为 0.53%、0.51% 和 0.60%，这 3 种处理的土壤 KAC 值均很低，表明土壤中的全钾很难转化为有效钾。NP、M、MN、MNP 和 MNPK 处理土壤 KAC 随施肥时间的延续而下降，也没有达到显著相关。总体来说，单施化学肥料土壤 KAC 比试验开始时提高了 1.3%，有机肥配施化肥土壤 KAC 比试

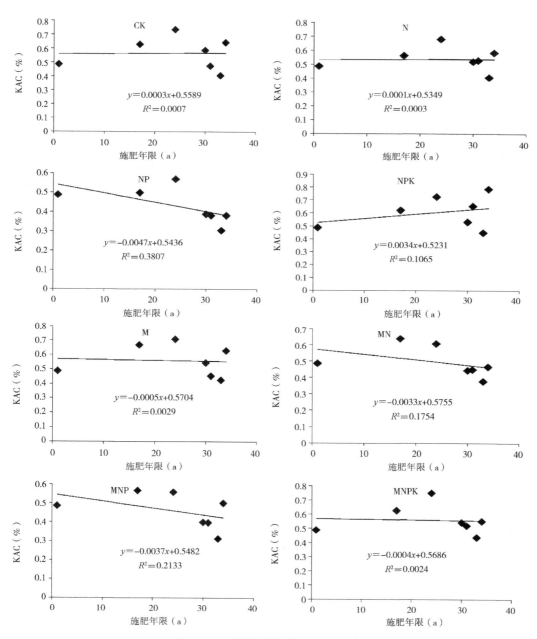

图 4-62　长期施肥下紫色水稻土 KAC

注：图中样本数 $n=7$

验开始时降低了 7.6%，可能是有机无机肥配施增加了作物产量，导致这些处理需要吸收消耗更多的土壤钾素，引起有机肥配施化肥处理土壤 KAC 比试验开始时有所降低。

二、长期施肥下土壤钾素变化对钾盈亏的响应特征

（一）不同施肥处理作物携出钾量的变化

表 4-22 是本试验各个处理 34 年水稻地上部分携出钾量。由表可知，不同施肥处理水稻地上部携出钾量变化较大，且同一处理不同年份间水稻地上部携出钾量呈波动变化。不施肥 CK 处理水稻地上部携出钾量最低，多年平均携出钾量为 80.19 kg/hm²，其次是 N 处理，地上部携出钾量为 93.27 kg/hm²，M 和 MN 处理地上部携出钾量相差不大，分别为 143.43 kg/hm² 和 156.63 kg/hm²，这两个处理携出钾量均低于 NP 处理（177.57 kg/hm²），其他 NPK、MNP 和 MNPK 处理水稻地上部携出钾量差异不大，在 200.60~214.63 kg/hm²。研究还发现，同一施肥处理不同年份间水稻地上部携出钾量呈波动变化，可能的原因是，一方面因为不同年份间降水等气候因素影响水稻产量，进而影响水稻地上部对钾素的吸收，另一方面由于该定位试验水稻品种没有固定，而种植品种为当地主栽水稻品种，不同水稻品种也可能引起不同年份水稻地上部钾素吸收量有所差异。

表 4-22　长期不同施肥水稻的携出钾量　　　　　　（单位：kg/hm²）

年份	CK	N	NP	NPK	M	MN	MNP	MNPK
1982	62.35	78.11	169.37	191.73	106.54	142.80	194.01	204.86
1983	75.76	88.29	180.31	210.59	109.68	145.40	218.43	227.59
1984	62.35	78.11	166.45	191.73	106.54	142.80	194.01	204.86
1985	50.42	57.76	163.05	189.51	78.83	122.39	183.11	187.00
1986	26.27	28.51	160.86	188.68	96.04	108.15	221.67	202.53
1987	43.35	43.89	142.42	172.78	88.28	129.08	182.89	202.68
1988	100.63	120.30	275.96	313.95	201.02	223.39	302.74	331.05
1989	70.86	53.23	189.98	217.70	156.62	169.30	217.23	235.44
1990	84.77	80.79	214.11	255.33	143.42	182.52	233.93	255.85
1991	49.34	61.80	167.56	210.70	140.62	142.18	189.61	199.09
1992	64.20	60.77	209.72	244.60	143.80	174.80	242.46	250.15
1993	71.54	80.51	161.11	184.79	125.68	138.07	172.72	185.10
1994	92.99	99.63	180.14	196.36	146.97	152.69	170.83	197.99
1995	91.21	122.81	207.52	255.28	145.79	182.99	239.99	262.50
1996	106.81	111.14	176.42	216.98	162.24	160.58	198.43	211.35
1997	65.58	77.45	190.03	233.07	135.96	148.47	218.95	237.33
1998	116.84	118.40	162.32	198.13	126.06	162.89	175.26	196.05
1999	93.39	113.77	185.41	219.47	158.81	162.19	204.35	219.20
2000	117.57	111.14	178.36	217.81	175.95	161.71	192.72	207.83
2001	82.47	79.64	172.29	206.71	149.67	148.47	185.96	207.02
2002	90.41	88.83	176.90	213.65	161.10	148.47	193.76	214.60
2003	104.82	109.83	180.55	212.54	166.24	157.46	194.27	212.16

（续表）

年份	CK	N	NP	NPK	M	MN	MNP	MNPK
2004	106.31	115.96	169.13	208.37	163.95	154.62	189.60	206.75
2005	87.88	103.05	160.45	186.09	143.73	143.89	178.20	190.03
2006	94.89	129.09	202.66	238.34	165.10	165.97	224.14	241.39
2007	90.41	110.27	174.23	213.65	144.53	171.17	189.08	210.00
2008	90.41	133.02	180.55	220.03	167.38	166.91	205.96	228.40
2009	81.97	109.83	172.77	215.03	151.39	184.41	207.78	220.55
2010	72.03	79.20	177.63	214.20	149.67	153.67	201.29	216.49
2011	101.84	123.83	174.96	205.32	193.09	180.63	194.53	227.32
2012	83.20	84.08	130.86	161.85	118.16	151.91	152.39	150.29
2013	51.17	95.52	151.42	140.79	119.67	117.70	172.66	145.22
2014	65.58	118.15	165.24	192.84	160.15	160.29	189.60	200.26
2015	77.00	104.58	166.54	204.77	173.86	167.54	187.95	208.55
均值	80.19	93.27	177.57	210.10	143.43	156.63	200.60	214.63

表 4-23 是本试验各个处理 33 年小麦地上部分携出钾量。由表可知，不同施肥处理小麦地上部携出钾量变化较大，且同一处理不同年份间小麦地上部携出钾量呈波动变化。不施肥 CK 处理小麦地上部携出钾量最低，多年平均携出钾量为 21.76 kg/hm²，其次是 M 处理，地上部携出钾量为 31.31 kg/hm²，MNPK 处理小麦地上部携出钾量为 84.28 kg/hm²、NPK 处理携出钾量为 74.55 kg/hm²、MNP 处理携出钾量为 64.38 kg/hm²、NP 处理携出钾量为 56.71 kg/hm²、MN 处理携出钾量为 51.32 kg/hm²、N 处理携出钾量为 36.32 kg/hm²。研究还发现，同一施肥处理不同年份间小麦地上部携出钾量呈波动变化，可能的原因是，一方面因为不同年份间降水等气候因素影响小麦产量，进而影响小麦地上部对钾素的吸收，另一方面由于该定位试验小麦品种没有固定，而种植品种为当地主栽小麦品种，不同小麦品种也可能引起不同年份小麦地上部携出钾量有所差异。

表 4-23　长期不同施肥小麦的携出钾量　　　（单位：kg/hm²）

年份	CK	N	NP	NPK	M	MN	MNP	MNPK
1983	27.83	66.49	107.80	112.05	33.13	81.37	119.02	133.42
1984	26.29	55.69	88.86	110.87	31.18	71.37	102.50	124.76
1985	36.63	62.08	84.83	106.78	42.95	78.23	103.01	130.50
1986	17.36	50.89	59.03	71.81	25.30	57.54	63.61	80.13
1987	17.42	23.56	56.84	75.78	23.60	39.30	67.20	88.01
1988	28.75	51.74	77.19	94.72	32.51	75.29	86.15	109.33
1989	11.23	43.27	43.16	78.80	32.64	41.97	52.66	80.45
1990	12.76	13.16	42.48	59.18	18.73	30.14	54.51	72.11
1991	35.89	45.85	69.91	96.35	45.58	62.45	75.51	100.57
1992	5.40	39.30	39.73	56.72	13.76	53.91	48.42	65.37
1993	28.99	51.80	70.03	91.62	39.98	67.21	76.20	101.99

（续表）

年份	CK	N	NP	NPK	M	MN	MNP	MNPK
1994	23.71	28.62	57.07	64.75	44.79	53.07	83.64	108.93
1995	22.11	32.14	45.13	52.10	30.16	35.26	48.92	61.16
1996	5.40	31.04	37.68	39.25	16.72	37.22	47.87	48.95
1997	14.00	18.99	45.13	60.71	26.23	38.20	48.55	60.46
1998	21.78	32.14	51.41	68.46	30.49	48.85	58.71	76.57
1999	23.79	32.50	56.16	72.55	34.42	49.51	61.48	81.24
2000	20.77	27.39	47.17	62.65	27.87	44.81	54.83	72.14
2001	18.43	33.23	42.42	56.62	23.93	38.56	48.00	63.96
2002	20.77	32.50	44.28	60.71	25.57	40.40	50.40	66.30
2003	30.49	40.17	57.35	78.79	36.39	52.52	65.54	88.24
2004	15.08	17.53	42.25	56.62	26.55	40.40	48.00	65.83
2005	16.08	17.89	40.21	54.90	26.88	43.34	44.86	61.63
2006	14.74	21.18	46.49	65.66	32.13	40.77	53.35	75.17
2007	31.16	51.86	64.98	83.53	40.32	72.60	76.61	103.65
2008	26.80	48.94	74.31	99.03	32.78	59.50	81.97	106.92
2009	22.45	26.66	51.92	71.90	38.03	42.24	58.15	77.04
2010	24.12	27.76	54.63	77.93	38.68	48.11	62.77	85.91
2011	31.16	41.63	57.86	79.44	34.42	62.80	66.64	87.08
2012	23.34	26.99	63.62	100.56	33.83	41.59	60.13	94.47
2013	19.68	31.65	40.77	58.03	24.71	45.59	49.50	66.86
2014	25.80	46.75	62.78	72.98	42.29	53.99	49.11	65.60
2015	17.76	27.02	48.01	68.46	26.55	45.54	56.68	76.57
均值	21.76	36.32	56.71	74.55	31.31	51.32	64.38	84.28

图 4-63 显示了紫色水稻土不同施肥处理 34 年间作物（水稻+小麦）年携出钾量变化。由图可知，CK 和 N 处理作物携出钾量相对较小，平均携出钾量分别为 101.31 kg/hm² 和128.52 kg/hm²；MNPK、MNP 和 NPK 处理作物携出钾量相对较高，分别为 296.43 kg/hm²、263.09 kg/hm² 和 282.46 kg/hm²，NP 处理作物携出钾量为 232.61 kg/hm²、MN 处理作物携出钾量为 206.45 kg/hm²、M 处理作物携出钾量为 173.81 kg/hm²。有机无机钾肥配施的 MNPK 处理作物携出钾量高于单施化学钾肥的 NPK 处理，也大于单施有机钾肥的 M 处理，说明有机肥和化肥配合施用有利于作物对钾素的吸收利用，从而提高钾肥的利用效率。

图 4-64 是长期不同施肥处理 34 年间作物（水稻+小麦）地上部分累积携出钾量变化。由图可知，不施肥（CK）和所有施肥处理作物地上部携出钾量随着施肥年限的延续呈逐渐增加趋势。不施钾肥的（CK）处理作物累积携出钾量最低，为 3 444.55 kg/hm²，MNPK 处理作物累积携出钾量为 10 078.76 kg/hm²、NPK 处理累积携出钾量为 9 603.66 kg/hm²、MNP 处理累积携出钾量为 8 945.00 kg/hm²、NP 累积携出钾量为 7 908.75 kg/hm²、MN 处理累积携出钾量为 7 019.16 kg/hm²、M 处理累积携出钾量为 5 909.65 kg/hm²、N 处理累积携出钾量为 4 369.73 kg/hm²。说明有机肥

和化肥配合施用有利于作物对钾素的吸收利用，从而提高钾肥的利用效率。

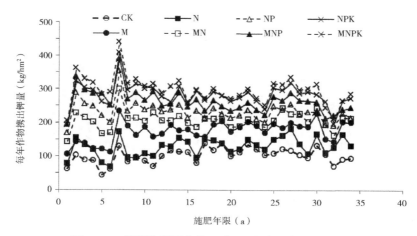

图 4-63　长期施肥下作物（水稻+小麦）年携出钾量

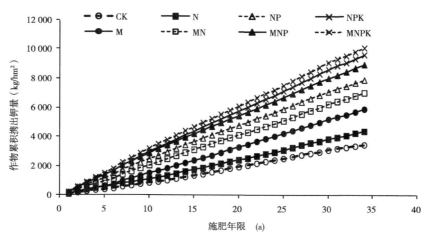

图 4-64　长期施肥下作物（水稻+小麦）累积携出钾量变化

（二）长期施肥下土壤钾素盈亏情况

当钾素投入不足时，土壤钾素缺乏会导致农作物减产；但钾素投入远远高于作物需要时，又会引起钾素大量盈余。如果土壤长期处于钾素盈余状态，不仅浪费钾肥资源、降低钾肥利用效率，而且增加了农业生产成本。图 4-65 显示了紫色水稻土不同施肥处理 34 年当季土壤表观钾盈亏状况。由图可以看出，所有处理土壤中钾素一直处于亏缺状态，CK 处理年亏缺钾量为 101.31 kg/hm²，N 处理年亏缺钾量为 128.52 kg/hm²，NP 处理年亏缺钾量为 232.61 kg/hm²，NPK 处理年亏缺钾量为 182.86 kg/hm²，M 处理年亏缺钾量为 68.97 kg/hm²，MN 处理年亏缺钾量为 101.60 kg/hm²，MNP 处理年亏缺钾量为 158.24 kg/hm²，MNPK 处理年亏缺钾量为 91.99 kg/hm²。不施钾肥（CK、N 和 NP）土壤每年平均亏缺钾量（154.15 kg/hm²）是单施有机钾肥（M、MP 和 MNP，

109.60 kg/hm²）的 1.4 倍，是有机无机钾肥配施（MNPK，91.99 kg/hm²）的 1.7 倍。

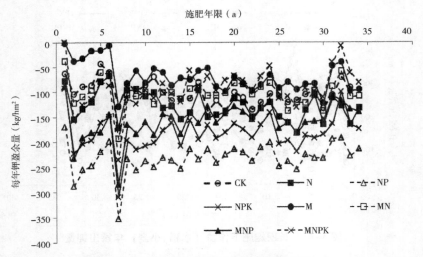

图 4-65　长期施肥下当季土壤表观钾盈亏

图 4-66 为紫色水稻土连续不同施肥 34 年土壤累积钾盈亏结果。由图可以看出，所有处理土壤中钾素一直处于亏缺状态，钾素亏缺量随施肥时间持续而不断增加。CK 处理 34 年累积亏缺钾量为 3 444.55 kg/hm²，N 处理累积亏缺钾量为 4 369.73 kg/hm²，NP 处理累积亏缺钾量为 7 908.75 kg/hm²，NPK 处理累积亏缺钾量为 6 217.26 kg/hm²，M 处理累积亏缺钾量为 2 344.88 kg/hm²，MN 处理累积亏缺钾量为 3 454.40 kg/hm²，MNP 处理累积亏缺钾量为 5 380.23 kg/hm²，MNPK 处理累积亏缺钾量为 3 127.59 kg/hm²。不施钾肥（CK、N 和 NP）土壤累积亏缺钾量（5 241.01 kg/hm²）是单施有机钾肥（M、MP 和 MNP，3 726.50 kg/hm²）的 1.4 倍，是有机无机钾肥配施（MNPK，3 127.59 kg/hm²）的 1.7 倍。

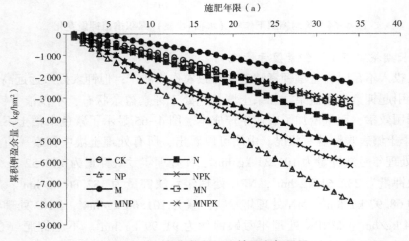

图 4-66　长期施肥下土壤累积钾盈亏

（三）长期施肥下土壤全钾变化对土壤钾素盈亏的响应

长期不同施肥处理下土壤中累积钾盈亏（钾平衡）对土壤全钾的消长存在不同影响。各处理土壤全钾增量与土壤累积钾盈亏之间的线性回归方程见图 4-67，各方程中 x 为土壤累积钾盈亏量（kg/hm²），y 为土壤全钾增量（g/kg），回归方程中的斜率代表土壤钾每增减 1 个单位（kg/hm²）相应的土壤全钾消长量（g/kg）（裴瑞娜等，2010；

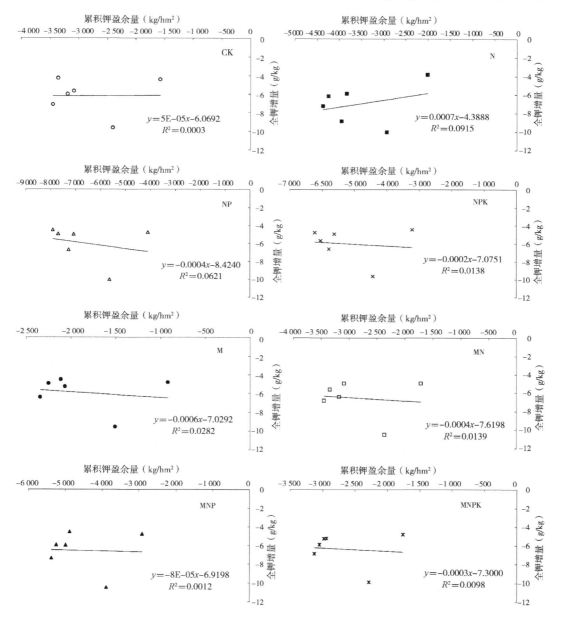

图 4-67　长期施肥下土壤全钾对土壤累积钾盈亏的响应

注：图中样本数 $n=6$

刘彦伶等，2016）。由图 4-67 可知，CK 和 N 处理土壤全钾增量随着钾素亏缺量的增加而增加，但没有达到显著相关；NP、NPK、M、MN、MNP 和 MNPK 处理土壤全钾增量对钾亏缺量响应关系不显著，且随钾亏缺量增加全钾增量呈降低趋势。说明土壤中钾盈亏对土壤全钾增加量影响不大。

如图 4-68 所示，紫色水稻土所有处理土壤 34 年间的全钾变量与土壤累积钾盈亏值呈负相关关系，但没有达到显著相关，其数学表达式为 $y = 0.00006x - 6.5863$（$R^2 = 0.0032$，$P > 0.05$），紫色水稻土每亏缺钾 100 kg/hm²，土壤全钾含量增量下降 0.006 g/kg。

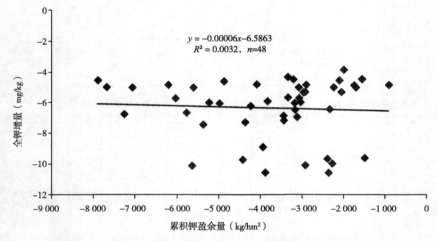

图 4-68　紫色水稻土所有处理全钾与土壤累积钾盈亏的关系

（四）长期施肥下土壤有效钾变化对土壤钾素盈亏的响应

由图 4-69 可知，NPK 处理随着钾素亏缺量的增加土壤中有效钾含量下降，未达显著相关；其他 CK、N、NP、M、MN、MNP 和 MNPK 处理土壤有效钾增量随钾素亏缺量的增加而增加，且无显著相关。说明土壤中钾素亏缺对土壤中有效钾增加量影响不大。

如图 4-70 所示，紫色水稻土所有处理土壤 34 年间的有效钾变量与土壤累积钾盈亏值呈正相关关系，但未达到显著相关，其数学表达式为 $y = 0.0033x - 14.757$（$R^2 = 0.0742$，$P > 0.05$），紫色水稻土每亏缺钾 100 kg/hm²，有效钾含量增量降低 0.33 g/kg。

（五）不同肥料类型下有效钾与土壤累积钾盈亏的关系

图 4-71 为施用不同类型钾肥情况下土壤有效钾变量与土壤累积钾盈亏的关系。不施钾肥处理（CK、N、NP）土壤中有效钾增量随钾素亏缺量增加而降低，但没有达到显著相关；单施无机钾肥（NPK）土壤中有效钾变化量与累积钾盈余量呈负相关，但没有达到显著相关；单施有机钾肥（M、MN、MNP）和有机无机钾肥配施（MNPK）的处理土壤有效钾含量变化与钾亏缺量呈正相关，但未达显著相关。综上所述，土壤钾素盈亏量对土壤有效钾含量变化影响不大，可能与该土壤钾素含量丰富有关。

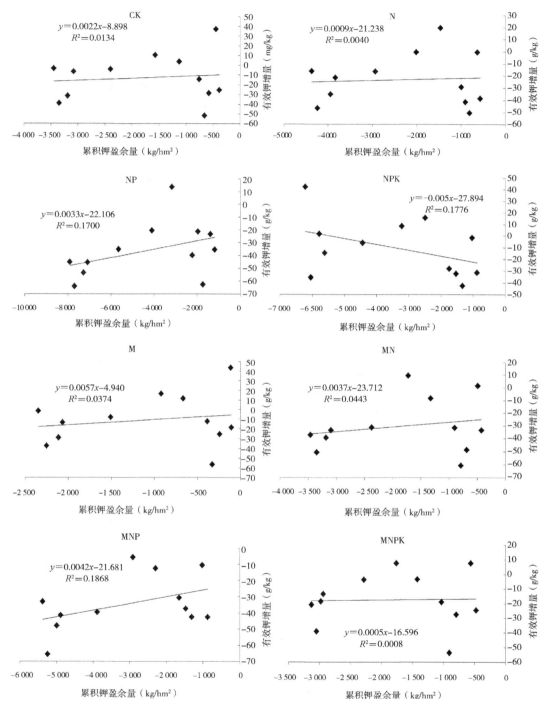

图 4-69　长期施肥下土壤有效钾对土壤累积钾盈亏的响应

注：图中样本数 $n=12$

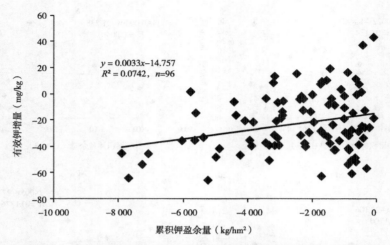

图4-70　紫色水稻土所有处理有效钾增量与土壤累积钾盈亏的关系

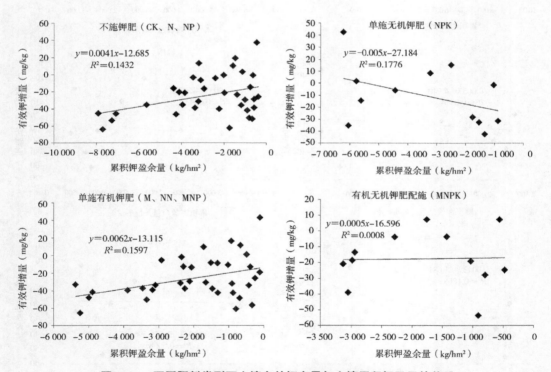

图4-71　不同肥料类型下土壤有效钾变量与土壤累积钾盈亏的关系

注：图中不施钾肥和单施有机钾肥样本数 $n=36$，单施无机钾肥和有机无机钾配施肥配施样本数 $n=12$

三、钾肥回收率的演变趋势

（一）水稻钾肥回收率

长期不同施肥处理下水稻钾肥回收率对时间的响应关系各不相同（图4-72）。由图4-72可以看出，NPK和MNPK处理水稻钾肥回收率随着施肥年限的延长呈增加趋势，但都没有达到显著相关。连续施肥34年后NPK处理平均钾肥回收率为67.95%，MNPK处理水稻平均钾肥回收率为16.59%。而其他M、MN和MNP处理水稻钾肥平均回收率分别为120.62%、145.81%和225.17%，这3个处理水稻钾肥回收率都超过100%，说明这3个处理施用的钾肥不够，作物生长大量消耗土壤中的钾素。

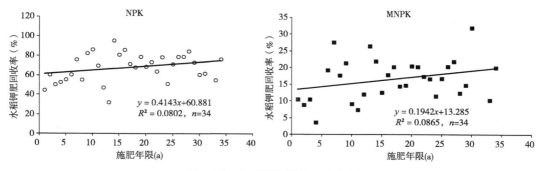

图4-72　水稻钾肥回收率的变化

（二）小麦钾肥回收率

长期不同施肥处理下小麦钾肥回收率对时间的响应关系各不相同（图4-73）。由图4-73可以看出，NPK、M和MNPK处理小麦钾肥回收率随着施肥年限的延长呈增加趋势，而MN和MNP处理小麦钾肥回收率随着施肥年限的延长呈下降趋势，所有处理均没有达到显著相关。由图可以看到，连续施肥34年后NPK处理小麦平均钾肥回收率为35.83%，M处理小麦平均钾肥回收率为18.22%，MNPK处理小麦平均钾肥回收率为19.47%，MN处理小麦平均钾肥回收率为56.40%，MNP处理小麦平均钾肥回收率为78.21%。

（三）水稻钾肥回收率与土壤有效钾的关系

图4-74为长期不同施肥下水稻钾肥回收率对土壤有效钾含量的响应关系。由图可知，不同施肥处理钾肥回收率对土壤有效钾含量的响应特征差异较大。其中NPK和MN处理水稻钾肥回收率随土壤有效钾的增加呈现出先降低后增加的变化趋势，M处理水稻钾肥回收率随着土壤中有效钾含量呈持续下降的变化趋势，MNP和MNPK处理水稻钾肥回收率与土壤有效钾含量呈现出先增加后下降的趋势；所有施肥处理土壤中有效钾含量与水稻钾肥回收率都没有达到显著相关。

（四）小麦钾肥回收率与土壤有效钾的关系

图4-75为长期不同施肥下小麦钾肥回收率对土壤有效钾含量的响应关系。由图可知，不同处理钾肥回收率对土壤有效钾含量响应特征差异较大。其中，NPK、M、MN和MNP处理呈现出相似的变化规律，即小麦钾肥回收率随土壤有效钾含量的增加呈现

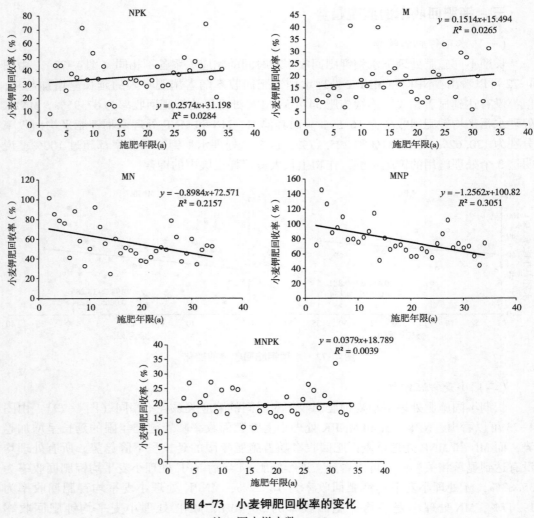

图 4-73 小麦钾肥回收率的变化

注：图中样本数 $n = 33$

出先上升后降低的变化趋势；而 MNPK 处理小麦钾肥回收率随土壤有效钾含量增加呈现出先下降后上升的变化趋势。所有施肥处理土壤中有效钾含量与小麦钾肥回收率都没有达到显著相关。

四、合理施用钾肥

图 4-76 显示了紫色水稻土土壤钾素盈亏量与钾肥施用量的关系。由图可知，钾肥施用量与土壤钾素盈亏值之间呈极显著正相关关系，其数学表达式为 $y = 0.3183x - 156.07$（$R^2 = 0.1362$，$P < 0.01$），当土壤中施入 1 kg/hm² 钾肥时，土壤中盈余钾素量增加 0.32 kg/hm²。当土壤中钾素没有盈余时，即上述方程中 y 为零值，适宜的钾肥施用量为 490.3 kg/hm²。

图 4-77 显示了紫色水稻土土壤有效钾含量与钾肥施用量的关系。由图可知，钾肥

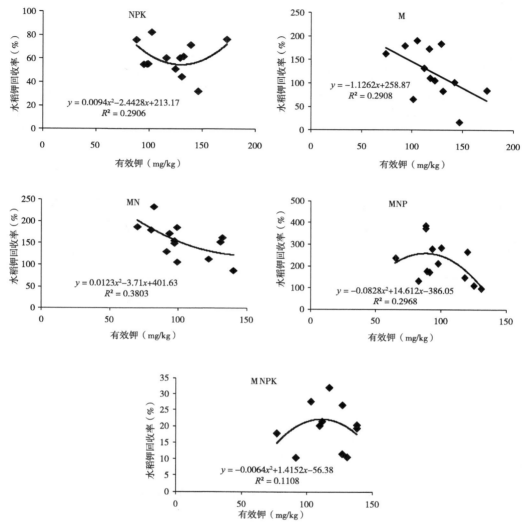

图 4-74 水稻钾肥回收率与土壤有效钾的关系
注：图中样本数 $n = 13$

施用量与土壤有效钾含量之间呈正相关关系，但没有达到显著相关，其数学表达式为 $y = 0.0361x + 106.93$（$R^2 = 0.0118$，$P > 0.05$），当土壤中施入 1 kg/hm² 钾肥时，土壤中有效钾含量增加 0.036 mg/kg。由图 4-76 可知，当土壤中钾肥施用量为 490.3 kg/hm² 时，土壤中则没有钾素盈余，此时土壤有效钾含量为 124.63 mg/kg，即将钾肥施用量为 490.3 kg/hm² 带入上述方程中计算出的 y 值。

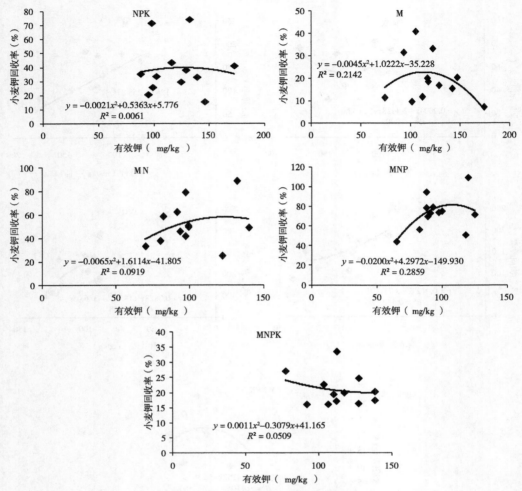

图 4-75　小麦钾肥回收率与土壤有效钾的关系

注：图中样本数 $n=12$

第六节　小　结

一、长期施肥下土壤 pH 值的演变

随着施肥年限的延续所有处理土壤 pH 值呈逐渐下降的变化趋势，其中 CK、NP、NPK、MN、MNP 和 MNPK 处理达显著水平，N 和 M 处理未达显著水平。经过 36 年不同施肥处理后，CK 处理土壤 pH 值下降了 0.63 个单位，比试验开始时下降了 7.3%；NP 和 NPK 处理土壤 pH 值下降了 0.72 个单位，下降了 8.4%；施用化学肥料（N、NP、NPK）土壤 pH 值 36 年下降了 0.69 个单位，下降了 8.0%。MN 处理 36 年土壤 pH

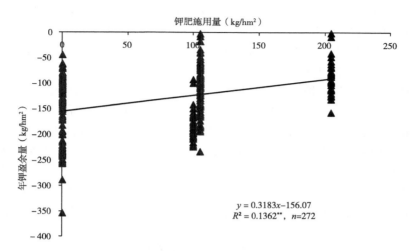

图4-76 土壤钾盈亏与钾肥施用量的关系

注：** 表示在1%水平显著相关

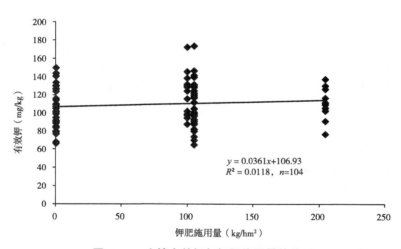

图4-77 土壤有效钾与钾肥施用量的关系

值下降了0.61个单位，下降了7.1%；MNP处理下降了0.65个单位，下降了7.6%；MNPK处理下降了0.67个单位，下降了7.8%；施用有机肥（M、MN、MNP、MNPK）土壤pH值36年下降了0.63个单位，下降了7.3%。施用有机肥比施用化肥土壤pH值36年少下降0.06个单位，降幅减少了0.7%。因此，紫色水稻土上施用有机肥可以减缓土壤酸化的加剧。

二、长期施肥下土壤有机质的演变

紫色水稻土长期不同施肥36年后，CK和N处理土壤有机质含量随施肥年限延续略有下降，而NP和MN处理略有增加，都未达显著相关。NPK、M、MNP和MNPK处理土壤有机质含量随施肥时间的延长呈显著或极显著增加，年增加速率依次为

0.11 g/kg、0.081 g/kg、0.094 g/kg 和 0.074 g/kg。CK 处理有机质多年平均含量为 15.62 g/kg，单施化肥（N、NP 和 NPK）与有机肥配施化肥（MN、MNP 和 MNPK）土壤有机质含量比 CK 分别提高了 11.1% 和 21.0%，表明有机肥配施化肥提升土壤有机质的效果优于单施化肥和单施有机肥。

有机肥配施化肥作物地上部生物量平均碳投入为 2.22 t/(hm²·a)，单施化肥作物地上部生物量碳投入为 1.93 t/hm²。有机肥配施化肥系统总碳投入量为 6.10 t/(hm²·a)，单施化肥系统总碳投入量为 1.93 t/(hm²·a)，比 CK 处理总碳投入量分别提高了 548.9% 和 105.3%。连续 36 年不同施肥处理后，CK 处理土壤有机碳平均损失速率为 0.0029 t/(hm²·a)，MNP、NPK、MNPK 和 M 处理土壤有机碳固定速率较高，分别达 0.17 t/(hm²·a)、0.15 t/(hm²·a)、0.14 t/(hm²·a) 和 0.13 t/(hm²·a)，而 NP 和 MN 处理土壤固碳速率比较接近，分别为 0.052 t/(hm²·a) 和 0.074 t/(hm²·a)，N 处理固碳速率最小，仅为 0.0072 t/(hm²·a)。紫色水稻土平均固碳速率为 0.090 t/(hm²·a)。所有处理土壤有机碳固定效率为 1.51%~11.38%，其中以 NPK 处理土壤有机碳固定效率最高，MN 处理固碳效率最小。单施化肥（N、NP 和 NPK）比有机无机肥配施（MN、MNP 和 MNPK）土壤固碳效率提高了 132.4%。紫色水稻土平均固碳效率为 3.96%。

当累积碳投入量≤40.21 t/hm² 时，有机碳储量平均为 24.91 t/hm²，有机碳含量为 9.94 g/kg，土壤的固碳效率为 10.68%，有机碳含量随外源有机碳投入量的增加而显著增加；当累积碳投入量>40.21 t/hm² 时，有机碳储量平均值为 27.58 t/hm²，有机碳含量为 11.11 g/kg，其相关性系数明显降低，距离饱和值更近，有机碳储量随外源有机碳投入量增加的增加幅度明显减缓，土壤固碳效率为 0.98%。

在低碳投入水平（累积碳投入量≤40.21 t/hm²）时，土壤的固碳效率为 10.68%。紫色水稻土有机碳储量如果提升 5%，所需额外投入碳量 10.92 t，折算需要投入干猪粪约 26.38 t，或玉米秸秆约 25.57 t，或小麦秸秆约 26.06 t；若土壤有机碳储量升高 10%，则需额外累积投入碳量 21.83 t，折算需要投入干猪粪约 52.76 t，或玉米秸秆约 51.13 t，或小麦秸秆约 52.11 t。在较高碳投入水平下（累积碳投入量>40.21 t/hm²），土壤固碳效率下降至 0.98%，此阶段若要提升土壤固碳量，需要投入大量的外源有机物，这会导致大量能源物质的浪费和增加环境污染风险，应采取其他措施来提高土壤碳储量。

三、长期施肥下土壤氮素的演变

CK、N、NP 和 MN 处理土壤全氮含量随施肥年限的延续呈增加趋势，但未达显著相关。NPK、M、MNP 和 MNPK 处理土壤全氮含量随施肥年限的延续呈显著或极显著增加趋势。这 4 个处理土壤全氮含量年变化速率为 0.0142 g/kg、0.0077 g/kg、0.008 g/kg 和 0.017 g/kg。除了 N 处理外，其他施肥处理土壤碱解氮含量均随着施肥年限的延续呈现出显著或极显著增加趋势；N 处理土壤碱解氮含量随施肥年限的延长呈增加趋势，但未达到显著相关。CK 处理土壤碱解氮年增加速率为 0.40 mg/kg，NP 处理年增加速率为 0.66 mg/kg，NPK 处理年增加速率为 1.05 mg/kg，M 处理年增加速率为

0.89 mg/kg，MN 处理年增加速率为 0.97 mg/kg，MNP 处理年增加速率为 0.91 mg/kg，MNPK 处理年增加速率为 1.32 mg/kg。不同施肥处理的土壤 NAC 与时间相关性均没有达到显著水平，说明土壤 NAC 比较稳定，随时间变化不大。

CK 和 M 处理作物（水稻＋小麦）地上部分携出氮量相对较低，每年约为 88.70 kg/hm² 和125.28 kg/hm²，N 处理每年携出氮量要高于 CK 和 M 处理，NP、NPK、MN 处理携出氮量较高，且这三个处理之间差异较小，MNP 和 MNPK 处理每年携出氮量差异不大，分别为 238.75 kg/hm² 和 246.57 kg/hm²；施用化学氮肥作物地上部每年携出氮量约为 195.21 kg/hm²，有机肥和化肥配合施用作物系统地上部每年携出氮量为 232.73 kg/hm²。在稻—麦轮作系统中，不同施肥处理作物地上部分携出氮量变化较大，变化范围为 88.70~246.57 kg/hm²，水稻地上部吸氮量对作物稻—麦系统地上部携出氮量的贡献率为 58.96%~62.32%，小麦地上部吸氮量的贡献率为 37.68%~41.04%。CK 处理平均每年亏缺氮量为 87.77 kg/hm²，氮素亏缺量随施肥时间的持续而增加。其他处理年均氮盈余量为 23.64~225.24 kg/hm²，且随施肥年限的延续土壤氮素盈余量呈上升趋势。NP 和 NPK 处理氮盈余量分别为 27.38 kg/hm² 和 23.64 kg/hm²；MNP 和 MNPK 处理年均盈余量分别为 199.56 kg/hm² 和 191.96 kg/hm²。化肥配施有机肥处理氮素年盈余量为 205.59 kg/hm²，单施化肥处理氮素年盈余量为 46.93 kg/hm²，前者约是后者的 4.3 倍，说明在施用有机肥的情况下可适当减少化学氮肥的投入量，以免造成氮肥过量施用，增加农田系统氮素的环境风险。

CK、N、NP 和 MNP 处理，土壤全氮增量对氮盈亏响应关系不显著，表明 CK、N、NP 和 MNP 处理氮盈亏对土壤全氮含量增加量影响很小。NPK、M、MN 和 MNPK 4 个处理土壤全氮增量与累积氮盈亏呈显著或极显著正相关，当土壤每累积盈余氮 100 kg/hm²，4 个处理土壤中全氮增量分别为 0.070 g/kg、0.010 g/kg、0.0030 g/kg 和 0.0096 g/kg。土壤每累积氮 100 kg/hm²，单施化学氮肥全氮含量增加 0.025 g/kg，有机无机肥配施全氮含量增加 0.0052 g/kg，表现出有机肥与化肥配施提升紫色水稻土全氮的速率小于单施化肥氮肥。CK 处理随着氮素盈余量的增加土壤中碱解氮含量显著下降，而 NP、NPK、M、MN、MNP 和 MNPK 处理土壤碱解氮增量与氮素盈余呈线性正相关，M 处理达显著水平，NP、NPK、MN、MNP 和 MNPK 5 个处理均达极显著正相关。

当土壤中施入 1 kg/hm² 氮肥时，土壤中盈余氮素量增加 0.68 kg/hm²，土壤中碱解氮含量增加 0.04 mg/kg。当土壤中氮素没有盈余时，适宜的氮肥施用量为 141.2 kg/hm²，此时土壤碱解氮含量为 80.7 mg/kg。

四、长期施肥下土壤磷素的演变

CK、N、M 和 M 处理土壤全 P 含量随施肥年限的延续表现为增加趋势，但未达显著相关。NP、NPK、MNP 和 MNPK 处理土壤全 P 含量随时间延长表现为极显著上升趋势，年全磷增加量依次为 0.013 g/kg、0.017 g/kg、0.015 g/kg 和 0.018 g/kg。CK、N、M 和 MN 处理土壤有效磷（Olsen-P）随施肥时间基本维持。NP、NPK、MNP 和 MNPK 土壤 Olsen-P 含量随施肥年限的延续呈现出极显著上升趋势。NP、NPK、MNP 和 MNPK 处理土壤 Olsen-P 年增加量分别为 1.47 mg/kg、2.04 mg/kg、1.86 mg/kg 和

1.68 mg/kg。CK、N、M 和 MN 处理土壤 PAC 与时间呈下降趋势，但没有达到显著相关。单施化学磷肥的处理（NP 和 NPK）以及化肥配施有机肥的处理（MNP 和 MNPK）土壤 PAC 值均随种植时间延长而显著上升，这 4 个处理 PAC 年增加速度分别为 0.13%、0.17%、0.16% 和 0.13%。

CK 和 N 处理作物携出磷量相对较小，平均携出磷量分别为 12.45 kg/hm² 和 14.40 kg/hm²；M 和 MN 处理，作物磷素携出量差异不大，且高于不施磷肥的 CK 和 N 处理，分别为 21.82 kg/hm² 和 24.32 kg/hm²；NP、NPK、MNP 和 MNPK 处理作物携出磷量差异不大，均高于单施有机磷肥处理，变化幅度在 41.60~45.55 kg/hm²。CK 和 N 处理平均每年亏缺磷量分别为 12.45 kg/hm² 和 14.40 kg/hm²。NP 和 NPK 处理年均磷素盈余量分别为 9.57 kg/hm² 和 10.72 kg/hm²；M 和 MN 处理年均盈余量分别为 62.21 kg/hm² 和 59.70 kg/hm²；MNP 和 MNPK 处理年均磷素盈余量在 90.00 kg/hm² 以上。

CK、N、M 和 MN 处理土壤全磷增量对磷盈亏响应关系差异不显著。NP、NPK、MNP 和 MNPK 处理土壤全磷增量与累积磷盈亏呈极显著正相关，土壤每累积磷 100 kg/hm²，土壤中全磷含量分别依次提高 0.12 g/kg、0.16 g/kg、0.02 g/kg 和 0.02 g/kg。CK、N、M 和 MN 处理磷素盈余与土壤 Olsen-P 增量无显著差异；而 NP、NPK、MNP 和 MNPK 处理呈极显著线性正相关，NP 和 NPK 处理土壤每累积磷 100 kg/hm²，土壤中 Olsen-P 含量分别增加 15.34 mg/kg 和 20.08 mg/kg；MNP 和 MNPK 处理土壤 Olsen-P 增量对磷盈亏的响应程度小于单施无机磷肥的 NP 和 NPK 处理，即土壤每累积磷 100 kg/hm²，土壤中 Olsen-P 含量分别增加 2.06 mg/kg 和 1.87 mg/kg。说明紫色水稻土单施化学磷肥提升土壤 Olsen-P 的速率大于有机无机磷肥配施。

紫色水稻土稻—麦轮作系统中水稻、小麦的农学阈值分别为 4.38 mg/kg 和 9.21 mg/kg。当土壤中磷素没有盈余时，适宜的磷肥施用量为 22.2 kg/hm²，此时土壤有效磷含量为 8.63 mg/kg。当水稻和小麦季土壤有效磷含量为农学阈值 4.38 mg/kg 和 9.21 mg/kg 时，小麦季适宜的磷肥施用量为 -4.03 kg/hm²，水稻季适宜的磷肥施用量为 25.75 kg/hm²。因此，在西南地区稻—麦轮作系统中水稻季施入足够的磷肥，小麦季可充分利用上茬水稻残留的磷素。

五、长期施肥下土壤钾素的演变

N 处理土壤全钾含量随施肥年限延续呈显著下降，其他处理土壤全钾含量与施肥时间无显著相关关系。单施化学肥料处理土壤全钾含量比试验开始时下降了 22.2%，有机肥配施化肥处理土壤全钾含量下降了 22.1%，表明有机肥和化肥配施也能造成土壤钾素消耗。土壤有效钾含量随着施肥年限的延续呈逐渐下降的趋势，但都没有达到显著相关，说明施肥时间对紫色水稻土中有效钾含量影响较小。所有处理土壤 KAC 与施肥时间无显著相关。

CK 和 N 处理作物携出钾量相对较小，平均携出钾量分别为 101.31 kg/hm² 和 128.52 kg/hm²；MNPK、MNP 和 NPK 处理作物携出钾量分别为 296.43 kg/hm²、263.09 kg/hm² 和 282.46 kg/hm²；NP 处理作物携出钾量为 232.61 kg/hm²、MN 处理为

206.45 kg/hm^2、M 处理为 173.81 kg/hm^2。所有处理土壤中钾素一直处于亏缺状态，CK 处理平均每年亏缺钾量为 101.31 kg/hm^2，N 处理为 128.52 kg/hm^2，NP 处理为 232.61 kg/hm^2，NPK 处理为 182.86 kg/hm^2，M 处理为 68.97 kg/hm^2，MN 处理为 101.60 kg/hm^2，MNP 处理为 158.24 kg/hm^2，MNPK 处理为 91.99 kg/hm^2。

CK 和 N 处理土壤全钾增量随钾素亏缺量的增加而增加，但没有达到显著相关；NP、NPK、M、MN、MNP 和 MNPK 处理土壤全钾增量对钾亏缺量响应关系不显著，且随钾亏缺量增加全钾增量呈降低趋势。NPK 处理随着钾素亏缺量增加土壤中有效钾含量下降，未达显著相关；其他 CK、N、NP、M、MN、MNP 和 MNPK 处理土壤有效钾增量随钾素亏缺量的增加而增加，且无显著差异。

钾肥施用量与土壤钾素盈亏值之间呈极显著正相关关系，钾肥施用量与土壤有效钾含量也呈正相关关系，但没有达到显著相关。当土壤中施入 1 kg/hm^2 钾肥时，盈余钾素量增加 0.31 kg/hm^2，有效钾含量增加 0.036 mg/kg；当土壤中钾素没有盈余时，适宜的钾肥施用量为 490.3 kg/hm^2，此时土壤有效钾含量为 124.63 mg/kg。

第五章 长期施肥土壤生物肥力演变

紫色土一般具有成土作用迅速、矿物组成复杂、矿质养分含量丰富、土质偏壤性、耕性和土壤生产性好、自然肥力高等特点,因此土壤宜种作物多、出产丰富,是一种宝贵的农业土壤资源。但紫色土也存在一些严重的问题,例如抗蚀性差、侵蚀强烈、土壤退化严重等,是紫色土资源在农业发展中的限制因素。加强紫色土的研究,不但在科学上具有重要的意义,而且也是紫色土分布区地方经济发展的迫切需求。关于长期定位施肥对土壤微生物学特性的研究,目前报道相对较少。微生物在物质循环和土壤肥力形成及发展方面起着重要作用。因此,本章以长期定位试验为平台,结合 DGGE、T-RFLP 和克隆测序以及常规化学分析,对长期定位施肥影响下的紫色水稻土微生物数量、酶活性、呼吸作用、硝化作用及细菌、AM 菌根真菌、古菌、硝化细菌以及亚硝酸还原酶基因(*nosZ*)群落结构进行了研究,以期为综合评价施肥对紫色水稻土质量的影响提供理论依据。

第一节 长期施肥对土壤微生物数量、微生物生物量的影响

一、长期不同施肥对土壤微生物数量的影响

各种不同施肥处理,水稻和小麦收获后土壤微生物数量的测定结果分别见表 5-1 和表 5-2。可以看出,NPK 配施有机肥(MNPK)的土壤微生物数量最高,对照不施肥处理(CK)土壤微生物数量最低,单施氮肥(N)处理土壤微生物数量次之。对比不施肥(CK)处理,各种施肥处理均能增加土壤中的微生物数量。另外各施肥处理中,有机无机肥配施处理的土壤微生物数量比施用无机肥处理的土壤要高。试验长期采用水稻—小麦轮作方式,每季作物种植后的土壤微生物数量有所差异。具体表现在:种植水稻后土壤中的细菌、纤维素降解菌和硝化细菌数量高于种植小麦后的土壤;放线菌和氨氧化菌表现为种植水稻的土壤低于种植小麦的土壤。而对于真菌和固氮菌来说,二者在土壤种植不同作物后,变化不大。结果显示,不同作物对土壤中的微生物数量有不同影响。几种微生物中,以细菌的数量最大,放线菌、纤维素降解菌、硝化细菌和氨氧化菌的数量次之,真菌与固氮菌的数量最少。

表 5-1 水稻收获后不同施肥的土壤微生物数量(2005 年)　　　　（单位：cfu/g）

处理	细菌 ($\times 10^6$)	放线菌 ($\times 10^4$)	真菌 ($\times 10^3$)	自生固氮菌 ($\times 10^4$)	纤维素降解 菌($\times 10^5$)	硝化细菌 ($\times 10^5$)	氨氧化菌 ($\times 10^5$)
M	1.96c	2.94a	0.91b	0.92ab	0.94ab	1.03c	4.71b

（续表）

处理	细菌 （×10⁶）	放线菌 （×10⁴）	真菌 （×10³）	自生固氮菌 （×10⁴）	纤维素降解 菌（×10⁵）	硝化细菌 （×10⁵）	氨氧化菌 （×10⁵）
MN	2.12c	3.48a	1.07ab	0.92ab	0.97ab	1.31b	6.86a
MNP	2.78bc	3.78a	1.33a	0.97ab	1.07ab	1.57a	6.85a
MNPK	3.99a	3.82a	1.51a	1.13a	1.23a	1.70a	6.27a
CK	1.45c	1.23b	0.92b	0.48c	0.58b	0.86c	1.16d
N	1.68c	1.88b	0.65b	0.61bc	0.67b	0.54d	3.06c
NP	1.75c	2.05a	1.04ab	0.67bc	0.73b	0.87c	3.05c
NPK	2.45d	2.35a	1.29a	0.78bc	0.85b	0.94c	4.01b

注：同列数字后具有相同字母表示差异不显著（Duncan 新复极差法测验 $P=0.01$）

农业生产实践管理措施是影响土壤中各种微生物数量、活性及群落结构等的重要因素，如灌溉、施肥和种植制度等因素都会影响土壤中各种微生物的数量和结构（李娟等，2008）。本试验表明，不同施肥处理以及作物种植制度都会对土壤中的各种微生物数量产生影响。表现为施肥能增加土壤中微生物的数量，有机无机肥配施处理表现更显著，以 NPK 配施有机肥处理的各种微生物数量最高。众多研究表明，有机肥的施入，可以增加土壤有机质，从而改善土壤的物理结构，增加土壤中各种微生物的数量。NPK 配施有机肥能够在增加土壤有机质的前提下，提供更为全面的营养物质。所以该处理的土壤微生物数量也最高。值得一提的是，前人研究显示（Zanatta et al.，2007；张彦东等，2005），施氮肥与对照（CK）相比，会减少土壤中的微生物数量，但在本试验中，施氮肥也能提高土壤中各种微生物的数量。原因可能是因为施氮能够促进作物的发育，从而得到更多的根系分泌物，进而提高土壤中微生物数量。不同作物可以分泌不同的根系代谢产物，对土壤中的微生物具有选择性作用。本试验表明紫色水稻土中种植水稻和小麦后土壤具有不同的微生物数量。

表5-2　小麦收获后不同施肥的土壤微生物数量（2006 年）　　　（单位：cfu/g）

处理	细菌 （×10⁶）	放线菌 （×10⁴）	真菌 （×10³）	自生固氮菌 （×10⁴）	纤维素降解 菌 （×10⁵）	硝化细菌 （×10⁵）	氨氧化菌 （×10⁵）
M	2.68a	1.02ab	2.37a	0.98b	1.17b	3.97bc	2.88c
MN	3.54a	0.99a	3.19a	0.97b	1.28b	4.03bc	3.25b
MNP	3.76a	1.03ab	3.36a	1.01ab	1.34ab	4.45b	3.73a
MNPK	4.07a	1.25ab	3.24a	1.25a	1.67a	5.79a	3.92a
CK	2.09a	0.65ab	1.75a	0.67c	0.57c	1.35d	0.78e
N	2.43a	0.27b	1.83a	0.77bc	0.87c	1.64d	1.13d
NP	2.91a	0.89a	2.32a	0.69c	0.89c	2.20d	2.63c

（续表）

处理	细菌 （×10^6）	放线菌 （×10^4）	真菌 （×10^3）	自生固氮菌 （×10^4）	纤维素降解 菌 （×10^5）	硝化细菌 （×10^5）	氨氧化菌 （×10^5）
NPK	3.38a	0.98a	3.22a	0.84bc	0.94b	3.29c	2.68c

注：同列数字后具有相同字母表示差异不显著（Duncan 新复极差法测验 $P=0.01$）

二、长期不同施肥对土壤微生物量的影响

长期不同施肥制度对土壤微生物量碳和氮的影响见图 5-1。可以看出，长期定位施肥对紫色水稻土的微生物量碳和氮具有明显影响。不同施肥处理，土壤的微生物量各不相同，总体而言，土壤微生物量碳和微生物量氮的含量变化分别是 10.8~91.4 mg/kg 和 10.8~37.2 mg/kg。8 种施肥方式中，MNPK 处理下的土壤微生物量碳最高，而对照（CK）处理最低。单施氮肥的处理微生物量碳也较低。相对于对照处理而言，各种施肥处理均能提高土壤的微生物量碳和氮，NP 施肥处理的微生物量氮显著低于 NPK 处理。对于农田生态系统而言，任何一种农业措施都会对土壤的微生物产生影响。本试验结果表明，不但施肥能够影响土壤的微生物量，土壤上种植不同作物也能对微生物量产生影响。紫色水稻土上种植水稻的微生物量碳高于种植小麦。在 MN、MNP、MNPK 和 NPK 等几种施肥处理下，紫色水稻土植稻时的土壤微生物量氮低于种麦的土壤微生物量氮；但在 CK、N、NP 和 M 等几种施肥处理下，土壤植稻时的微生物量氮高于种麦的微生物量氮。

农田表层土壤是微生物活跃最为旺盛的一个区域，也是微生物活性最高、种类最多的一个区域，这个系统中的管理措施和生产实践对土壤的结构成分产生明显的胁迫效应（Salako et al.，1999；Franzluebbers，2002）。土壤微生物是衡量土壤肥力的一个重要生物指标，和土壤肥力密切相关。作为土壤中生物化学过程的重要组分和依赖性营养物质的源泉，土壤微生物量在决定土壤质量和土壤生产力方面起着关键性的作用，是衡量农田生态系统可持续发展的最灵敏生物指标之一，可以衡量不同施肥处理对土壤质量的影响（Brookes et al.，1982；Femandes et al.，1997）。本试验中，不同施肥处理土壤的微生物量各不相同。NPK、MN、MNP 和 MNPK 施肥处理的土壤微生物量高于其他施肥处理，显示 NPK 混合施用及有机肥配施化学肥料有利于提高土壤的微生物量。分析原因可能是施肥能促进植物的生长发育，为土壤提供更多的根系分泌物和组织脱落物，从而促进微生物的发育。前人研究结果显示，农家肥对于维持土壤地力具有重要的作用（范钦桢和谢建昌，2005），原因是施用农家肥可以减少土壤化学肥料的施用，并提高土壤肥力和质量。但本研究结果显示，MNPK 施肥处理土壤的微生物量和 NPK 处理的微生物量差异并不大。相对于无肥处理而言，任何一种施肥都能提高土壤微生物量，显示在紫色水稻土上施肥可能会促进植物和土壤微生物的发育，并提高作物的产量。

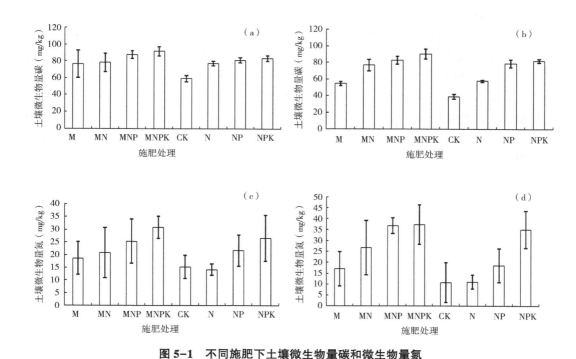

图 5-1　不同施肥下土壤微生物量碳和微生物量氮

a：植稻土微生物量碳；b：种麦土微生物量碳；c：植稻土微生物量氮；
d：种麦土微生物量氮（水稻：2005 年；小麦：2006 年）

第二节　长期施肥对土壤生物学活性的影响

一、长期施肥对土壤呼吸作用的影响

紫色水稻土在长期不同施肥处理下种植小麦和淹水种植水稻后的呼吸作用见图 5-2。可以看出，不同施肥处理在紫色水稻土种植水稻和小麦时对土壤的呼吸作用影响各不相同。在紫色水稻土上施肥可以提高土壤的呼吸作用。不管是在紫色水稻土上种植水稻还是小麦，CK 处理的土壤呼吸作用最弱，MN 处理的土壤呼吸作用最强。同时，M、MN、MNP 和 MNPK 处理的土壤呼吸作用强于 N、NP 和 NPK 几种施肥处理。显示有机肥的施用对提高土壤的呼吸作用有积极影响。不同季节也对土壤呼吸产生影响，因作物生长阶段、气候条件、土壤类型、耕作制度、施肥方式和水分管理等条件的不同而有所差异。本研究中影响土壤呼吸季节变化的因素主要为施肥、作物栽培以及气候条件等。本试验条件下，施肥影响土壤呼吸强度，MN 处理略高，不施有机肥的处理土壤呼吸所释放的 CO_2-C 的速率和释放的 CO_2-C 的累积量一直低于施用有机肥的处理，说明有机肥的施用一方面能增加用于土壤呼吸的有机质的数量，另一方面能显著增强土壤微生物的活性，提高土壤的呼吸强度，增加土壤有机质的矿化分解量。施肥处理的土壤呼吸速率和呼吸总量显著高于不施肥处理（CK），化肥和有机肥配施高于不施有机肥处理，这主要是由于施入有机肥提高了农田土壤有机碳含量，同时改善了土壤理化和生物学性质，使土壤具有良好的通透性和保水性能，从而导致土壤微生物呼吸强度较高（黄不凡，1984；许秀云等，1996；Gansert，1994）。长期不施肥的对照（CK）土壤，虽然其有机质含量没有多大下降，但有机质趋于老化，活性降低，土壤肥力和作物生长很差，根系呼吸强度较弱（戴万宏等，2004；Ding et al.，2007）。总之，不同施肥措施长期实施后造成了土壤肥力和作物生长的巨大差异，使不同施肥处理土壤呼吸速率的呼吸量表现出明显差异。

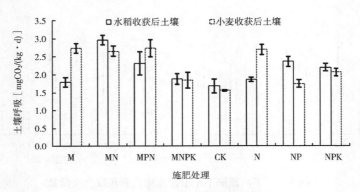

图5-2　不同施肥下土壤呼吸强度

（水稻：2005年；小麦：2006年）

二、长期施肥对土壤酶活性的影响

　　长期不同施肥处理对土壤不同酶活性的影响见图5-3至图5-6。从图可以看出，长期不同施肥处理对土壤的多酚氧化酶产生不同的影响。在种植水稻时，8种施肥处理中，不施肥处理的土壤多酚氧化酶活性最高，单施有机肥的多酚氧化酶活性最低，各种施肥处理（不含单施氮肥处理）的多酚氧化酶活性均显著低于不施肥处理（CK）。单施氮肥处理的土壤，多酚氧化酶活性仅低于不施肥处理而高于其他6种施肥处理。在土壤种植小麦时，不同施肥处理的土壤多酚氧化酶活性同样是以不施肥处理和寡氮处理土壤的酶活性高于其他施肥处理，CK处理的土壤多酚氧化酶活性最高，MNPK处理的多酚氧化酶活性最低。不同作物种植下，各施肥处理的多酚氧化酶活性变化特点不同。种植水稻时紫色水稻土的多酚氧化酶活性高于种植小麦土壤的多酚氧化酶活性。各种施肥处理中，不施肥处理和单施氮肥处理的土壤多酚氧化酶活性不管是在土壤种植水稻还是种植小麦的情况下均高于其他施肥处理。原因可能是在紫色水稻土上，无肥处理和单施氮肥处理不利于土壤腐殖质的形成，而利于多酚氧化酶的形成。

　　转化酶活性的高低与土壤有机质含量、土壤肥力密切相关，并受耕作、施肥、作物生长及其他生产活动等因素的影响。长期施肥后，土壤转化酶活性均高于CK，说明施肥能增加紫色水稻土的转化酶活性。8种施肥处理中，MNPK和NPK处理的转化酶活性不论是在土壤种植水稻还是小麦，都高于其他各处理，表明有机肥的施用以及N、P、

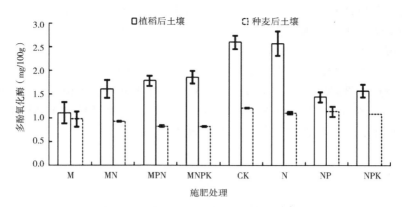

图 5-3　不同施肥下土壤多酚氧化酶活性

（水稻：2005 年；小麦：2006 年）

K 的混合施用促进了土壤转化酶活性的提高。这与王树起等（2007）的研究结果一致。他们研究发现土壤转化酶活性与 NPK 养分含量密切相关，本试验结果也表明，伴随着 N、P、K 的混合施用，土壤的酶活性也在增加。不同作物会向土壤中分泌特异的代谢产物，对土壤中的微生物形成选择性影响。本试验结果表明，在不同作物种植下，土壤中的转化酶活性也不尽相同。总体而言，紫色水稻土种植小麦时，土壤的转化酶活性大于种植水稻。分析原因可能是由于小麦生长期长，土壤有机碳积累多，转化酶底物诱导作用明显，因此转化酶活性有较大幅度的提高。

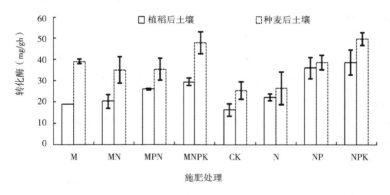

图 5-4　不同施肥下土壤转化酶活性

（水稻：2005 年；小麦：2006 年）

脲酶与土壤供氮能力有密切关系，能够表征土壤氮素的供应程度，土壤中脲酶活性的提高有利于土壤中稳定性较高的有机氮向有效氮的转化，从而改善土壤氮素的供应状况，因此脲酶活性的提高说明添加有机物料对提高土壤氮素转化有较好的效果。长期不同施肥处理会影响土壤脲酶的活性，各种施肥处理的土壤脲酶活性各不相同。各种施肥处理的脲酶活性均高于 CK，说明施肥能增加紫色水稻土的脲酶活性。8 种施肥处理中，MNPK 和 N 肥处理的脲酶活性不论是在土壤种植水稻还是小麦，都高于其他各处理。

原因是单施氮肥以及有机肥和 N、P、K 混合施用可以为土壤中的脲酶提供更多的反应底物，从而促进了土壤的脲酶活性。这与王树起等（2007）的研究结果一致，他们研究发现土壤脲酶活性与 NPK 养分含量密切相关。本试验结果也表明，伴随着 N、P、K 的混合施用，土壤的酶活性也在增强。不同作物会向土壤中分泌特异的代谢产物，对土壤中的微生物产生选择性影响。本试验结果表明，在不同作物种植下，土壤中的脲酶活性不尽相同。总体而言，紫色水稻土种植水稻时土壤的脲酶活性大于种植小麦。因为稻田在厌氧条件下，脲酶活性被抑制，放水后激活增强之故。

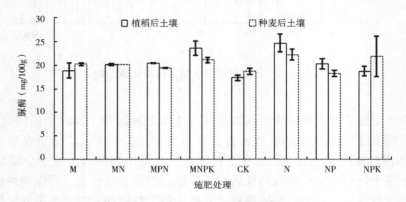

图 5-5　不同施肥下土壤脲酶活性

（水稻：2005 年；小麦：2006 年）

不同施肥处理对土壤中性磷酸酶和碱性磷酸酶活性的影响见图 5-6。结果表明，不同磷酸酶在不同施肥处理下呈现不同的变化特点。对于中性磷酸酶而言，施用有机肥的处理土壤磷酸酶活性低于 CK 和各种化肥处理，8 种施肥处理中，在种植水稻时，土壤的磷酸酶活性以 NPK 处理的最高，MNP 处理的酶活性最低；在种植小麦时，无肥处理的磷酸酶活性最高，NP 肥处理的磷酸酶活性最低。对于碱性磷酸酶而言，8 种施肥处理中，施磷处理土壤的磷酸酶活性高于缺磷处理土壤。不论是种植水稻还是小麦，MNP 处理的磷酸酶活性均高于其他施肥处理，CK 处理的土壤磷酸酶活性最低。原因是施磷为土壤磷酸酶提供更多的反应底物，促进了酶活。不同作物种植对土壤碱性磷酸酶活性的影响不大。

土壤酶是土壤中活跃的有机成分之一，在土壤养分循环以及植物生长所需养分的供给过程中起着重要作用。熊明彪等（2003）研究了长期施肥对中性紫色水稻土酶活性的影响，研究表明，长期不同施肥紫色水稻土土壤酶活发生了显著变化。长期有机肥与化学 NPK 配施有利于紫色水稻土酶活的改善。土壤有机质含量与土壤脲酶（URE）、过氧化氢酶（CAT）等酶活性呈极显著正相关，说明土壤有机质含量是影响土壤 CAT、URE 酶活性高低的重要因素。土壤中 URE、CAT、中性磷酸酶（NEP）之间存在相互刺激作用，CAT 酶活性与多酚氧化酶（PPO）酶活性之间存在此消彼长的关系。说明经过长期施肥特别是施用有机肥后，紫色水稻土的养分状况得到改善，显示长期施用有机肥有助于提高土壤肥力，保护土壤质量。经过 23 年的种植施肥处理，紫色水稻土土壤的生化性质发生了明显变化。长期施肥使耕层土壤脲酶、磷酸酶、转化酶活性明显增

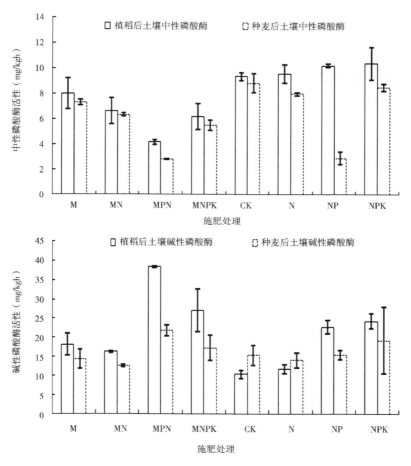

图 5-6　不同施肥下土壤磷酸酶活性

（水稻：2005 年；小麦：2006 年）

强，肥力相应提高。施肥增产的原因不仅在于其补充了不足的土壤养分，更重要的是肥料中的有效养分为微生物提供了能源与基质，从而促进了土壤的生化过程。酶活性增强促进了土壤代谢作用，从而使土壤养分形态发生变化，提高了土壤肥力，改善了土壤性质，有利于保持土地生产力水平。作物生长发育所需的养分除施肥提供外，还有一部分是由土壤有机质分解转化提供的。在这个过程中，参与土壤生化反应的酶起着重要作用，土壤酶活性同时也影响施入土壤中肥料的去向。长期施有机肥有利于土壤有机碳含量的增加和土壤生物学活性的增强，为作物稳产高产创造了良好的土壤生化环境。此外，有机肥本身带有外源酶，可为土壤生物创造良好的生活环境而有利于土壤酶活性的提高，因此在紫色土上施有机肥具有很好的培肥增产效果。研究表明，土壤酶活性对各种土地管理措施，包括对植物残体分解、土壤压实、耕作以及作物轮作等都很敏感（姬兴杰等，2008；郑勇等，2008；王娟等，2008）。土壤处理数月或 1 年后，某些土壤酶就会发生变化，而有机质的变化则需要较长时间才能表现出来。因此，根据土壤酶活性能够在较短时期内鉴别出土壤管理措施的利弊。随着某些地区生态环境的不断恶化，土壤质量问题日益受到人们的关注。寻找一个敏感的、普适的综合指标，而无须对土壤的多个参数进行测定和对多种处理进行比较，是土壤酶学研究的主要方向之一。

三、长期施肥对土壤硝化作用的影响

紫色水稻土在长期不同施肥处理下种植小麦和淹水种植水稻后的硝化作用见图 5-7。紫色水稻土在种植小麦和淹水种水稻后土壤的硝化率变化规律较为一致，都是随着培养时间的延长而逐渐增加，在培养 4 周后，经过水、旱作后该土壤各自的硝化率都可以达到 90% 左右。但由于水作和旱作以及不同的施肥制度会形成不同的土壤微域生境系统，所以种植水稻后和种植小麦后表层土壤的硝化率也有比较明显的差异。主要表现在，种植水稻后的表层土壤在培养 2 周后，硝化率最高为 50%，而种植小麦后的表土层在培养 2 周后，硝化率可以达到 90%，表明旱作条件下土壤的硝化作用显著高于淹水后的土壤。试验表明，不同施肥制度对土壤的硝化作用具有明显的影响。单施有机肥或无机肥与有机肥配合施用都可以明显提高该土壤的硝化作用，特别是当 NPK 与有机肥配合施用（即 MNPK）时，土壤中的硝化作用最为强烈，表现为在培养 2 周后其硝化率比其他处理都高。培养 4 周后，淹水后的土壤硝化率可以达到 66%，而旱作后的土壤则可高达 99%。MNP 次之，但培养 4 周后也可以达到 40% 以上，CK（不施肥）处理的硝化作用最弱。

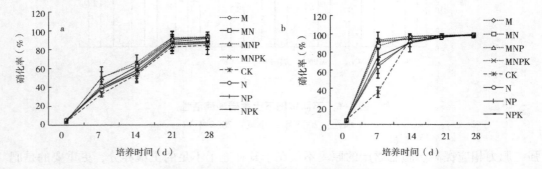

图 5-7　不同作物种植后土壤的硝化作用
a：水稻，2005 年；b：小麦，2006 年

试验表明，长期不同施肥管理措施对紫色水稻土淹水种稻和种植小麦后 pH 值和硝化作用都有一定的影响，与长期不施肥（CK）的土壤相比，施肥可以提高硝化作用，8 种施肥方式中，长期 NPK 肥与有机肥配施对土壤硝化作用的影响最为明显。本试验田土壤为石灰性紫色水稻土，但由于不同耕种方式会形成不同的土壤微域生态系统，相应地也会影响土壤中的硝化作用，水稻—小麦是四川地区石灰性紫色水稻土上的主要轮作方式，试验结果显示，植稻后土壤硝化作用小于种植小麦后。研究表明，土壤 pH 值是判断土壤硝化作用的一个重要依据（Bååth 和 Anderson，2003），在本试验的前期研究中发现，石灰性紫色水稻土在经过多年施肥后，土壤 pH 值表现为下降。结合本试验的研究结果可以看出，在不同农业措施影响下，土壤 pH 值与硝化作用呈现不同的变化特

点，就施肥方式而言，土壤 pH 值与硝化作用变化趋势相反；就作物种植方式而言，土壤 pH 值与硝化作用变化趋势相同。

第三节　长期施肥对土壤微生物群落结构及多样性的影响

一、长期施肥对土壤细菌群落结构的影响

目前，研究集约型农业、精耕型农业措施对土壤微生物群落结构的影响是土壤质量研究的前沿之一。随着分子生物学技术的发展，通过利用 DGGE、TGGE、T-RFLP 等分子生物学技术，以及微生物生物量和 rRNA 基因文库对土壤细菌群落进行研究表明，农业生态系统中农业管理措施诸如施肥和作物轮作会对土壤中的细菌群落结构形成明显的胁迫。通过 rRNA 基因文库研究发现，在不考虑土地利用方式和季节的前提下，土壤长期施用农家肥可以明显提高土壤细菌多样性。同样，施肥对土壤中细菌群落丰富度提高效应高于土地利用方式和季节对土壤细菌群落结构丰富度的影响。研究表明，对佛罗里达州的马铃薯田的细菌多样性研究表明，长期施用农家肥能够显著提高土壤细菌群落结构（Wu et al.，2008），在我国华北平原进行的长期施肥试验也得到了类似的结果（Ge et al.，2008）。由于农家肥的施用可以提高土壤中的碳库、生物量、矿化氮和有机氮以及其他的营养元素（Franzluebbers et al.，2004，2005）。

（一）植稻和种植小麦后土壤细菌的变性梯度凝胶电泳（DGGE）分析

紫色水稻土上不同施肥处理对土壤细菌群落结构的影响见图 5-8。可以看出，土壤经过长期不同施肥处理后，土壤细菌群落结构发生明显变化。相对于无机肥料处理而言，无机肥加有机肥处理下的土壤细菌 DGGE 图谱出现的条带数更多，显示这些施肥处理下土壤细菌的群落结构更为丰富，有机肥的施用提高了土壤细菌的种群结构。图 5-8 显示在施用有机肥的处理中，DGGE 图谱在 a 和 a' 位置出现了一条共有条带，说明农家肥会增加土壤中的特有细菌种类。本试验分别在水稻和小麦生长后期进行采样，细菌的 DGGE 图谱显示不同作物种植下各施肥处理的 DGGE 图谱也明显不同，显示不同作物对土壤细菌群落结构具有选择作用，分析原因是不同作物分泌不同的代谢产物对土壤中的微生物具有定向选择作用。同时，两个 DGGE 图谱中也存在一些共同的优势条带（箭头数字所示），说明不同作物种植下各施肥处理同样存在大量共通的细菌类群。

（二）基于变性梯度凝胶电泳（DGGE）图谱条带的系统发育分析

对 DGGE 图谱中的主要优势条带进行切胶回收克隆，阳性克隆子送到测序公司测序，将测序结果放到 NCBI 上进行对比，并与相似度最高的序列构建系统发育图，见图 5-9。从图可知，克隆序列号为 EU304239 的克隆子与细菌 *Aquicella lusitana* 非常相似，克隆序列号为 EU304242 的克隆子与细菌 *Acidobacteria* 非常相似，均属于革兰氏阴性菌类，显示这两种细菌是石灰性紫色水稻土上的优势细菌种类。其他克隆序列与大肠杆菌聚成一个群，与其他参比序列间隔非常远，可能是一些难培养细菌类群。

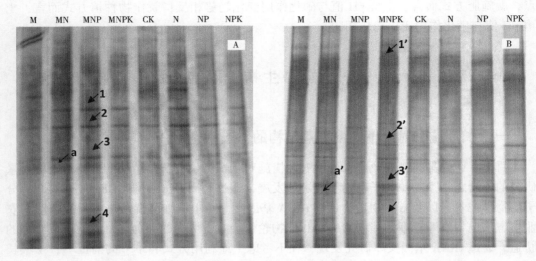

图5-8　种植水稻和小麦后土壤细菌16S rRNA基因的DGGE图谱

A：水稻种植土，2005年；B：小麦种植土，2006年

（三）不同施肥处理下土壤细菌的多样性分析

不同施肥制度对土壤细菌多样性指数的影响见表5-3。可以看出，不同施肥制度对紫色水稻土细菌群落结构具有明显的影响，表现在群落结构的Shannon多样性指数、丰富度和均匀度等指标各不相同。施用农家肥能够提高细菌群落结构的多样性指数、丰富度和均匀度。8种施肥处理中，施用有机肥处理（包括M、MN、MNP和MNPK）的细菌群落多样性和丰富度明显比其他无有机肥处理的要高。不论是土壤种植水稻还是小麦，群落结构丰富度和多样性最低的均是CK处理。而群落结构最为丰富和多样的在不同作物种植下有所差异，具体表现是，在土壤种植水稻的情况下MN处理的细菌群落结构最为丰富多样，在种植小麦时，最高者是MNPK处理。

表5-3　不同施肥处理下土壤细菌的Shannon多样性指数、丰富度和均匀度

施肥处理	Shannon多样性指数		丰富度		密度	
	水稻	小麦	水稻	小麦	水稻	小麦
CK	2.63±0.14b	2.70±0.13b	14±2.00bc	15±2.00b	0.997±0.00a	0.999±0.00ab
N	2.79±0.07bc	2.79±0.09ab	16±1.15b	16±1.53a	0.989±0.01a	0.999±0.00ab
NP	2.81±0.09ab	2.85±0.09ab	17±1.53b	17±1.53a	0.997±0.00a	1.01±0.05ab
NPK	2.87±0.03a	2.85±0.09ab	18±0.58a	17±1.53a	1.00±0.01a	1.03±0.05a
M	2.85±0.07a	2.75±0.07b	17±1.16ab	15±1.15b	0.997±0.00a	1.01±0.02ab
MN	2.96±0.03a	2.87±0.09ab	19±0.06a	17±1.53a	0.998±0.00a	0.999±0.00ab
MNP	2.79±0.07bc	2.79±0.09ab	16±1.15b	16±1.53a	0.989±0.01a	0.999±0.00ab
MNPK	2.96±0.11a	2.94±0.16a	19±2.08a	19±3.00a	0.996±0.00a	0.984±0.03b

注：每列中的数据为平均值±标准差，同列数据后不同字母表示在5%水平上差异显著

（水稻：2005年，小麦：2006年）

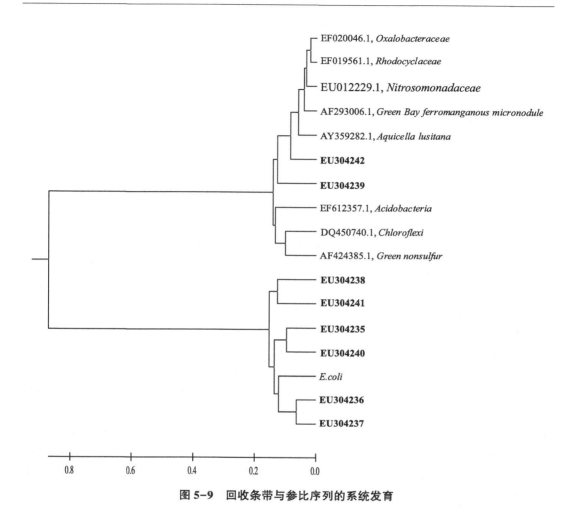

图 5-9　回收条带与参比序列的系统发育

（四）植稻和种植小麦后不同施肥处理土壤细菌群落结构相似性分析

不同施肥制度下土壤细菌的聚类分析见图 5-10。土壤在种植水稻后的聚类分析（UPGMA）表明（图 5-10A），供试 8 种施肥处理土壤样品共分为 2 大族群，NPK、MNPK 为一种族群；M、MN、MNP、CK、N 和 NP 为另一个族群。在种植小麦后的聚类分析（图 5-10B）（UPGMA）显示参试 8 种施肥处理土壤也被分为三个族群；N、CK、NP 和 MN 为一个族群；NPK、MNP 与 MNPK 为第二族群；M 独立为第三族群。从聚类分析可以看出，土壤种植不同作物时，不同施肥处理聚在了不同的族群里，说明不同作物栽培会导致土壤理化性质具有差异，施肥处理对土壤细菌群落结构的影响不一致。

本试验结果表明，不同施肥处理下的土壤细菌 DGGE 图谱各不相同，显示有机肥和无机肥处理均会影响土壤细菌群落结构，且相对于无机肥而言，有机肥和无机肥配施对土壤细菌群落结构的影响更明显，尤以 NPK 肥配施有机肥的效果最明显，该施肥处理下的土壤微生物结构多样性最高。研究表明，土壤类型是影响土壤细菌群落组成最重

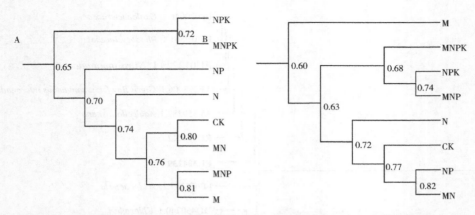

图 5-10　不同作物栽培后土壤细菌 16S rRNA 基因 DGGE 指纹图谱的聚类分析
A：水稻 2005 年；B：小麦 2006 年

要的因子（Larkin et a1.，2006）。在 Ultuna 实验站的研究表明，相对于土壤有机质而言，土壤细菌群落组成与土壤团粒结构的相关性更明显。本试验地的土壤是石灰性紫色水稻土，长期不同施肥制度和作物轮作并没改变土壤类型，只能影响土壤养分含量和物理结构，长期定位施肥对土壤微生物群落组成的影响主要是由于施肥和栽培作物导致土壤微域生境的变化。但由于土壤类型不变，故不同施肥制度下的土壤优势微生物相同。

对其中 8 个共有优势条带进行切胶回收测序，并与 NCBI 上的参比序列构建系统发育树，大多数条带的序列与大肠杆菌的序列聚在一个群里，克隆子 EU304239 序列与细菌 *Aquicella lusitana* 非常相似，而克隆子 EU304242 与 *Acidobacteria* 非常相似，说明 *Aquicella lusitana* 和 *Acidobacteria* 是石灰性紫色水稻土的优势细菌类群。前人研究表明：*Aquicella lusitana* 细菌是一类既能在原生动物体内和动物细胞内寄生，又能在实验室中进行纯培养的细菌。这类细菌成为石灰性紫色土中的优势共同微生物可能是由于实验平台所在地区长期使用有机肥的缘故。*Acidobacteria* 是一类在酸性土壤中广泛存在的自养型微生物，生长较为缓慢，这类细菌在土壤受到长期环境胁迫时（如营养缺乏）生命活性、群落丰富度会急速降低，暗示当贫瘠土壤由于长期施用有机肥而肥沃时，这类细菌的群落丰富度和数量也会增加。我们的试验表明利用细菌群落结构多样性能够在一定程度上反映施肥特别是有机肥对紫色水稻土微生物多样性的影响。但是由于细菌的种类繁多，生理代谢机制极其丰富多样，利用一般细菌的群落结构势必难以完全反映"NPK"长期施肥对土壤所带来的肥料效应。因此有必要在此基础上，对不同施肥处理下土壤中的某些特殊生理类群的微生物群落结构进行研究，以更全面了解不同施肥制度对土壤的肥料效应。

二、长期施肥对土壤古菌群落结构的影响

现代生物分类学把生物分为三个域：真核生物（Eucarya）、细菌（Bacteria）和古菌（Archaea）。古菌作为三域之一的生物，具有独特的性质，也是目前生物地球化学研究的热点之一。古菌在地球上分布广泛，存在的环境包括湖泊、海洋、热泉、沉积物以

及土壤中，并且含量远比早先科学家预想的要多得多。Kamer 等通过对太平洋海水中古菌含量的测定和估算，预计古菌占现代海洋中原核生物的 1/3，其中泉古菌门（Crenarchaeota）为主要古菌种属，还含有小部分广古菌门（Euryarchaeota）种类。拥有如此巨大的含量，古菌在全球的生物地球化学过程中的作用不可忽视。目前，关于长期定位施肥对农田土壤古菌群落结构的研究尚不多见，关于长期定位施肥对紫色水稻土古菌的研究尚无相关报道。本研究表明，农业管理措施会对土壤微生物产生重要的胁迫。土壤微生物是反映土壤质量变化的最重要的灵敏生物指标之一。施肥是一项重要的农业管理措施，会对土壤中的微生物形成明显的影响。然而，到目前为止，囿于培养方法，人们对古菌所知甚少。随着分子生物技术的发展，微生物总 DNA 的提取以及特性分析、G+C 含量、rRNA 序列分析、功能基因组学研究以及 *in situ* 原位杂交研究等分子生物学技术手段被不断应用于自然界微生物生态系统的研究，发现了许多前所未有的种群，这些种群对整个生物圈具有不可忽视的影响（Amann et al.，1995）。PCR-DGGE 是分析土壤微生物群落组成的有效分子生物学工具之一，Muyzer 等首先将 PCR-DGGE 用于研究土壤细菌群落结构，该技术被广泛用于土壤微生物生态学研究领域（Muyzer and Smalla，1998）。

（一）土壤细菌的变性梯度凝胶电泳（DGGE）图谱分析

不同施肥制度对紫色水稻土古菌群落结构影响的 DGGE 图谱见图 5-11。可以看出，不同施肥制度下的土壤古菌群落结构各不相同，显示长期定位施肥会影响土壤中的古菌群落结构。本试验共测定了 8 种施肥制度对紫色水稻土古菌群落结构的影响，研究结果显示 8 种施肥处理中，MN、MNPK 和 MNPK 3 种施肥处理下的古菌群落结构多样性低于其他 5 种施肥处理（包括 M、MNP、CK、N 和 NPK），其中古菌群落结构最复杂的是 NPK 处理下的土壤，最低的是 NP 处理下的土壤。DGGE 结果说明，紫色水稻土上种植水稻和小麦会对土壤中的古菌群落结构产生影响。同时，不同施肥处理下古菌具有一些

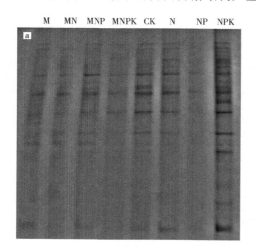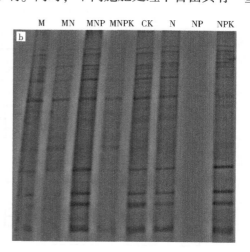

图 5-11　土壤古菌 16S rRNA 的 DGGE 分析

a：水稻种植土，2005 年；b：小麦种植土，2006 年

共同的条带，说明尽管施肥处理不同，但土壤仍具有共有土壤古菌。

（二）典型古菌种群的克隆、酶切和序列分析

以 NPK 处理下的两季紫色水稻土 DNA 为样品，利用特异性的古菌引物进行扩增纯化克隆。每个扩增样品选择 100 个阳性克隆子进行酶切，选择不同酶切带型的克隆子送

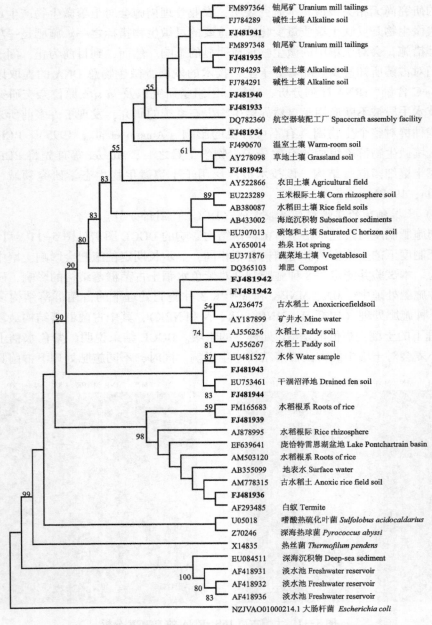

图 5-12 紫色水稻土古菌 16S rRNA 克隆文库序列的系统发育图
（加粗序列号为本试验所得）

测序公司测序，将测序结果放到 NCBI 上进行对比，利用 MEGA4.0 与相似度最高的序列以及部分已知古菌的序列构建系统发育图，见图 5-12。

系统发育树（图 5-12）显示，水稻土古菌序列与来自不同土壤和水体环境的古菌具有明显相似性，FJ481936 与水稻田厌氧土壤中的古菌 AM778315 聚在一起，FJ481939与水稻根际土壤中的古菌 FM165683 相似，FJ481938 与水稻土中的古菌 AJ556256 接近，FJ481943 和 FJ481944 分别与水体环境古菌 EU481527 和干涸沼泽土中古菌 EU753461 聚在两个不同的群里，FJ481934 和 FJ481942 与草地土壤古菌 AY278098 聚在一个簇里，FJ481937 与蔬菜地土壤古菌 EU371876 较接近，FJ481933、FJ481935、FJ481940 和FJ481941 4 个古菌序列单独聚在一个群里。系统发育结果显示紫色水稻土古菌群落结构复杂。

（三）种植稻和种植麦后不同施肥处理土壤古菌群落结构相似性分析

不同施肥制度下土壤细菌的聚类分析见图 5-13。不同施肥处理下的土壤古菌利用Quantity One 数据分析软件进行 UPGMA 聚类分析，聚类结果见图 5-13（a 和 b）。土壤种植水稻后的 DGGE 聚类结果显示，当相似系数低于 0.55 时，土壤中古菌被聚成三类：M 处理和 MNP 处理的土壤聚成第一个群，NP 处理的土壤古菌单独聚成第二个群，MN-PK、MN、CK、N 和 MNP 5 种施肥处理的古菌聚成第三个群。在种植小麦的土壤中，当相似系数低于 0.61 时，NP 处理下的土壤古菌聚成第一个群，MNPK 和 M 处理的土壤古菌聚成第二个群，MNP、CK、MN、NP 和 NPK 处理单独聚成另外一个群。显示不同施肥制度对土壤古菌群落结构相似性具有明显影响。

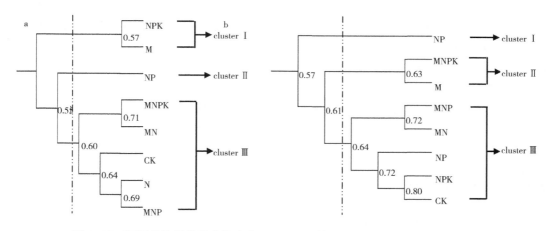

图 5-13　不同作物栽培后土壤古菌 16S rRNA 基因 DGGE 指纹图谱的聚类分析
a：水稻种植土，2005 年；b：小麦种植土，2006 年

我们利用 PCR-DGGE 技术对不同施肥制度下的紫色水稻土古菌群落结构进行研究，结果表明不同施肥制度对土壤古菌群落结构产生明显的影响，显示古菌对不同的肥料产生明显的响应。前人研究显示土壤质量生物因子受到各种施肥处理的明显胁迫，能够有效反映土壤质量受施肥措施的影响（Angers et al.，1993）。土壤质量受微生物活动的强烈影响，土壤微生物的功能与其多样性密切联系，土壤微生物群落结构对揭示土壤质

量的变化具有潜在的意义。鉴定认识土壤古菌在生物圈中的生态学作用以及分析微生物群落的发育具有重要的意义。前人研究多集中于探索不同施肥制度对土壤细菌群落结构的影响，而较少研究施肥对土壤古菌群落结构的影响（Zhong and Cai，2007；Carmine et al.，2007）。本研究表明，不同施肥制度下的古菌群落结构各不相同，揭示不管是化学肥料还是有机肥都会对土壤中的古菌形成明显的胁迫。在对细菌群落结构的研究中，化学肥料配施有机肥能够比单施化学肥料明显提高土壤中的细菌多样性，但并没有明显提高古菌群落结构多样性，显示不同施肥制度会对土壤中的不同微生物形成不同影响。分析原因可能是不同微生物类群对营养物质的需求具有多样性。本试验中，M、MNP、CK、N 和 NPK 处理的土壤古菌群落多样性高于 MN、MNPK 和 NP 几种施肥处理。8 种施肥处理中，以 NPK 处理土壤古菌多样性最高，而 NP 处理最低。对古菌 DGGE 图谱的聚类分析表明，不管在紫色水稻土上种植水稻还是小麦，8 种施肥处理均聚在 3 个群里。Watanabe 等（2006）研究发现土壤中的产甲烷古菌主要受土壤类型的影响，而土壤施肥制度与作物种植方式对土壤古菌的影响较小。本试验的结果与上述研究结果相似，由于长期定位施肥并不能改变紫色水稻土本身的特性，所以在两幅 DGGE 图中，可以看到不同施肥处理之间有大量的共有条带。分子生物学研究发现非嗜热型的泉古菌在地球环境中广泛存在，非常多样。对古菌 16S rRNA 克隆文库序列的系统发育分析发现，紫色水稻土中的古菌属于非嗜热型的泉古菌界，这与 Bintrim 等（1997）和 Buckley 等（1998）的研究结果相似。近来研究显示，在不同的环境里都可以分离到这种在系统发育上与以往所知古菌类群具有明显差异的古菌（Buckley et al.，1998）。本研究系统发育显示，紫色水稻土中的大多数古菌克隆序列与淡水库中的难培养古菌非常相似，另外的克隆子与存在于土壤中的古菌非常接近。本试验土壤为紫色水稻土，长期的淹水灌溉及积水可能会对土壤中古菌的生长发育形成决定性的作用，根据聚类分析，可以推测，古菌可以作为土壤发育形成的一个生物指示因子。研究发现施肥能够对土壤中古菌产生明显的胁迫，而作物种植方式对土壤古菌影响不大。这个结果将有助于我们进一步认识施肥与古菌群落之间的关系，了解古菌在土壤生态系统中的作用。但同时，本试验只做了部分工作，为了更全面深入地了解古菌群落与功能的关系，筛选一些重要的功能基因（如控制 N 和 C 循环的功能基因）可能会大有裨益。这些背景数据的获得将有助于人们通过古菌这个生物指标的变化来检测认识生态功能所发生的细微变化，并进而采取相应的管理措施来阻止生态系统的不可逆恶化（Kennedy and Smith，1995）。

三、长期施肥对土壤硝化细菌群落结构的影响

农田生态系统中土壤生物多样性是物质和能量转化、循环、利用的基础，是生态系统稳定性和可持续性的保障。随着对微生物在农田生态系统中重要功能认识的不断深入，用土壤微生物生物量、群落结构以及土壤酶活性等土壤微生物参数来评价土壤的健康和质量越来越受到人们的关注（Liu et al.，2007）。氨氧化细菌和硝化细菌被认为是影响硝化作用速率的主要因素，是研究土壤微生物生态学的模式生物，广泛用于土壤质量的监测（Horz et al.，2004）。目前关于长期定位施肥对紫色水稻土硝化细菌群落影响的研究尚无报道，为了进一步阐释长期不同施肥对紫色水稻土微生物学特性的影响，

本节利用 DGGE 技术研究了长期定位施肥下紫色水稻土硝化细菌群落结构特征。

（一）不同施肥制度下土壤硝化细菌群落 DGGE 图谱分析

应用 DGGE 技术对 PCR 产物进行分离，通过指纹图谱可以看到分离为若干条带（图5-14），不同土壤样品出现的带型有一定差别。从 DGGE 图谱进行统计发现，供试土壤在 DGGE 图谱中电泳条带数目、强度和迁移率均存在一定程度的差异，充分显示了硝化细菌的多样性。

图谱中，不同土壤间具有一些共同的条带（箭头所示），说明供试土壤间可能存在共同的硝化细菌类群，但这些公共条带的亮度不相同，表明土壤硝化细菌在 DNA 水平上有一定的改变。就 8 种施肥方式而言，通过指纹条带数目的多寡可以看出，不论是淹水植稻后还是旱季种植小麦后，长期 NPK 与有机肥配施的 DNA 条带数量相对其他施肥方式明显偏多，说明其硝化细菌种群丰富度最高，而长期不施肥（CK）的土壤可见带数量较少，土壤微生物丰度较低。造成这种现象的原因可能是由于长期有机肥配施无机肥可以更明显地改善土壤的微域生境，为硝化细菌提供更佳的生境条件及更多的营养物质，从而促进硝化细菌种类和数目的增加。

就水作与旱作而言，水作后土壤中的 DNA 条带数明显多于旱作后，表现为在图谱的 A 区域由于条带数目过多而出现明显的"Smear"区域，显示水作后土壤中的硝化细菌种群丰富度高于旱作后。原因可能是由于水稻收获前土壤落干过程刺激了硝化细菌的大量繁殖，而小麦收获前由于气温较高、土壤干燥而抑制了土壤硝化细菌的生长。旱作时施入钾肥的处理表现出与其他施肥处理明显不同的硝化细菌群落结构，主要表现为施入钾肥会降低土壤中硝化细菌的种群丰富度，直观体现为 DGGE 图谱上条带亮度的减弱或者缺失。可能是由于施入钾肥（KCl）中的 Cl 离子对硝化细菌形成毒害作用所致。

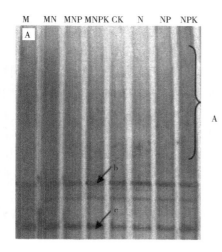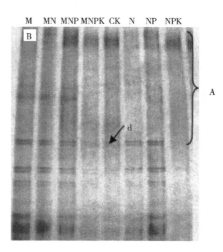

图 5-14　种植不同作物后土壤硝化细菌的 DGGE 指纹图谱

A：水稻 2005 年；B：小麦 2006 年

（二）不同施肥制度对土壤硝化细菌群落相似性分析

土壤硝化细菌的聚类分析见图 5-15（A 和 B）。该紫色水稻土在种植水稻后的聚类分析（UPGMA）表明（图 5-15A），供试 8 种土壤样品共分为三大族群，NP 单独为一种族群；NPK、M、MN、MNP 和 MNPK 为一个族群；CK、N 为第三族群。在种植小麦后的聚类分析（图 5-15B）（UPGMA）显示参试 8 个土壤也被分为三个族群，CK、M、MN、MNP 和 MNPK 为一个族群；NP 与 NPK 为一种族群；N 独立为第三族群。通过聚类图可以看出，在不同的耕种方式下，不同施肥处理聚在了不同的族群里，说明耕种方式导致土壤理化性质的差异，从而产生不同的施肥方式对土壤中硝化细菌群落结构的影响不一致。但总体而言，外源有机物质（猪粪）配施 NPK 无机肥可能改变土壤的硝化细菌群落结构，而不施肥或者单施化肥对土壤的硝化细菌群落结构影响不大。

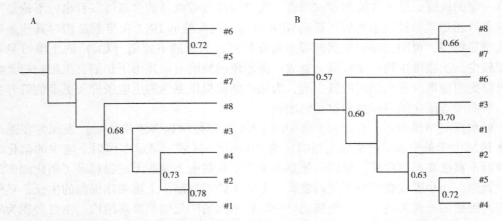

图 5-15　不同作物栽培后土壤硝化细菌 16S rDNA DGGE 指纹图谱的聚类分析

A：水稻 2005 年；B：小麦 2006 年

两图中的数字 1~8 表示 8 种不同的施肥方式，从 1 到 8 依次是 M、MN、MNP、

MNPK、CK、N、NP、NPK

研究表明，长期不同施肥对土壤硝化细菌群落结构具有明显的影响。在旱作小麦收获后有机肥配施无机肥比不施肥能显著提高土壤的硝化细菌群落多样性。但是同样的施肥措施在不同的作物种植下，表现为不同的硝化细菌群落结构特点。在淹水种植水稻后，长期 MNPK 的处理硝化细菌群落结构最为丰富，但在旱作小麦后，MNPK 处理土壤中的硝化细菌群落反而没有 M、MNP、MN 和 NP 的处理高。这可能是由于水作与旱作以及不同作物会形成不同的农田微域土壤生态系统，这样的生态系统对土壤中的硝化细菌具有定向选择性作用。虽然不同处理 DGGE 指纹图谱表现出明显的差异，但是通过 DGGE 指纹图谱我们也可以发现，由于供试土壤质地在长期试验中并没改变，故不同处理供试土壤间共有的条带相对较多，各泳道条带的相似性也比较高，显示各处理土壤间微生物群落结构也具有较高的相似性。

四、长期施肥对土壤 AM 真菌群落结构的影响

丛枝菌根真菌（Arbuscular mycorrhizal fungi）在自然界广泛分布，它与许多植物的共生关系，不仅导致植物生长过程中的一系列生理变化，亦直接或间接地影响着土壤微域生态环境。由于 AM 真菌能够促进宿主植物根系吸收矿质营养（尤其是 P），增强其

对各种生物胁迫和非生物胁迫的抗性，因此是一类宝贵的微生物资源。已有的研究表明，我国 AM 真菌资源分布广泛，种类繁多（Li and Zhao，2005；张庆美等，1996），对其宏观生态特征（如菌种资源及分布）和微观生态特征（如多个菌种对同一根系的竞争性侵染）进行调查研究将有利于进一步发掘和利用这一宝贵资源。施肥和灌溉能显著影响农业生态系统中 AM 真菌的多样性，在氮、磷养分缺乏的土壤中增施氮肥和磷肥能促进 AM 真菌的发育，反之，在肥沃的土地中增施 P 肥则会对 AM 真菌的发育形成抑制。由于土壤中 AM 真菌种类繁多，用纯培养方法势必难以全面反映施肥对土壤 AM 真菌群落的影响。随着分子生物学技术的发展，PCR-DGGE 技术在研究土壤微生物群落特征与生态印记上得到越来越广泛的应用（龙良鲲等，2005；Liang et al.，2008）。农业生态系统中 AM 真菌的生物多样性以及调控 AM 真菌多样性的途径存在异同。通过开展该方面的研究，将有助于保护农业生态系统中生物资源和多样性，维持生态平衡。

（一）DGGE 指纹图谱分析

紫色水稻土上不同施肥处理对土壤 AM 真菌群落结构的影响见图 5-16。在变性梯度凝胶上特定位置形成的泳带，其数量和位置反映环境中微生物菌群的生态，其亮度强弱反映环境中某种微生物数量多样性。图 5-16 显示，8 种不同施肥处理的土壤在电泳条带数量、强度、迁移率等方面有着明显的差异，这反映了 AM 真菌群落组成的多样性。在图中，相对于无肥 CK、N、NP 和 NPK 4 种施肥处理而言，单施有机肥和无机肥配施有机肥的处理 M、MN、MNP 和 MNPK 的条带数量更多，箭头所指处的条带颜色更深。施用磷肥的处理中（MNP、MNPK、NP 和 NPK），DGGE 条带在箭头 c 所指处的条带表现为缺失，说明施磷处理会导致土壤中的 AM 真菌减少，显示磷肥对 AM 真菌具有毒害作用。通过图 5-16 可以看出，在紫色水稻土上施用有机肥能够增加土壤中 AM 真菌的种类和数量，两图中也可以看到一些共同条带，说明各施肥处理间土壤有相同种类真菌存在。但是，这些共同条带在不同泳道中的亮度各有差异，说明各土样中真菌在数量上存在差异。其中，图 5-16A 是紫色水稻土种植水稻时 AM 真菌的 DGGE 图谱，图 5-16B 是紫色水稻土种植小麦时 AM 真菌的 DGGE 图谱。A 图各泳道上的条带数普遍低于 B 图，说明土壤淹水植稻后，土壤 AM 真菌群落结构多样性增加。

（二）真菌群落多样性分析

运用 Bio-Rad 公司配套图像分析软件 Quantity-one 进行 Shannon 多样性指数的计算（表5-4）。可以明显看出，不管是多样性指数还是丰富度和均匀度，各处理土样间均存在差异。说明不同施肥处理对真菌群落结构会造成一定程度的影响。不论是种植水稻还是小麦，各种施肥处理的 Shannon 多样性指数都是以 NP 处理的最大。而最小的 Shannon 多样性指数在种植小麦时是 CK，种植水稻时是有机肥配施 NPK。说明在旱作条件下 CK 的多样性指数最低，水作条件下有机肥配施 NPK 处理反而最低。紫色水稻土种植水稻时，施入 N 肥对 Shannon 多样性指数影响不大，但在此基础上增施 P、K 肥均能提高 Shannon 多样性指数；单施有机肥提高 Shannon 多样性指数，在此基础上增施 N、P、K 肥均降低 Shannon 多样性指数。而在此处有机肥增施高氮和低氮都能增加多样性指数。紫色水稻土种植小麦时，施入 N 肥和 P 肥后，真菌多样性指数均比对照增加，在此程度上增施 K 肥对多样性指数影响不大。表 5-4 显示，单施 N 肥比单施有机

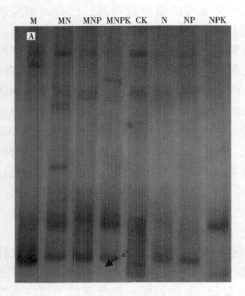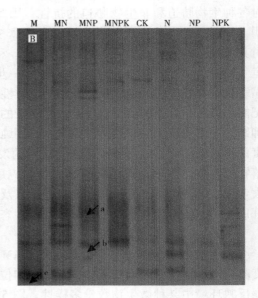

图 5-16　种植水稻和小麦后土壤 AM 真菌 18S rDNA 的 DGGE 图谱

A：水稻 2005 年；B：小麦 2006 年

肥更能提高真菌群落多样性指数；在施有机肥基础上，增施 N、P、K 肥均能不同程度提高 Shannon 指数；有机肥增施高氮和低氮对多样性指数的增加作用都不及增施常规氮。

表 5-4　不同施肥下紫色水稻土 AM 真菌群落基因多样性指数（水稻 2005 年，小麦 2006 年）

施肥处理	Shannon 指数		丰富度		均匀度	
	小麦	水稻	小麦	水稻	小麦	水稻
CK	2.38	2.72	13	18	0.929	0.941
N	2.57	2.70	15	18	0.949	0.935
NP	2.68	3.02	18	23	0.926	0.962
NPK	2.60	2.83	18	20	0.898	0.945
M	2.33	2.93	13	22	0.908	0.949
MN	2.45	2.60	15	17	0.906	0.919
MNP	2.46	2.75	17	20	0.868	0.919
MNPK	2.64	2.42	18	17	0.908	0.855

（三）AM 真菌群落多样性的聚类分析

不同施肥制度下土壤 AM 真菌的聚类分析见图 5-17。土壤在种植水稻后，不同施肥处理的 AM 真菌的聚类分析（UPGMA）表明（图 5-17A），供试 8 种施肥处理土壤样品在 0.53 的水平上共分为 4 个群，N、CK、MN、MNPK 和 M 为一个群；NP、NPK 和 MNP 分别单独聚成另外三个群。在种植小麦后的聚类分析（图 5-17B）（UPGMA）显示，8 种施肥处理土壤被分为三个族群；N、MN、NP、MNPK、MNP 和 M 为一个群；NPK 为第二族群；CK 独立为第三族群。从聚类分析可以看出，土壤种植不同作物时，不同施肥处理聚在了不同的族群里，说明不同作物栽培会导致土壤理化性质的差异，不同施肥处理对土壤 AM 真菌群落结构的影响不一致，其中以磷肥对 AM 真菌的影响最为明显。

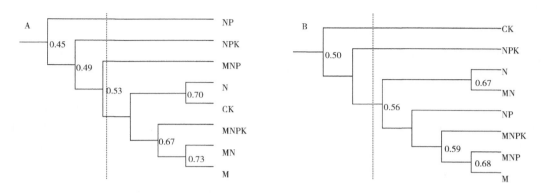

图 5-17　紫色水稻土 AM 真菌 DGGE 图谱聚类分析

A：水稻 2005 年；B：小麦 2006 年

　　在了解了施肥对紫色水稻土细菌群落影响的基础上，为了进一步揭示长期定位施肥对该类土壤微生物学特性的影响，本节内容研究了长期定位施肥对紫色水稻土 AM 真菌群落的影响。在长期定位施肥试验中，不同施肥处理下的土壤 AM 真菌群落结构的相似性、多样性等明显不一样，分析原因是由于不同肥料处理会改变紫色水稻土的微域性生态环境，这种改变影响了土壤生境对多种 AM 真菌的选择性。相对于无机肥料，在紫色水稻土上施用有机肥对土壤中 AM 真菌的发育具有促进作用。而孙瑞莲等（2004）报道 NPK 配施有机肥及 NPK 配施秸秆均不能明显增加 AM 真菌数量。分析原因可能是由于研究方法的差异而产生。本试验是直接从遗传物质水平去了解施肥对 AM 真菌的影响，而前人则是利用培养方法进行研究。另外，本试验中，种植水稻的紫色水稻土真菌群落多样性低于种植小麦的紫色水稻土。这与王淼焱等（2005）报道的灌溉能降低孢子萌发和菌丝生长，抑制 AM 真菌对根系的侵染相同，显示淹水灌溉不利于 AM 真菌的发育。由于试验时间原因，本试验只从遗传水平分析了长期不同施肥制度下紫色水稻土 AM 真菌的多样性，而未结合纯培养方式对可培养 AM 真菌进行研究。曾有研究表明，*Glomus* 属和 *Scutellospora* 属是小麦地的优势属（王淼焱等，2005）。至于本研究土壤中 AM 菌优势属种类，尚须结合纯培养和分子克隆技术进行进一步研究。AM 真菌多样性一方面受到土壤质地、土壤水分、土壤酸碱度、土壤中养分包括有机物质和无机物质含量等多因素的影响，另一方面也受到土壤理化性质的制约（马维娜等，2007）。后期研究可以针对不同生物学功能基因序列的差异性，研究土壤真菌功能基因多样性以深化对 AM 真菌多样性的理解。

第四节　长期施肥对土壤 *nosZ* 基因的响应特征及其垂直分布

反硝化作用在自然界具有至关重要的意义，是氮素循环的关键环节。反硝化作用在兼氧或低氧土壤生态系统中普遍存在和发生。在多种微生物的参与下，硝酸盐通过4步关键的酶促反应，在硝酸盐还原酶（*nar*）、亚硝酸盐还原酶（*nir*）、一氧化氮还原酶（*nor*）以及一氧化亚氮还原酶（*nos*）的作用下，最终被还原成氮气，但连续反应不完全将释放强效应的温室气体 N_2O。由于硝化作用通常为反硝化作用提供底物，所以硝化-反硝化作用通常耦合发生，二者作用构成了土壤氮肥损失的最主要途径（可达投入氮肥量的 40%），其中，农业源排放的 N_2O 量可占人为 N_2O 总排放量的 70% 以上，且主要是微生物介导的生物反应过程的产物。基于通量观测和反硝化活性测定，国内外对于影响反硝化作用的物理化学因素、不同土壤系统中反硝化作用发生的强度及其对 N_2O 气体排放的贡献等已有大量研究。

由于反硝化过程是一个连续的酶促反应，同时，每个反应都可以由不同的微生物种类介导。因此，已发现有 80 多个属的细菌参与反硝化作用的全部或部分反应。由于许多反硝化微生物不能单独产生反硝化过程所需的所有酶，所以它们是通过共同作用来完成整个反应过程的，因此，反硝化过程也可以看作是不同种类微生物共同作用的结果。一氧化二氮还原酶由含有 8 个 Cu 离子的 2 个相同亚基组成，编码一氧化二氮还原酶的 *Nos* 基因由 3 个转录单元（*nosZ*、*nosR* 和 *nosDFYL*）组成，其中 *nosZ* 基因编码催化亚基。由氧化亚氮还原酶（*nos*）催化的 N_2O 还原成 N_2 是反硝化过程的最后一步，因此 *nosZ* 基因被作为检测是否进行完全反硝化作用（终产物为 N_2）的关键分子标记基因。其群落结构和丰度被广泛用于土壤反硝化作用研究（Stres et al.，2004）。

施肥会对土壤微生物群落结构产生明显胁迫，适量施用有机肥配合合理的无机肥，对于土壤健康、反硝化作用、温室气体排放以及土壤养分转化等都将起到调节作用。Dambreville 等（2006a，2006b）研究发现猪粪肥能够使土壤中的总碳含量提高 6.5%，生物碳含量增加 25%。同时，猪粪肥促进了反硝化作用，降低了一氧化亚氮的释放。有研究表明，有机肥促进反硝化作用是因为其增加了土壤中的有效碳含量（Rochette et al.，2000）。Enwall 等（2005）在无机肥和有机肥施用对比试验中发现，相比于无机肥，有机肥更能促进潜在反硝化效率（Enwall et al.，2005）。除了以上已提及的有机肥配施无机肥的作用外，近期也有报道表明其能够改变反硝化群落结构。如 Chen 等（2012）在水稻土中研究施肥对反硝化活性和反硝化细菌群落结构的影响，研究发现 NPK 配施粪肥对反硝化活性的促进最为明显，同时能够促进 *nosZ* 基因反硝化细菌丰度和改变其群落结构。

紫色水稻土是四川省乃至全国广泛分布的一种重要农业土壤。该类土壤不仅土质疏松，有机质、氮、磷含量都相对较低，且其土层薄，保水抗旱能力差。前期研究主要集中在长期定位施肥会对该类土壤的理化性质、作物产量、微生物学活性和群落结构产生明显影响。但长期不同施肥处理下紫色水稻土 *nosZ* 型反硝化细菌群落结构的垂直分布特征尚无研究报道。

一、*nosZ* 基因群落多样性分析

不同施肥处理下 *nosZ* 基因多样性分析见表 5-5。就 Shannon 多样性指数而言，数值范围：3.04~0.87。在 L1（0~20 cm）层数值最高，而其他层次的差异不大；在施肥处理上，单施化肥（N、NP、NPK）处理的数值高于化肥与有机肥配施（MN、MNP、MNPK）处理。就均匀度而言，数值范围：0.96~0.64。数值在 L4（60~90 cm）层最高，而 L3（40~60 cm）层最低；而施肥处理上没有明显的差异。就丰富度而言，数值范围：2.41~4.30。L1（0~20 cm）层的数值最高；在施肥处理方面，单施化学施肥处理数值高于化肥与有机肥配施处理。

表 5-5　不同施肥下 *nosZ* 基因反硝化菌群落的 Shannon 多样性指数、均匀度和丰富度（2012 年）

施肥制度	Shannon 多样性指数				均匀度				丰富度			
	L_1	L_2	L_3	L_4	L_1	L_2	L_3	L_4	L_1	L_2	L_3	L_4
CK	2.86c	1.67a	1.49bc	1.07f	0.81ab	0.87ab	0.77b	0.96a	3.86b	0.81b	0.69cd	0.99a
N	3.04a	1.65a	1.20e	1.39d	0.81ab	0.90a	0.76b	0.85b	4.30a	0.96a	0.57d	0.61c
NP	2.96b	1.15c	1.73a	1.77b	0.81ab	0.83b	0.69c	0.95a	3.47c	0.51d	1.47a	0.91a
NPK	2.88c	0.87d	1.22e	1.93a	0.80b	0.84b	0.74bc	0.95a	3.24cd	0.36	0.72cd	0.95a
M	2.71d	0.61e	1.53b	1.52c	0.85a	0.87ab	0.64d	0.94a	2.80d	0.20f	1.28b	0.69bc
MN	2.78cd	1.11cd	1.29	1.89ab	0.81ab	0.86ab	0.86a	0.95a	3.49c	0.43e	0.48e	0.77b
MNP	2.49de	1.30b	1.41c	1.37d	0.79b	0.76c	0.82ab	0.85b	2.85d	0.73c	0.77c	0.77b
MNPK	2.44e	1.15c	1.35d	1.29e	0.80b	0.78c	0.85a	0.87ab	2.72e	0.41e	0.62cd	0.73bc

注：同列数据后不同字母表示在 5% 水平下差异显著；L1 表示 0~20 cm，L2 表示 20~40 cm，L3 表示 40~60 cm，L4 表示 60~90 cm

二、*nosZ* 基因群落结构分析

基于 T-RFLP 分析技术，研究 *nosZ* 基因反硝化细菌群落结构的组成见图 5-18。研究表明：不同施肥制度对 *nosZ* 基因反硝化细菌垂直群落结构的组成有明显影响。在 L1（0~20 cm）层土壤，2 个 T-RFs 片段 90 bp 和 355 bp 仅出现在化肥配施有机肥施肥制度下的土壤中。皮尔逊相关分析显示，片段 90 bp 和 355 bp 与土壤有机质显著相关。而 T-RFs 片段 325 bp 在所有的施肥制度中都出现，且在化学肥料施肥制度下的丰度最高。在 L2（20~40 cm）层土壤，T-RFs 片段 90 bp 和 355 bp 的情况与 L1（0~20 cm）层相似。除此之外，*nosZ* 基因反硝化细菌群落结构多样性最低。在 L3（40~60 cm）层土壤，T-RFs 片段 300 bp 和 350 bp 在所有的施肥制度下存在。同时，在 L1（0~20 cm）层和 L2（20~40 cm）层土壤化肥配施有机施肥制度下存在的片段 355 bp 也存在于 L3（40~60 cm）层。在 L4（60~90 cm）层土壤，除了片段 300 bp 和 350 bp，还有片段 450 bp 也存在于所有施肥制度下。经皮尔逊相关分析显示：片段

300 bp 和 350 bp 与总氮显著相关。由于土壤 L1（0～20 cm）层直接受施肥制度影响，更能直接表现施肥制度对反硝化细菌群落结构的影响。从化肥配施有机肥和单施化学肥料施肥制度下有 8～10 个不同的 T-RFs 片段高于不施肥处理下含有的 5 个 T-RFs 片段也能明显表示出来。总而言之，nosZ 基因反硝化细菌的群落结构组成与施肥制度和土壤层次有明显关系。

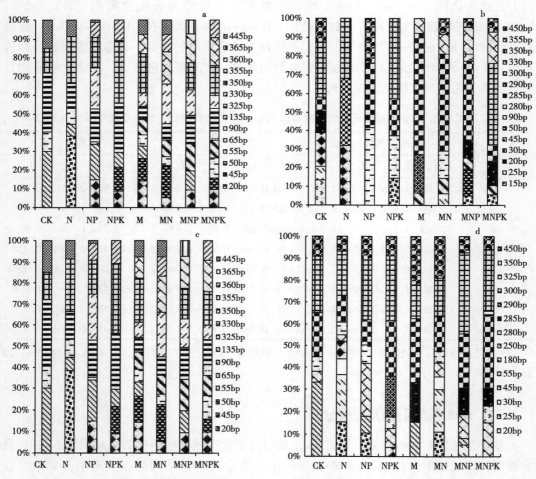

图 5-18　不同施肥和不同土壤层次下 nosZ 基因反硝化细菌群落组成（2012 年）
注：字母 a、b、c 和 d 分别表示 0～20 cm、20～40 cm、40～60 cm 和 60～90 cm

利用 silico 分析测序并在 NCBI 数据库确认为 nosZ 基因序列的克隆序列。利用限制性内切酶 BstUI 将每条序列切成如 T-RFLP 技术处理后的 T-RFs 片段。将每个序列片段重新在 NCBI 数据库中比对。其中，优势 T-RFs 片段 90 bp 和 355 bp 属于 Azospirillum（Rhodospirillales）。而与 T-RFs 片段 300 bp 属于 Bradyrhizobium（Rhizobiales）。除此之外，一些丰度较小的 T-RFs 片段也找到了相应的种属。如片段 375 bp、283 bp 和 93 bp 分别属于 Achromobacter、Herbaspirillum 和 Rubrivivax（Burkholderiales）。而片段 76 bp 和

78 bp 分别属于 *Pseudomonadales* 和 *Rhodanobacter*。基于 T-RFLP 所得出的 *nosZ* 基因反硝化细菌的多样性指数与其群落结构堆积图所显示的结果相似。通过 T-RFLP 技术分析 *nosZ* 基因反硝化细菌群落结构发现 *nosZ* 基因反硝化细菌群落结构受施肥制度和土壤层次的影响明显。

三、系统发育分析

在每一层土壤选取 30 个正确插入的克隆子，然后进行后续的 RFLP 试验。最后每层选取约 10 个不同酶切类型的克隆子，进行测序。在 NCBI 数据库中进行对比，其中有 30 条序列确认为 *nosZ* 基因且相似度范围为 83%~94%。利用 MOTHUR 软件，对测序成功的 30 条序列进行 OTUs 分析，用相似度 95% 对序列进行划分，最后得到 22 个 OTUs。L1（0~20 cm）到 L4（60~90 cm）分别有 16 个、10 个、1 个 3 和 10 个 OTUs。其中，OTU1 在每个土壤层次中都存在。在 MNPK 施肥处理下有 18 个 OTUs；M 施肥处理下有 11 个 OTUs；NPK 施肥处理下有 9 个 OTUs；不施肥处理下有 6 个 OTUs。除此之外，OTU2 和 OTU22 仅存在于 L1（0~20 cm）层土壤中，OTU19 仅存在于 L2（20~40 cm）层。*nosZ* 基因的系统发育树是由 22 个 OTUs 和已知可培养菌株还有免培养序列共同建立。全部序列聚集成为 5 个簇，见图 5-19。

所有的克隆序列都与 *Alphaproteobacteria* 和 *Betaproteobacteria* 相似。与 *Alphaproteobacteria* 相似的克隆序列聚为 2 个簇，其中包含 *Rhodospirillaceae* 和 *Bradyrhizobiaceae*。其中，相似于 *Bradyrhizobiaceae* 的序列仅存在于化肥与有机肥配施（CFM）处理下，而相似于 *Rhodospirillaceae* 的克隆序列存在于所有施肥处理下。除此之外，相似于 *Betaproteobacteria* 的 OTUs 都来自深层土壤（L3 和 L4 层土壤）。有 6 个 OTUs 聚类于簇 1，虽然簇 1 里没有可培养菌株，但是簇 1 里的已知 *nosZ* 环境序列与 *Alphaproteobacteria* *Azospirillum*（相似度：83%~89%）和 *Rhodospirillaceae*（核酸相似度：84%~87%）相似。除了 OTU1，簇 1 里的其他 OTUs 均来自 CFM 施肥处理，且分布在不同的土壤层次（OTU1 和 OTU2 来自 L1 层；OTU5 和 OTU6 来自 L3 层；OTU3 和 OTU4 来自于 L4 层）。有 3 个 OTUs 聚类于簇 2，并相似于 *Bradyrhizobium japonicum*（相似度：84%）。聚类于簇 2 的所有 OTUs 均来自 CFM 施肥处理。同时，与簇 1 和簇 2 里 OTUs 相似的已知的环境序列均来自农田土壤和受污染的底泥。有 3 个 OTUs 聚类于簇 3，并相似于 *Azospirillum*。在簇 3 中，所有的 OTUs 来自单施化肥（CF）施肥处理，而与之相似的已知环境序列多来自活性污泥。有 7 个 OTUs 聚类于簇 4，并相似于 *Rhodospirillaceae*（相似度：82%~86%）。而聚类于簇 5 的 OTUs 均属于 *Betaproteobacteria* 的 *Azoarcus*。

本研究主要目的之一是弄清 *nosZ* 基因反硝化细菌群落结构对不同施肥处理的响应。已有研究表明，表层土壤（0~20 cm）中的反硝化作用受有机肥处理的影响（Dambreville et al.，2006b）。本研究中 *nosZ* 基因反硝化细菌群落随着不同施肥处理的变化而随之发生改变。Maeda 等（2010）研究发现，猪粪肥可以促进 *nosZ* 基因多样性和 N_2O 的释放。我们同样发现，与无肥处理和 CF 施肥处理相比，特殊的和主要的 T-RFs 片段均发现于 CFM 施肥处理下。例如仅在 CFM 施肥处理中发现的 T-RFs 片段 355 bp 和 90 bp 发现属于 *Azospirillum*。而 *Azospirillum* 属的反硝化细菌已在猪粪肥中发现

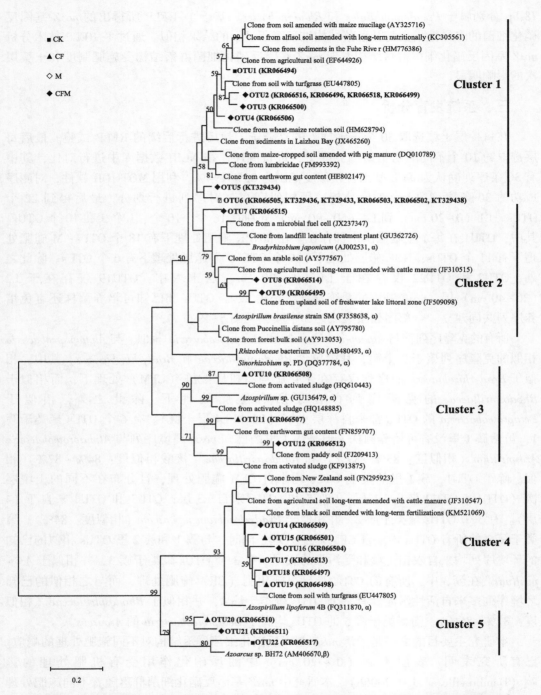

图 5-19 紫色水稻土中 *nosZ* 基因反硝化细菌的系统发育树（加粗的编号为本试验所得序列）

CK 为不施肥；CF 为单施化肥包括 N、NP、NPK；M 为单施有机肥；CFM 为化肥与
有机肥配施包括 MN、MNP、MNPK

（Tang et al.，2004），因此我们所得的结论是可信的。同时，一些不能确定其种属的特殊 T-RFs 片段也属于 MNP 和 MNPK 施肥制度如片段 365 bp 和 135 bp。以上结果显示，有机肥的运用增加反硝化细菌群落结构的复杂性。*Rhizobium* 和 *Bradyrhizobium* 是众所周知的共生固氮微生物（Tiedje，1988），这些特殊固氮微生物的存在可以增加贫营养的石灰性紫色水稻土的土壤养分。而本研究中的 T-RFs 片段 300 bp 就属于 *Bradyrhizobium*。值得关注的是片段 300 bp 的垂直分布规律，即它并没有出现在 T-RFs 丰富的表层土 L1 层，而是出现在 L2 层土壤。Wang 等（2014）和 Liu 等（2014）的研究表明，低 pH 值能够促进反硝化细菌的活性和丰度，同时增加 N_2O 的还原活性。而本研究的皮尔逊相关分析显示，片段 300 bp 与 pH 值呈极显著相关（$r = 0.543$，$P < 0.01$）。综上研究结果和本研究可以得出，片段 300 bp 未出现在表层土壤中的原因是长期定位施肥改变了土壤原有的 pH 值。

已有研究结果显示，*nosZ* 基因反硝化细菌的系统发育地位大多属于 *Rhizobiaceae*、*Rhodospirillaceae* 和 *Pseudomonaceae* 三个科（Zhang et al.，2012；Rösch et al.，2002）。本研究中 CFM 施肥处理下有 13 个 OTUs，其中有 12 个属于 *Bradyrhizobiaceae* 和 *Rhodospirillaceae*。其中 OTU7、OTU8 还有 OTU9 与 *Bradyrhizobium japonium* 相似。其中 OTU8 未出现在受施肥制度直接影响的 L1 层土壤。Joa 等（2014）结果表明，相比于无机施肥处理，有机肥施肥处理下 *Bradyrhizobiaceae* 的相对丰度更高，而 *Rhodospirillaceae* 对施肥处理的变化并不敏感。与此结果相同，本研究的系统发育树分析显示长期定位施肥对 *Bradyrhizobiaceae* 的影响更为明显。除此之外，已有许多研究显示，在不同的农田土壤和底泥中 *Alphaproteobacteria* 是主要的反硝化细菌的种类（Gans et al.，2005；Joa et al.，2014），本研究也显示 *Alphaproteobacteria* 的反硝化细菌群比 *Betaproteobacteria* 的丰度更高。

第五节　小　结

一、长期施肥对土壤微生物数量、微生物生物量的影响

不同施肥处理显著影响土壤中微生物数量，MNPK 处理的土壤微生物数量最高，N 处理次低，CK 处理最低。作物种植类型也对土壤微生物数量有所影响。种植水稻后土壤细菌、纤维素降解菌和硝化细菌数量高于种植小麦后的土壤；放线菌和氨氧化菌表现为种植水稻的土壤低于种植小麦的土壤。而对于真菌和固氮菌来说，二者在土壤种植不同作物后，变化不大。几种微生物中，以细菌的数量最大，放线菌、纤维素降解菌、硝化细菌和氨氧化菌的数量次之，真菌与固氮菌的数量最少。

长期施肥对紫色土的微生物量碳和氮具有明显影响。不同施肥情况，土壤微生物量碳和微生物量氮的含量变化分别是 10.8~91.4 mg/kg 和 10.8~37.2 mg/kg。MNPK 处理土壤微生物量碳最高，CK 处理最低，N 处理微生物量碳也较低。紫色水稻土上种植水稻的微生物量碳高于种植小麦。在 MN、MNP、MNPK 和 NPK 等几种施肥处理下，植稻

时的土壤微生物量氮低于种麦的土壤微生物量氮；但在 CK、N、NP 和 M 等几种施肥处理下，土壤植稻时的微生物量氮高于种麦的微生物量氮。

二、长期施肥对土壤生物学活性的影响

不管是种植水稻还是小麦，CK 处理土壤呼吸作用最弱，MN 处理土壤呼吸作用最强。同时，M、MN、MNP 和 MNPK 处理土壤呼吸作用强于 N、NP 和 NPK 处理。种植水稻时，CK 处理土壤多酚氧化酶活性最高，M 处理最低，各种施肥处理（除了 N 处理）的多酚氧化酶活性均显著低于 CK 处理。N 处理土壤多酚氧化酶活性仅低于 CK 处理而高于其他处理。种植小麦时，CK 处理土壤多酚氧化酶活性最高，MNPK 处理最低。种植水稻时土壤多酚氧化酶活性高于种植小麦。MNPK 和 NPK 处理转化酶活性不论是在种植水稻还是小麦时，都高于其他各处理。各种施肥处理脲酶活性均高于 CK，说明施肥能增加土壤脲酶活性。MNPK 和 N 肥处理脲酶活性不论是在种植水稻还是小麦时，都高于其他处理。加了有机肥处理土壤中性磷酸酶活性低于 CK 和各种化肥处理。种植水稻时，土壤中性磷酸酶活性以 NPK 处理最高，MNP 处理最低；种植小麦时，CK 处理酶活性最高，NP 处理酶活性最低。施磷处理土壤碱性磷酸酶活性高于缺磷处理，不论是种植水稻还是小麦，MNP 处理碱性磷酸酶活性均高于其他施肥处理，CK 处理的土壤磷酸酶活性最低。

紫色水稻土种植小麦和种植水稻后土壤硝化率变化规律较为一致，都是随着培养时间的延长而逐渐增加，在培养 4 周后土壤硝化率都可以达到 90% 左右。种植水稻后土壤培养 2 周后，硝化率最高为 50%，而种植小麦后在培养 2 周后，硝化率可以达到 90%，表明旱作条件下土壤的硝化作用显著高于淹水时土壤。单施有机肥或无机肥与有机肥配合施用都可以明显提高土壤的硝化作用，MNPK 处理土壤中的硝化作用最为强烈。

三、长期施肥对土壤微生物群落结构及多样性的影响

长期施肥会对紫色水稻土微生物群落结构及多样性产生明显的影响。总体而言，施肥有利于增加土壤的营养基质，提升土壤的营养水平，进而改变微生物群落结构及多样性。

（一）长期不同施肥对土壤细菌群落结构的影响

DGGE 图谱分析表明不同施肥处理下土壤细菌群落结构有一定的变化。NPK 等无机肥料配合施用以及无机肥料与有机肥配合施用能够增加土壤细菌多样性，特别是有机肥的处理，能够增加土壤中一些特殊的细菌类群。对 DGGE 图谱中出现的共有条带进行割胶回收克隆测序分析，获得 8 个克隆，以其作为施肥处理下的报告基因有一定的可行性。克隆子中，大部分都属于非培养细菌。克隆子 EU304239 与细菌科克斯体科属的细菌（*Aquicella lusitana*）非常相似，而克隆子 EU304242 与酸杆菌属（*Acidobacteria*）的细菌非常相似，说明 *Aquicella lusitana* 和 *Acidobacteria* 是长期施肥影响下紫色水稻土的优势细菌。

（二）长期不同施肥对土壤古菌群落结构的影响

不同施肥制度下的古菌遗传群落结构各不相同，揭示不管是化学肥料还是有机肥都

会对土壤中的古菌形成明显的胁迫。M、MNP、CK、N 和 NPK 处理下的土壤古菌群落多样性高于 MN、MNPK 和 NP 几种施肥处理。8 种施肥处理中，以 NPK 处理下土壤古菌遗传群落结构最丰富，而 NP 处理下的最简单。聚类分析表明：土壤种植水稻时，8 种施肥方式聚成 3 个群：M、MNP 聚成第一个群，NP 单独聚成第二个群，MNPK、MN、CK、N 和 MNP 聚成第三个群。在种植小麦时，NP 聚成第一个群，MNPK 和 M 聚成第二个群，MNP、CK、MN、NP 和 NPK 聚成另外一个群。紫色水稻土的古菌属于非嗜热型泉古菌界，该类土中大多数古菌克隆序列与淡水以及土壤中的难培养古菌非常相似。

（三）长期不同施肥对土壤硝化细菌群落结构的影响

长期施肥会改变紫色水稻土的硝化细菌群落结构，不论是淹水植稻后还是旱季种小麦后，NPK 与有机肥配施的硝化细菌遗传群落结构丰度相对其他施肥方式明显偏多，不施肥的土壤硝化细菌遗传群落结构丰度较低。对 DGGE 图谱的聚类分析结果表明，在不同作物种植下，8 种施肥处理聚在不同的类群里，显示紫色水稻土上种植不同作物会影响土壤中的硝化细菌群落结构。

（四）长期不同施肥对土壤 AM 真菌群落结构的影响

应用 DGGE 技术可以从遗传水平揭示不同施肥制度对土壤 AM 真菌群落结构的影响，本试验显示不同施肥处理下土壤 AM 真菌群落结构 DGGE 图谱明显不同。研究表明，有机肥会增加土壤中 AM 真菌遗传群落结构，施用磷肥会降低土壤 AM 真菌遗传群落结构。另外本试验从遗传水平上揭示了紫色水稻土上淹水种植水稻会对土壤中 AM 真菌形成毒害，不利于 AM 真菌的发育。

四、长期施肥对土壤 *nosZ* 基因的响应特征及其垂直分布

利用 T-RFLP 对 *nosZ* 基因型反硝化细菌群落结构进行分析，结果表明 *nosZ* 基因在 0~20 cm 层土壤中丰富度最高。在 0~20 cm 层土壤中明显表现出有机无机肥配施下 *nosZ* 基因反硝化细菌群落结构更为复杂；而深层土壤中施肥制度对群落结构的影响并不明显。*nosZ* 基因 4 个层次不存在共有的优势片段。*nosZ* 基因反硝化细菌群落中，0~20 cm 和 20~40 cm 层土壤中的优势片段 90 bp 和 355 bp 属于 *Azospirillum*（*Rhodospirillales*）。而 40~60 cm 和 60~90 cm 中的优势片段 300 bp 属于 *Bradyrhizobium*（*Rhizobiales*）。根据 *nosZ* 基因克隆产物的酶切图谱，对酶切类型不同的克隆产物进行测序。克隆序列比对相似的可培养菌株菌均属于变形菌门，且 α-变形门反硝化细菌占主导地位。

第六章 长期施肥对土壤微量元素和重金属的影响

猪粪作为有机肥还田具有悠久的历史，众多研究表明，有机肥中的有机质含量高、肥效持续时间长，富含氮（N）、磷（P）、钾（K）等大量元素和镁（Mg）、锌（Zn）、铁（Fe）、锰（Mn）、硼（B）等微量元素，在促进作物生长、提高作物产量方面有着化肥不可比拟的优势。但是随着农村经济发展和猪肉需求的不断提高，规模化养殖已成为当前生猪饲养的主体，而规模化养殖过程中产生的大量猪粪（尿）给当地生态环境带来了巨大的环境风险。因此，实现猪粪（尿）的资源化利用则成为减轻这一环境风险的必然选择，猪粪还田仍是最经济有效的资源化利用方法之一。然而，规模化养猪过程中大量使用含有 Cu、Zn 的饲料及添加剂，使猪粪中 Cu、Zn 含量普遍较高，这给猪粪还田利用带来了巨大的潜在风险（王开峰等，2008；黄庆海，2014）。研究者对北京、江苏等 7 省市的畜禽粪便样品进行分析结果表明，猪粪中 Cu、Zn 含量普遍较高，最高浓度分别达到了 1 591 mg/kg 和 8 710 mg/kg，至少有 20%～30%样品超出我国污染农用标准（GB-4284—1984）（张树清，2004）。长期施用规模场养殖猪粪的农田，表层土壤中 Cu、Zn 总量升高，生物可利用态比例增加，这给农产品安全和生态环境带来了巨大的威胁（王开峰等，2008；李本银等，2010）。由于重金属污染土壤具有隐蔽性、滞后性、累积性、不可逆性及难降解性等特征，重金属污染土壤治理相当困难，因此，降低作物对土壤重金属的吸收是降低食物重金属含量和确保食品安全的有效途经。Mg、Zn、Fe 和 Mn 等微量元素对植物体内的新陈代谢起着重要作用，同时微量元素也是植物许多酶的重要组成成分，土壤中的微量营养元素多少直接影响作物生长和发育（孙明茂等，2006；李本银等，2010）。本章对长期不同施肥下水稻土微量元素及重金属含量的变化进行分析，为制定合理的稻田猪粪利用模式、维护地区生态环境提供理论依据。

第一节 长期施肥对土壤微量元素的影响

一、锰

由图 6-1 可知，不同施肥处理土壤中有效锰含量对施肥时间的响应特征不同。CK 处理土壤有效锰含量随施肥时间的延续呈增加趋势，N 和 NP 处理呈下降趋势，而 NPK 处理几乎维持稳定；所有处理都没有达到显著相关（分析数据未列出）。经过 30 年不同施肥，CK 处理土壤有效锰含量从试验开始时的 6.90 mg/kg 增加到 7.41 mg/kg，N 和 NP 处理分别下降到 5.21 mg/kg 和 5.33 mg/kg，NPK 处理则为 6.61 mg/kg。连续 30 年施用化学肥料（N、NP 和 NPK）土壤有效锰平均含量为 5.88 mg/kg，比试验开始时下降了 14.8%，比 CK 处理平均含量下降了 9.5%。M 和 MN 处理土壤有效锰含量随施肥时间的延续也呈增加趋势，MNP 处理呈下降趋势，而 MNPK 处理几乎不变。经过 30 年不同施肥，M 和 MN 处理土壤有效锰含量分别增加到 7.19 mg/kg 和 7.56 mg/kg，MNP 下降到 5.48 mg/kg，NPK 处理为 6.78 mg/kg。连续 30 年施用有机肥料（M、MN、MNP 和 MNPK）土壤有效锰平均含量为 6.37 mg/kg，比试验开始时下降了 7.7%，比 CK 处理平均含量降低了 2.0%。增施有机肥比施用化学肥料使土壤中有效锰含量提高了 8.3%，表明增施有机肥增加土壤有效锰的效果优于单施化肥。

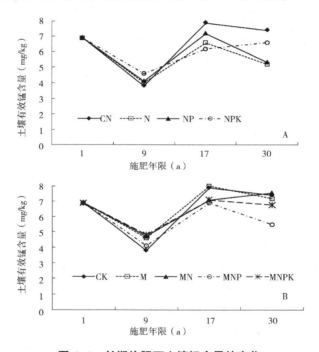

图 6-1　长期施肥下土壤锰含量的变化

二、钼

由图 6-2 可知，不同施肥处理土壤中有效钼含量对施肥时间的响应特征不同。CK 和 N 处理土壤有效钼含量随施肥时间的延续呈增加趋势，而 NP 和 NPK 处理则呈下降趋势；均没有达到显著相关（分析数据未列出）。经过 30 年不同施肥后，CK、N、NP 和 NPK 处理土壤有效钼含量分别为 0.082 mg/kg、0.085 mg/kg、0.034 mg/kg 和 0.017 mg/kg，与试验开始时土壤有效钼含量比较，CK 和 N 处理分别增加了 36.7% 和 41.7%，而 NP 和 NPK 处理分别下降了 43.3% 和 71.7%，可能是 NP 和 NPK 处理作物产量高于 CK 和 N 处理，导致作物吸收带走更多的钼，从而引起土壤有效钼大幅度下降，因此，NP 和 NPK 处理应重视补充钼肥。连续 30 年施用化学肥料（N、NP 和 NPK）土壤有效钼平均含量为 0.14 mg/kg，比试验开始时提高了 133.3%。M 和 MN 处理土壤有效钼含量也随施肥时间的延续呈上升趋势，MNP 和 MNPK 处理则呈下降变化；都没有达到显著相关（分析数据未列出）。施肥 30 年后，M、MN、MNP 和 MNPK 处理土壤有效钼含量分别为 0.076 mg/kg、0.048 mg/kg、0.027 mg/kg 和 0.028 mg/kg。连续 30 年施用有机肥料（M、MN、MNP 和 MNPK）土壤有效钼平均含量为 0.15 mg/kg，比试验开始时增加了 150.0%。增施有机肥比施用化学肥料使土壤中有效钼含量提高了 7.1%，表明增施有机肥增加土壤有效钼的效果优于单施化肥。

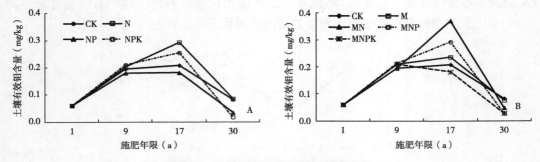

图 6-2　长期施肥下土壤钼含量的变化

三、锌

由图 6-3 可知，不同施肥处理土壤中有效锌含量对施肥时间的响应特征相似，即所有处理（包括不施肥 CK）土壤有效锌含量随施肥时间的增加而逐渐下降；所有处理都没有达到显著相关（分析数据未列出）。经过 30 年不同施肥后，CK、N、NP 和 NPK 处理土壤有效锌含量分别为 0.50 mg/kg、0.33 mg/kg、0.31 mg/kg 和 0.34 mg/kg。连续 30 年施用化学肥料（N、NP 和 NPK）土壤有效锌平均含量为 0.52 mg/kg，比试验开始时降低了 29.7%，比不施肥 CK 处理平均含量下降了 11.9%。施肥 30 年后，M、MN、MNP 和 MNPK 处理土壤有效锌含量分别为 0.42 mg/kg、0.35 mg/kg、0.38 mg/kg 和 0.41 mg/kg。连续 30 年施用有机肥料（M、MN、MNP 和 MNPK）土壤有效锌平均含量也为 0.52 mg/kg。增施有机肥和施用化学肥料对土壤中有效锌含量的影响差异不大。

四、硼

由图 6-4 可知，不同施肥处理土壤有效硼含量对施肥时间的响应相似，MNPK 处理土壤有效硼含量随施肥时间增加而增加，其他处理变化不大；所有处理都没有达到显著相关（分析数据未列出）。经过 30 年不同施肥后，CK、N、NP 和 NPK 处理土壤有效硼含量分别为 0.12 mg/kg、0.16 mg/kg、0.16 mg/kg 和 0.19 mg/kg。连续 30 年施用化学肥料（N、NP 和 NPK）土壤有效硼平均含量为 0.20 mg/kg，比试验开始时增加了 11.1%，比不施肥 CK 处理平均含量提高了 25.0%。施肥 30 年后，M、MN、MNP 和 MNPK 处理土壤有效硼含量分别为 0.11 mg/kg、0.14 mg/kg、0.15 mg/kg 和 0.23 mg/kg。连续 30 年施用有机肥料（M、MN、MNP 和 MNPK）土壤有效硼平均含量也为 0.20 mg/kg。增施有机肥和施用化学肥料对土壤中有效硼含量的影响差异不大。

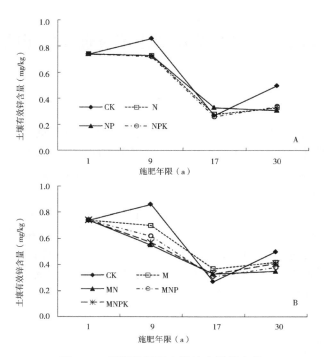

图 6-3　长期施肥下土壤锌含量的变化

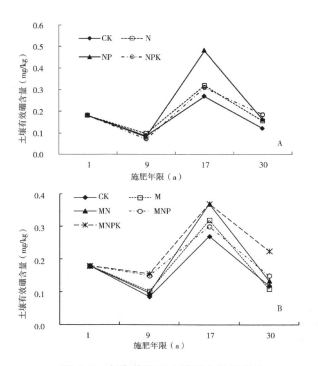

图 6-4　长期施肥下土壤硼含量的变化

第二节 长期施肥对土壤重金属的影响

一、铬

图 6-5 显示了连续 31 年（2012 年）不同施肥下土壤铬含量，所有处理土壤中铬含量都低于国家土壤环境质量二级标准中铬含量（350 mg/kg）（GB15618—2008），但不同施肥处理之间土壤铬含量差异较大，为 74.56～142.53 mg/kg。MNP 处理土壤铬含量最高，MN 处理最低。CK 处理土壤铬含量为 118.68 mg/kg；施用化学肥料的 N、NP 和 NPK 处理土壤铬含量为 78.29～95.53 mg/kg，平均为 88.55 mg/kg，比 CK 处理降低了 25.4%；增施有机肥的 M、MN、MNP 和 MNPK 处理土壤铬含量在 74.56～142.53 mg/kg，平均为 115.80 mg/kg，比 CK 处理减少了 2.4%；增施有机肥土壤铬含量比单施化学肥料增加了 30.8%，可能是稻田施用有机肥后改变了土壤 pH 值、增强了土壤微生物活性，从而更利于土壤铬的活化释放。

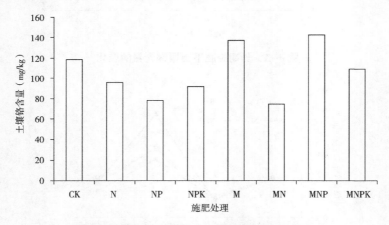

图 6-5 长期不同施肥下土壤铬含量（2012 年）

二、铜

图 6-6 显示了连续 31 年不同施肥下土壤铜含量，所有处理土壤中铜含量都低于国家土壤环境质量二级标准中铜含量（100 mg/kg），但不同处理之间铜含量差异较大，在 32.47～62.70 mg/kg。MNP 处理土壤铜含量最高，MN 处理最低。CK 处理土壤铜含量为 50.41 mg/kg；施用化学肥料的 N、NP 和 NPK 处理土壤铜含量为 32.92～38.67 mg/kg，平均为 35.58 mg/kg，比 CK 处理降低了 29.4%；增施有机肥的 M、MN、MNP 和 MNPK 处理土壤铜含量在 32.49～62.70 mg/kg，平均为 51.74 mg/kg，比 CK 处理增加了 2.6%；增施有机肥土壤铜含量比单施化学肥料增加了 45.4%，本试验所施用

有机肥为猪粪（尿），可能的原因是养猪过程中大量使用含有铜的饲料及添加剂，使猪粪中铜含量较高，所以增施有机肥导致土壤中铜含量高于不施有机肥处理（张树清，2004；李本银等，2010）。

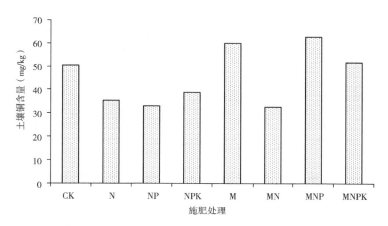

图 6-6　长期不同施肥下土壤铜含量（2012 年）

三、砷

图 6-7 显示了连续 31 年不同施肥下土壤砷含量，所有处理土壤中砷含量都低于国家土壤环境质量二级标准中砷含量（20 mg/kg），但不同处理之间土壤砷含量差异较大，在 9.34~18.89 mg/kg。M 处理土壤砷含量最高，NP 处理最低。CK 处理土壤砷含量为 16.35 mg/kg；施用化学肥料的 N、NP 和 NPK 处理土壤砷含量为 9.34~11.58 mg/kg，平均为 10.43 mg/kg，比 CK 处理降低了 36.2%；增施有机肥的 M、MN、MNP 和 MNPK 处理土壤砷含量在 10.58~18.89 mg/kg，平均为 15.58 mg/kg，比 CK 处理降低了 4.7%；增施有机肥土壤砷含量比单施化学肥料增加了 49.4%，可能是稻田施用有机肥后改变了土壤 pH 值、增强了土壤微生物活性，从而更利于土壤砷的活化释放。

四、镉

图 6-8 显示了连续 31 年不同施肥下土壤镉含量，所有处理土壤中镉含量都低于国家土壤环境质量二级标准中砷含量（1.00 mg/kg），但不同处理之间土壤镉含量差异较大，在 0.25~0.75 mg/kg。MNP 处理土壤镉含量最高，MN 处理最低。CK 处理土壤镉含量为 0.41 mg/kg；施用化学肥料的 N、NP 和 NPK 处理土壤镉含量为 0.33~0.41 mg/kg，平均为 0.36 mg/kg，比 CK 处理降低了 12.2%；增施有机肥的 M、MN、MNP 和 MNPK 处理土壤镉含量在 0.25~0.57 mg/kg，平均为 0.45 mg/kg，比 CK 处理增加了 9.8%；增施有机肥土壤镉含量比单施化学肥料增加了 25.0%。

五、铅

图 6-9 显示了连续 31 年不同施肥下土壤铅含量，所有处理土壤中铅含量都低于国

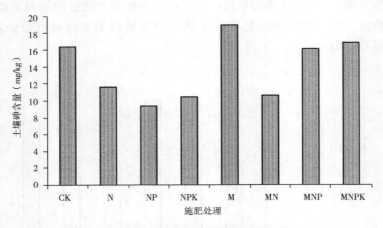

图 6-7　长期不同施肥下土壤砷含量（2012 年）

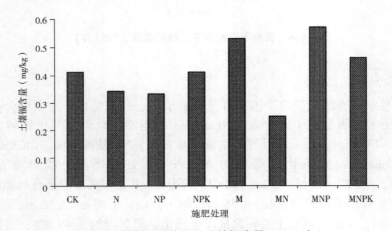

图 6-8　长期不同施肥下土壤镉含量（2012 年）

家土壤环境质量二级标准中铅含量（80.00 mg/kg），但不同处理之间土壤铅含量差异较大，在 22.59~56.88 mg/kg。MNPK 处理土壤铅含量最高，MN 处理最低。CK 处理土壤铅含量为 30.29 mg/kg；施用化学肥料的 N、NP 和 NPK 处理土壤铅含量为 30.57~35.80 mg/kg，平均为 33.39 mg/kg，比 CK 处理增加了 10.2%；增施有机肥的 M、MN、MNP 和 MNPK 处理土壤铅含量在 22.59~56.88 mg/kg，平均为 43.86 mg/kg，比 CK 处理增加了 44.8%；增施有机肥土壤铅含量比单施化学肥料增加了 31.4%。

六、锌

图 6-10 显示了连续 31 年不同施肥下土壤锌含量，所有处理土壤中锌含量都低于国家土壤环境质量二级标准中锌含量（300.00 mg/kg），但不同处理之间土壤锌含量差异较大，在 83.57~168.91 mg/kg。MNP 处理土壤锌含量最高，MN 处理最低。CK 处理土壤锌含量为 110.60 mg/kg；施用化学肥料的 N、NP 和 NPK 处理土壤锌含量为 102.69~

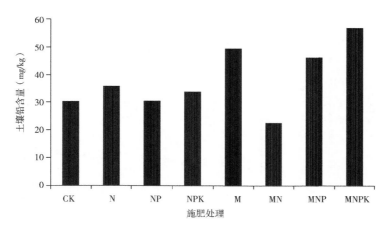

图 6-9　长期不同施肥下土壤铅含量（2012 年）

124.60 mg/kg，平均为 112.38 mg/kg，比 CK 处理增加了 1.6%；增施有机肥的 M、MN、MNP 和 MNPK 处理土壤锌含量在 83.57 ~ 168.91 mg/kg，平均为 143.52 mg/kg，比 CK 处理增加了 29.8%；增施有机肥土壤锌含量比单施化学肥料增加了 27.7%。本试验所施用有机肥为猪粪（尿），可能的原因是养猪过程中大量使用含有锌的饲料及添加剂，使得猪粪中锌含量普遍较高，所以增施有机肥导致土壤中锌含量高于不施有机肥处理（张树清，2004）。

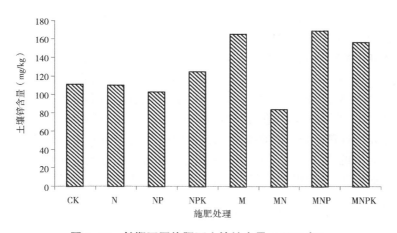

图 6-10　长期不同施肥下土壤锌含量（2012 年）

七、汞

图 6-11 显示了连续 31 年不同施肥下土壤汞含量，所有处理土壤中汞含量都低于国家土壤环境质量二级标准中汞含量（1.00 mg/kg），但不同处理之间土壤汞含量相差不大，在 0.01 ~ 0.03 mg/kg。CK 处理土壤汞含量为 0.03 mg/kg；单施化学肥料和有机无机肥配施处理土壤汞平均含量都为 0.02 mg/kg；表明增施有机肥和施用化学肥料对土

壤中汞含量的影响差异不大。

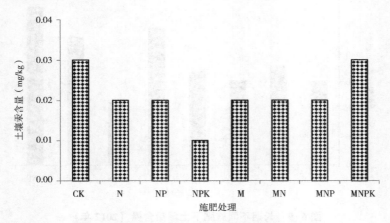

图 6-11　长期不同施肥下土壤汞含量（2012 年）

第三节　小　结

一、长期施肥对土壤微量元素的影响

CK、M 和 MN 处理土壤有效锰含量随施肥时间的延续呈增加趋势，N、NP 和 MNP 处理呈下降趋势，而 NPK 和 MNPK 处理几乎维持稳定；连续 30 年增施有机肥（M、MN、MNP 和 MNPK）比施用化学肥料（N、NP 和 NPK）土壤有效锰含量提高了 8.3%。CK、N、M 和 MN 处理土壤有效钼含量随施肥时间的延续呈上升趋势，而 NP、NPK、MNP 和 MNPK 处理则呈下降趋势；增施有机肥比施用化学肥料使土壤中有效钼含量提高了 7.1%。所有处理（包括不施肥 CK）土壤有效锌含量随施肥时间的增加而逐渐下降。MNPK 处理土壤有效硼含量随施肥时间的增加而增加，而其他处理土壤有效硼含量随施肥时间的延续变化不大。增施有机肥提高土壤有效锰和有效钼含量的效果优于单施化肥，而施用有机肥和化学肥料对土壤有效锌和有效硼含量的影响差异不大。

二、长期施肥对土壤重金属的影响

连续 31 年不同施肥处理后，土壤中铬、铜、砷、镉、铅和锌含量差异较大（除了汞），但所有处理土壤重金属含量都低于国家土壤环境质量二级标准（GB15618—2008）。增施有机肥（M、MN、MNP 和 MNPK 处理）土壤铬含量比单施化学肥料（N、NP 和 NPK 处理）增加了 30.8%，增施有机肥土壤铜含量比单施化学肥料增加了 45.4%，增施有机肥土壤砷含量比单施化学肥料增加了 49.4%，增施有机肥土壤镉含量比单施化学肥料增加了 25.0%，增施有机肥土壤铅含量比单施化学肥料增加了 31.4%，增施有机肥土壤锌含量比单施化学肥料增加了 27.7%，不同施肥处理土壤汞含量相差不大；说明增施有机肥明显增加土壤中铬、铜、砷、镉、铅和锌含量，而对汞含量影响较小。

第七章　稻田土壤肥力综合评价

通常土壤肥力主要包括土壤物理、化学和生物学的性状，这些性状直接或间接影响植物养分的有效性，稻田土壤肥力是水稻生产可持续发展的基础资源，亦是影响水稻产量、稻谷品质的重要因素（黄晶等，2017）。20 世纪 90 年代以来，土壤质量问题逐渐成为国际研究热点，在土壤质量评价指标体系和评价方法方面国外学者开展了大量的研究工作，并结合农业的持续利用和土壤持续管理提出了多种指标体系（Sant'Anna et al.，2009；姚荣江等，2013）。我国在该领域的系统研究起步较晚，国内学者初步建立了针对几种类型地区的评价指标体系，包括土壤物理、化学和生物学 3 大类 20 多个指标（刘占锋等，2006；路鹏等，2007；张雯雯等，2008；秦文展和陈建宏，2010；陆凤娟和邰菁菁，2011）。对土壤肥力进行合理的评价有助于政府管理者或农民作出准确的决策，优化耕地资源和农业结构调整，最大限度地提高土壤生产力（黄晶等，2017）。

第一节　土壤肥力评价指标

土壤肥力是土壤的许多物理、化学和生物学性质，以及形成这些性质的一些重要过程的综合体现，所以选择有代表性的土壤肥力指标是进行土壤肥力评价的关键（张华和张甘霖，2001；Bhardwaj et al.，2011）。土壤肥力参评指标的选取直接关系到评价结果的客观性和准确性，土壤肥力指标的选定必须遵循主导性、生产性和稳定性原则，同时尽量选择可靠、可度量和可重复的指标（黄晶等，2017）。

一、土壤物理肥力指标

土壤物理性状直接或间接地影响作物根系生长环境。常用土壤质量物理指标有通气性、团聚体稳定性、容重、黏土矿物学性质、颜色、湿度、障碍层深度、导水率、氧扩散率、粒级分布、渗透阻力、空隙连通性、孔径分布、土壤强度、土壤耕性、结构体类型、温度、总孔隙度和持水性（张华和张甘霖，2001）。研究表明土壤容重可以用来监测土壤的紧实度，是评价土壤质量的重要物理指标（Andrews et al.，2002）。土壤质地、味道、耕层厚度、土壤紧实度、土壤湿度、温度等可视土壤结构指标能较好地对土壤质量进行分等定级（Mueller et al.，2013）。范业成和叶厚专（1998）研究了江西红壤性水稻土的肥力特征，发现高产水稻土的熟化程度高，其耕层土壤厚度一般达到15 cm。Sacco 等（2012）研究指出，稻田不同水分管理对土壤孔隙产生显著影响，持续淹水条件下土壤紧实度增加，导水率降低。Saygm 等（2012）指出土壤团聚体是衡量土壤抗退化、抵御外界破坏等能力的重要指标，其大小分布和稳定性常用来描述作物和土壤管理对土壤物理性质的影响。林卡等（2017）在中国知网（CNKI）的"篇名"中，分别以"土壤肥力""土壤地力""土壤生产力""土壤质量"和"土壤健康"进行检索，发现1950—2016年土壤质量评价采用土壤物理指标可分为4组（图7-1）：第一组包括质地、含水量/持水性和耕层厚度，文献数量超过1000篇；第二组包括土壤结构、容重和颗粒粒径，文献数量介于500～1000篇；第三组包括孔隙度、渗透性/导水性能、通透性、抗蚀性/可蚀性、团聚体和土壤温度，文献数量介于100～500篇；第四组包括障碍层、土壤强度、根系深度、耕性、土壤颜色、黏土矿物和机械强度，文献数量低于100篇。柳云龙等（2007）通过主成分分析法对红壤肥力退化与评价指标体系进行研究，发现土壤黏粒含量、土壤容重、土壤孔隙度和土壤水稳性团聚体数量包含了红壤退化中物理指标85.6%的信息。综上所述，在对土壤肥力进行综合评价时，土壤容重、总孔隙度、土壤团聚体和黏粒含量可作为土壤物理肥力指标的主要因子。

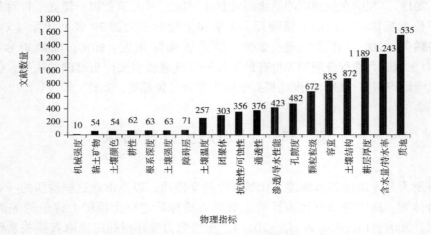

图7-1　土壤质量评价中不同物理指标文献数量（林卡等，2017）

二、土壤化学肥力指标

土壤化学性状直接影响土壤养分形态和浓度，对作物生长和动植物健康产生显著影响。张华和张甘霖（2001）指出盐基饱和度、阳离子交换量、交换性钠百分率、养分循环速率、pH值、植物养分有效性、植物养分含量和钠交换比可作为常用土壤质量化学指标。Schoenholtz等（2000）认为土壤有机碳、全氮、铵态氮、硝态氮、矿化氮、矿化磷、全磷、有效磷、全钾、交换性镁、交换性钙、pH值和土壤阳离子交换量等是评价土壤肥力的重要化学指标。Lee等（2009）认为在各项土壤化学肥力指标中土壤有机碳是表征土壤肥力质量和土壤环境质量的一个关键性参数。研究表明，氮、磷和钾肥料与稻草长期配合施用能维持甚至提高水稻土的生产力和土壤肥力；有机无机肥配合施用水稻既能获得持续高产，也能够增加土壤有机质、全氮、全磷、可矿化氮、有效磷和速效氮含量；而偏施化学肥料稻田系统生产力的可持续性和土壤肥力难以维持（廖育林等，2009）。基于层次分析法和Fuzzy数学方法计算土壤肥力综合指数，发现电导率和土壤肥力综合指数显著相关（周红艺等，2003）。基于主成分分析法提取的最小数据集的土壤化学肥力指标为有机质、阳离子交换量和 pH 值（杨梅花等，2016）。随着认知程度和分析手段的更新，也有研究表明具有个性的相关土壤化学指标可能会逐渐出现，例如稻田土壤植物有效硅含量是东南亚地区水稻可持续生产的一个关键因素（Klotzbücher et al.，2015）。林卡等（2017）指出可将土壤养分和常规化学指标分为 6 组（图 7-2）：第一组包括有机质/有机碳和 pH 值，文献数量超过 3 000 篇；第二组包括大量元素（氮、磷、钾，主要为碱解氮、有效磷/速效磷、速效钾），文献数量介于 2 000~3 000 篇；第三组包括微量元素（主要为铁、锰、铜、锌、硼、钼）、中量元素（主要为钙、镁、硫、硅）、阴/阳离子浓度，文献数量大致介于 1 000~2 000 篇；第四组包括 CEC，文献数量介于 500~1 000 篇；第六组包括含盐量、Eh、EC 和盐基饱和度，文献数量大致介于 100~500 篇；第六组包括与钠离子有关的 ESP 和 SAR，文献数量低于 50 篇。目前，在对土壤肥力进行综合评价时，土壤化学肥力指标主要集中体现在土壤有机质、有效磷、速效钾、pH 值、电导率和阳离子交换量等指标。

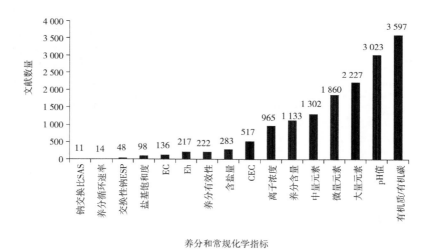

图 7-2　土壤质量评价中不同养分和常规化学指标文献数量（林卡等，2017）

三、土壤生物肥力指标

土壤生物可以改善土壤质量状况，但是线虫、病原细菌或真菌等生物会降低作物生产力。张华和张甘霖（2001）指出常用土壤质量生物指标有有机碳、生物量、C 和 N、总生物量、细菌、真菌、潜在可矿化 N、土壤呼吸、酶、脱氢酶、磷酸酶、硫酸酯酶、生物碳/总有机碳、呼吸/生物量、微生物群落指纹、培养基利用率、脂肪酸分析和氨基酸分析。在稻田生态系统中，土壤微生物特性对土壤质量变化的反应比土壤物理、化学属性更为灵敏（Lima et al.，2013）。土壤微生物量 C、微生物量 N、微生物熵等均被用作评价土壤肥力早期变化的有效指标（Bastida.，2008；黄晶等，2017）。Nambiar 等（2001）认为潜在可矿化 N、微生物量 C、微生物量 C、土壤呼吸量、生物量、土壤微生物多样性、土壤酶、土壤动物等是主要的土壤生物学指标。有机物料施用可改变微生物群落结构，碳循环酶活性随土壤有机氮的增加而增加，氮循环相关酶活性随碳的有效性增加而增加（Bowles et al.，2014）。酶活性在一定程度上反映了土壤肥力状况，应作为一个重要的土壤肥力评价指标（王灿等，2008）。Choosai 等（2010）指出蚯蚓等土壤动物是土壤肥力的一项重要的生物学指标。林卡等（2017）指出可将土壤生物指标分为三组（图7-3）：第一组包括酶活性、细菌数量和真菌数量，文献数量介于300~500 篇；第二组包括土壤动物、微生物生物量和土壤呼吸，文献数量介于200~300 篇；第三组包括放线菌数量、微生物 C、总有机碳和微生物多样性，文献数量大致介于100~200 篇；第四组包括微生物 N、活性碳、潜在可矿化 N、脂肪酸分析、代谢熵、活性氮、培养基利用率和氨基酸分析，文献数量低于 50 篇。土壤生物学指标越来越受到人们的重视，土壤肥力评价时土壤生物学指标主要集中在微生物量 C、微生物量 N、酶活性和微生物群落结构等指标。

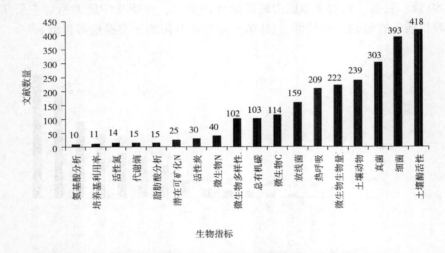

图 7-3　土壤质量评价中不同生物指标文献数量（林卡等，2017）

第二节　土壤肥力评价方法

农民很早就懂得区分"好的土壤"和"坏的土壤"，他们用各种词汇评价土壤在作物生产中的表现，这是土壤肥力定性评价的体现。在我国古代，人们对土壤质量定性评价已经有相当深入的认识。《尚书·禹贡》中已经将天下九州的土壤分为 3 等 9 级，根据土壤质量等级制定赋税（张华和张甘霖，2001）。随着信息技术在土壤研究中的应用，土壤肥力评价已由原来的定性描述阶段发展到现在的定量评价阶段，利用各种数学方法根据量化的土壤属性计算出土壤质量的"分数"，通常最好的土壤得到最高的分数。虽然土壤单一养分或肥力指标的变化能从一定角度反映土壤肥力的变化特征，但往往难以全面表征土壤肥力状况。国内外学者提出了多种评价方法，如专家打分法、综合土壤质量指数、Fuzzy 综合评判法、土壤质量动态、多变量指示克里格法等，这些方法的优点是能够为定量评价土壤肥力发挥重要作用，但由于土壤类型、肥力质量高低差异大，选取指标不同，难以选定统一方法进行土壤肥力质量评价（王京文，2003；Nazzareno and Michele.，2004；Karlen et al.，2006；姚荣江等 2013；黄晶等，2017）。

　　土壤肥力的定量评价大多引用综合指数的思路，即兼顾土壤肥力的各项指标，利用数学方法，计算出土壤肥力的综合得分值（王子龙等，2007）。在综合评价过程中，各指标权重的确定直接影响到评价结果的准确性；传统的评价方法所赋的权重根据来源可分为主观权重和客观权重。这样对权重的分析普遍存在对人为赋权的过度依赖和刻意回避的问题，针对这些问题，有学者提出了将"主观权重"与"客观权重"统一起来的"综合权重赋值法"。周王子等（2016）以湖北省孝昌县高岗村为例，基于综合权重法并结合地理信息系统（GIS）技术，对村域尺度上耕地综合肥力进行评价和分析，同时与传统的层次分析法和内梅罗指数法进行比较；分析综合权重法与层次分析法、内梅罗指数法存在相对一致性，但它们之间也存在差异性，表现在内梅罗指数法得出的土壤肥力指数与综合权重法相比整体偏低，且样点土壤肥力指数频率分布与综合权重法也有较大差别；综合权重法和层次分析法的各指标权重差异明显，如综合权重法和层次分析法中速效钾权重相差近 2 倍。近年来，越来越多的学者倾向于主成分-聚类分析法（将主成分分析与聚类分析相结合）评价土壤肥力，也有学者认为用土壤肥力指数模型和基础地力指数模型来表征土壤综合肥力是合理的。

　　上述这些评价方法基本都没有直接将作物产量纳入指标进行综合评价，而在实际中，由于不合理的施肥、耕作和管理措施等，在评价时会出现土壤肥力指数较高而实际生产力较低的矛盾现象。如何将作物产量纳入土壤肥力综合评价指标体系值得进一步探讨。已有研究报道根据测定不同处理土壤化学肥力指标、生物学指标和作物产量，运用三角形方法，通过计算各指标指数和可持续性指数来综合评价土壤可持续性（Kang et al.，2005；孙本华等，2015；黄晶等，2017）。这种方法计算过程简单，不考虑各指标的权重，但在确定土壤化学肥力指标、生物肥力指标和作物指标临界值时，存在一定的人为主观性。

第三节　长期施肥对稻田土壤综合肥力的影响

一、评价指标的选取

　　土壤质量指标是表示从土壤生产潜力与环境管理的角度进行监测和评价土壤健康状况的性状、功能或条件。评价指标的选取应遵循以下原则。

　　（1）综合分析与主导因素相结合原则。

　　（2）稳定性原则，即首先选取对土壤生产力经常起作用的稳定因素。

　　（3）考虑现有资料的科学性、现实性和完整性以及当前的技术条件。

　　本研究选取与土壤生产力有关的 pH 值、有机质、全氮、全磷、全钾、碱解氮、速效磷和速效钾 8 个项目作为评价指标进行评价。

二、隶属度的确定

（一）隶属函数的确定

目前，用于土壤肥力评价的隶属度函数主要有两类，即S形（半梯形）和抛物线形（梯形）隶属度函数。S形隶属度函数的评价指标有有机质、全氮、全磷、全钾、碱解氮、速效磷和速效钾，这些肥力指标与作物产量呈"S"形曲线关系，即在一定的范围内评价指标值与作物产量呈正相关，而低于或高于此范围评价指标值的变化对作物产量影响很小。S形隶属度函数表达式为式（7-1）：

$$f(x) = \begin{cases} 1.0 & x \geq x_2 \\ 0.9(x-x_1)/(x_2-x_1)+0.1 & x_1 \leq x < x_2 \\ 0.1 & x < x_1 \end{cases} \quad (7-1)$$

式中，x_1 和 x_2 表示土壤肥力指标隶属度函数曲线转折点处的取值。

抛物线形（梯形）隶属度函数的评价指标有pH值，这类评价指标对作物生长发育都有一个最佳适宜范围，超过此范围，随着偏离程度的增大，对作物生长发育的影响越不利，直至达某一值时作物不能生长发育。其隶属度函数表达式为式（7-2）：

$$f(x) = \begin{cases} 1.0-0.9(x-x_3)/(x_4-x_3) & x_3 < x \leq x_4 \\ 1.0 & x_2 \leq x \leq x_3 \\ 0.9(x-x_1)/(x_2-x_1)+0.1 & x_1 \leq x \leq x_2 \\ 0.1 & x < x_1 \text{ 或 } x > x_4 \end{cases} \quad (7-2)$$

式中，x_1、x_2、x_3 和 x_4 表示土壤pH值隶属度函数曲线转折点处的取值。

（二）隶属函数曲线中转折点的取值

根据上述S形（半梯形）和抛物线形（梯形）隶属度函数计算各项土壤指标的隶属度值，必须先确定各评价指标的转折点值，参考全国第二次土壤普查、四川土壤种志和文献（包耀贤等，2012；谢军等，2018）中的分级标准，土壤肥力各项指标转折点取值见表7-1。根据相应的隶属度函数和转折点取值，可以计算各项土壤指标的隶属度值，这些值介于0.1~1.0。

表7-1　土壤肥力各项指标隶属函数曲线中转折点的取值

评价指标	有机质（g/kg）	全氮（g/kg）	全磷（g/kg）	全钾（g/kg）	碱解氮（mg/kg）	速效磷（mg/kg）	速效钾（mg/kg）
x_1	10	0.75	0.4	5.0	60	3	40
x_2	30	2.00	1.0	25.0	180	20	150

其中，土壤pH隶属函数转折点取值，$x_1=4.5$，$x_2=6.5$，$x_3=7.5$，$x_4=8.5$。

三、评价指标权重系数的确定

基于相关系数分析法来确定单项肥力质量指标的权重系数。首先应用统计软件计算出各土壤指标之间的相关系数，其次计算单项指标之间相关系数的平均值，最后以该平均数的绝对值占所有评价指标相关系数平均数绝对值总和的比重，作为该单项评价指标的权重系数。

四、土壤肥力综合指标值的计算

土壤肥力综合指标值 IFI（Integrated Fertility Index）的计算采用模糊数学加乘法原则，即根据各指标的权重系数和隶属度值计算土壤肥力的综合指标值，其计算公式为（包耀贤等，2012；谢军等，2018）：

$$IFI = \sum_{1}^{n} W_i \times N_i \qquad (7-3)$$

式中，n 表示所有参评指标；W_i 和 N_i 分别表示第 i 种土壤指标的权重系数和隶属度值。

五、土壤肥力等级划分

评价综合指标值构成了土壤肥力水平得分值，它综合反映了土壤肥力状况，是进行土壤肥力等级划分的依据。IFI 取值为 0~1，其值越大，表明土壤越肥沃，根据 IFI 值的大小将土壤肥力等级划分为五个等级（表7-2）。

表7-2　土壤质量等级综合指标值

土壤肥力等级	高肥力	较高肥力	中等肥力	较低肥力	低肥力
综合指标值	≥ 0.8	0.8~0.6	0.6~0.4	0.4~0.2	<0.2

六、长期施肥对稻田土壤综合肥力的影响

（一）土壤肥力综合评价

图 7-4 显示了不同施肥处理土壤综合肥力指数（IFI）对施肥时间的响应特征。由图 7-4 可知，随着种植年限的延长，CK、N、M 和 MN 处理土壤 IFI 值基本维持稳定；而 NP、NPK、MNP 和 MNPK 处理的 IFI 值总体均呈显著增加趋势，表明长期施用化肥或有机肥配施化肥会促使土壤综合肥力不断提升。有机肥配施化肥处理（MN、MNP 和 MNPK）的 IFI 值显著高于单施化肥处理（N、NP 和 NPK）及 CK 处理，前者分别比后两者提高了 9.3% 和 47.5%，表明有机肥配施化肥能够培肥土壤，提高土壤的综合肥力。

（二）土壤肥力指数（IFI）与产量的关系

作物产量在一定程度上可以反映土壤综合肥力的高低，一般采用作物产量与土壤综合肥力指数的关系来验证评价结果的准确性。本评价水稻样本数为 64 个、小麦为 56 个，样本数较多，而且分别做了水稻、小麦和稻—麦轮作系统产量（水稻+小麦）与肥力指数的相关性分析，这在一定程度上消除了不同年份气候、作物品种等因子对产量的干扰。由图 7-5 可知，采用相关系数法计算的 IFI（x）与水稻、小麦及总产（水稻+小麦）（y）均呈显著或极显著正相关关系，表明相关系数评价方法适宜进行土壤肥力综

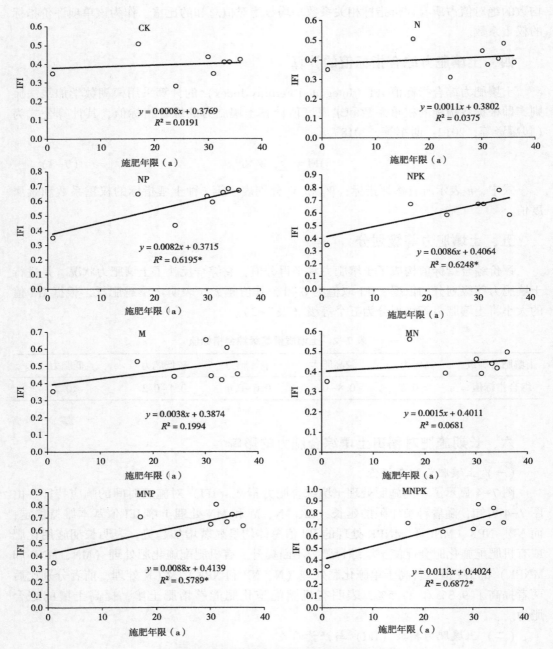

图7-4　不同施肥处理土壤综合肥力指数演变

注：图中样本数 $n=8$，＊表示在5%水平显著相关

合评价。包耀贤等（2012）以长期施肥定位试验为平台，采用相关系数法、因子分析法和内梅罗指数法计算的土壤综合肥力指数值（IFI）与早稻、晚稻和水稻年总产量之间有极显著相关关系；李方敏等（2002）运用相关系数法和因子分析法对 IFI 与相应水

稻产量进行相关分析，表明二者之间达到极显著相关。这些研究结果与本研究的结果基本一致，表明综合评价结果能够较好地反映土壤肥力变化。

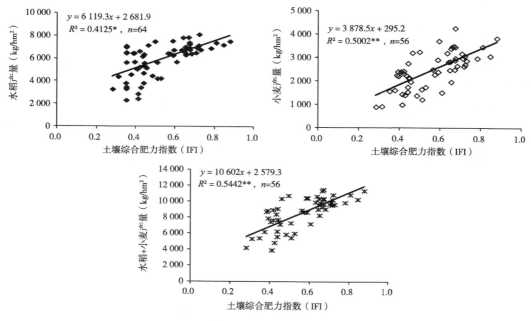

图 7-5 土壤肥力指数（IFI）与产量的关系

注：＊表示在 5%水平显著相关，＊＊表示在 1%水平显著相关

第四节 小 结

一、土壤肥力评价指标

在进行土壤肥力综合评价时，土壤容重、总孔隙度、土壤团聚体和黏粒含量可作为土壤物理肥力指标的主要因子，土壤化学肥力指标主要集中体现在土壤有机质、有效磷、速效钾、pH 值、电导率和阳离子交换量等指标，土壤生物学指标主要集中在微生物量 C、微生物量 N、酶活性和微生物群落结构等指标。

二、土壤肥力评价方法

随着信息技术在土壤研究中的应用，土壤肥力评价已由原来的定性描述阶段发展到现在的定量评价阶段。国内外学者提出了专家打分法、综合土壤质量指数、Fuzzy 综合评判法、土壤质量动态、多变量指示克里格法等定量评价方法。土壤肥力的定量评价大多引用综合指数的思路，即兼顾土壤肥力的各项指标，利用数学方法，计算出土壤肥力的综合得分值。上述这些评价方法基本都没有直接将作物产量纳入指标进行综合评价，而在实际中，由于不合理的施肥、耕作和管理措施等，在评价时会出现土壤肥力指数较高而实际生产力较低的矛盾现象。如何将作物产量纳入土壤肥力综合评价指标体系值得进一步探讨。

三、长期施肥对稻田土壤综合肥力的影响

随着种植年限的延长，CK、N、M 和 MN 处理土壤 IFI 值基本维持稳定；而 NP、NPK、MNP 和 MNPK 处理的 IFI 值总体均呈显著增加趋势。有机肥配施化肥处理（MN、MNP 和 MNPK）的 IFI 值显著高于单施化肥处理（N、NP 和 NPK）及 CK 处理，前者分别比后两者提高了 9.3% 和 47.5%，表明有机肥配施化肥能够培肥土壤，提高土壤的综合肥力。采用相关系数法计算的 IFI 与水稻、小麦及总产（水稻+小麦）均呈显著或极显著正相关关系，说明相关系数评价方法适宜进行土壤肥力综合评价。

第八章　稻田土壤可持续利用技术

　　农业生产关乎国家粮食安全、资源安全和生态环境安全。大力推广农业可持续发展是实现乡村振兴战略、建设美丽中国的必然选择，是中国特色新型农业现代化道路的内在要求。我国栽培水稻已有7 000多年的历史，尤其以长江、黄河流域居多，凡气候适宜，又有水资源可灌溉的地方，无论何种土壤均可经由种植水稻而形成水稻土（高菊生等，2016）。全世界水稻土面积约20亿亩，中国约3.8亿亩，约占世界水稻土面积的20%，其中紫色水稻土是我国一种特有的土壤资源，广泛分布于我国的川、渝、滇、黔、湘、徽、浙等省，紫色土是我国西南地区粮食生产的重要土地资源（徐明岗等，2015）。当前和今后一个时期，推进农业可持续发展面临前所未有的历史机遇。近年来，农业农村部发布了《耕地质量保护与提升行动方案》《耕地质量调查监测与评价方法》，制订了《到2020年化肥使用量零增长行动方案》和《到2020年农药使用量零增长行动方案》，2016年农业部（现称"农业农村部"）发布了《耕地质量等级》国家标准。这些方案、方法及标准等的制定和发布是贯彻落实中央农村工作会议、中央一号文件和全国农业工作会议精神，紧紧围绕"稳粮增收调结构，提质增效转方式"的工作主线；是落实中央关于生态文明建设总体部署的重要措施，十分必要、十分迫切；有利于摸清耕地质量家底，掌握耕地质量变化趋势，推动"藏粮于地、藏粮于技"战略的实施；坚持耕地数量、质量、生态"三位一体"保护；同时，也有利于指导各地根据耕地质量状况，合理调整农业生产布局，推进农业供给侧结构性改革，缓解资源环境压力，提升农产品质量安全水平；大力推进化肥减量提效、农药减量控害，积极探索产出高效、产品安全、资源节约、环境友好的现代农业发展之路。

　　然而，西南紫色土地区稻田面临的现状和存在的问题有以下几个方面：一是部分农民对耕地"重用轻养"，采取掠夺式生产经营；二是肥料施用不合理，有机肥施用量逐年减少，而化肥施用量比例逐年上升，以"化学肥料为主、有机肥为辅"的施肥方式普遍存在，造成肥料利用率降低、肥效下降、土壤质量变差；三是化肥、农药、地膜残留、土壤重金属等对耕地的污染日益加剧，土地污染的直接后果是农业生产效益低、耕地地力下降、农田生态环境污染加重。针对这些问题，收集整理研究团队以往成果、结合长期试验累积的研究经验，整理提出紫色土稻田可持续利用的施肥技术，主要包括：稻田施肥轻简化实用技术、紫色水稻土肥力评价与推荐施肥软件、氮肥合理施用准则（DB51/T617—2007）、磷肥合理施用准则（DB51/T914—2009）、钾肥合理施用准则（DB51/T629—2007）、稻田有机无机肥施用技术规程（未发布）和水稻合理施肥技术规程（DB51/T1358—2011），这些地方标准、肥力评价软件和推荐施肥技术对实现紫色土稻田作物增产、增效、绿色、安全可持续发展具有重要意义。

第一节 稻田施肥轻简化实用技术

一、技术概述

有机肥料来源广泛，包括养殖业或家庭畜禽粪便、农业生产废弃物、农副产品加工下脚料、沼渣等。我国每年各种有机肥料生产量达 18 亿~24 亿吨，其中大量元素氮磷钾养分估计约 1 678 万吨。有机肥除含有植物生长所需的大量元素外，还含有中、微量元素和植物生长有益的氯、硒、有机酸、胡敏素等某些特殊物质。有机肥具有肥效长、养分全的特点，是作物生长的一种理想肥料种类。

二、增产增收情况

在西南稻田区域，有机无机肥料优化施用水稻平均产量约 7860 kg/hm^2，比习惯施肥增产约 3%，每亩节本增收 80 元左右。

三、技术要点

1. 用量

每亩施腐熟优质有机肥 500~750 kg，配合施用 8~12 kg 氮（N）素，3~5 kg 磷（P_2O_5）素，4~8 kg 钾（K_2O）素；稻田缺锌情况下，隔年每亩基施 $ZnSO_4$ 或 $ZnCl_2$ 1kg 左右。

2. 肥料种类

有机肥种类为腐熟粪肥、厩肥，氮肥种类有尿素、控释氮肥、复合肥，磷肥种类有过磷酸钙、钙镁磷肥、磷铵、复合肥，钾肥种类有氯化钾、复合肥。

3. 施用时间

有机肥和磷肥作为底肥在作物移栽前撒施后翻入土中，氮肥基追肥比例为 3：2，60%氮肥作为底肥，40%氮肥在分蘖时追施，钾肥基追肥比例为 1：1，50%钾肥作为底肥，50%钾肥在拔节时追施。

四、适宜区域

西南地区稻田。

五、注意事项

有机肥大部分营养元素呈有机态，须经分解，才能转化为植物吸收利用的养分，所以不要在水稻移栽前施入未腐熟有机物。水稻底肥中应含有充足速效养分，以保证前期低温条件下养分的供应和满足水稻生长的需求，特别是速效氮、磷、钾素养分。

第二节　《紫色土稻田土壤肥力评价软件 V1.0》用户手册

一、概述

稻田土壤肥力是水稻生产可持续发展的基础资源，也是影响水稻产量的重要因素。如何选择合理的评价方法和指标对稻田土壤肥力进行科学的评价，为稻田可持续生产和管理提供理论指导就显得尤为重要。土壤肥力评价已由原来的定性描述阶段发展到现在的定量评价阶段。土壤单一养分或肥力指标的变化能从一定角度反映土壤肥力的变化特征，但往往难以全面表征土壤肥力状况；国内外学者提出了专家打分法、Fuzzy 综合评判法、土壤质量动态法、内梅罗指数法和主成分-聚类分析法等多种土壤肥力评价方法。这些方法的优点是能够为定量评价土壤肥力发挥重要作用；但上述评价方法基本都没有直接将作物产量纳入参评指标进行评价，而在实际生产中，由于施肥、耕作和管理措施等因素的影响，评价时会出现土壤肥力指数较高而实际生产力较低的矛盾现象。如何将作物产量纳入土壤肥力综合评价指标体系值得进一步探讨。因此，本软件开发的思路是考虑作物产量（除了传统的土壤理化生指标之外，将水稻相对产量作为表征土壤未知属性和人为因素的综合指标），再结合土壤肥力指标进行肥力评价。但是考虑到各类用户掌握数据量的不统一，本软件肥力评价方法中设置了不同数据量的参考评价方案，并对结果进行了准确度评价。本软件可以直接通过 APP store 安装到 iPhone 和 iPad 上，通过自带 GPS 定位系统或者手动输入测试田块所在位置信息，然后选定评价方案后录入土壤各项肥力指标值，基于土壤肥力综合评价模型算法，实现紫色土稻田土壤综合肥力指数的准确计算，软件操作简单，成本较低，因而具有广阔的市场应用前景。

二、软件功能

（一）软件设计

紫色土稻田土壤肥力评价软件能够通过调取手机自带 GPS 定位系统获取当前所在位置的经纬度后，补充省市县区镇村的详细信息，或者手动选择测试田块的详细地理位置信息，通过选定评价方案后，输入测试田块土壤各项肥力评价指标的测试值；软件会自动根据所填入土壤肥力指标类型调用后台相应函数，完成对土壤综合肥力指数的计算。考虑到各个用户输入的土壤肥力指标的个数不一致，本软件设置了不同的土壤肥力指标数据量的计算结果，并对结果进行了准确度评价。

为方便用户准确实现对紫色水稻土肥力程度的掌握，该软件通过界面方式给出了软件使用说明的详细介绍，包括名称、研发单位、研发人员等详细介绍，用户可填入相关的输入框信息，然后点击下一步直到计算结果页面。为了使紫色土稻田土壤肥力评价软件更容易使用，方便用户录入各项信息，主要设计了 4 个页面。本软件类似一个工具，操作方便、功能简单、人机交互效率高。

该软件系统功能框图如图 8-1 所示，田块信息录入流程如图 8-2 所示，综合肥力指数算法实现流程如图 8-3 所示，结果准确度评价流程如图 8-4 所示。

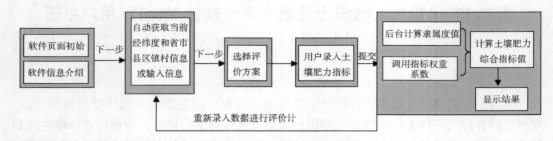

图 8-1　软件系统功能框架

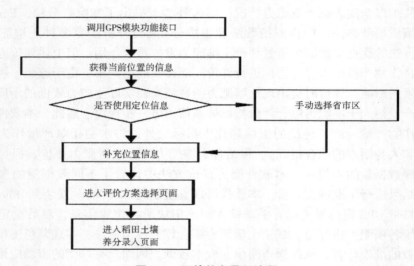

图 8-2　田块信息录入流程

通过 GPS 自动定位，获得当前位置的经纬度和省市县区镇村的详细信息，如果不采用定位，可手动选择省市区县和录入具体信息。

（二）实现功能

《紫色土稻田土壤肥力评价软件》实现了如下功能。

（1）为使用方便，该软件调用自带的 GPS 模块功能接口，可以显示当前所在位置的经纬度并补充省市县区镇村的详细信息，也可手动选择测试田块的信息。

（2）根据测试指标数量选择评价方案，然后录入土壤肥力指标，实现了对土壤肥力的灵活评价。

（3）能够提供人性化的人机界面，并对各个功能提供图形化的操作控件，大大提高了人机交互效率。

（4）该软件对输入数据类型进行了限制和校验，提高了用户的可操作性，功能简单。

（5）根据用户输入的指标，对结果准确度进行评价，大大提高了土壤肥力综合指数结果的可靠性。

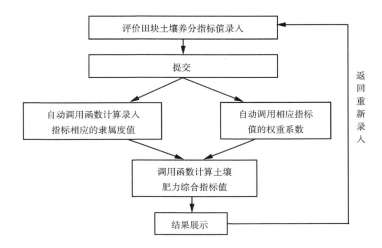

图8-3　综合肥力指数算法实现流程

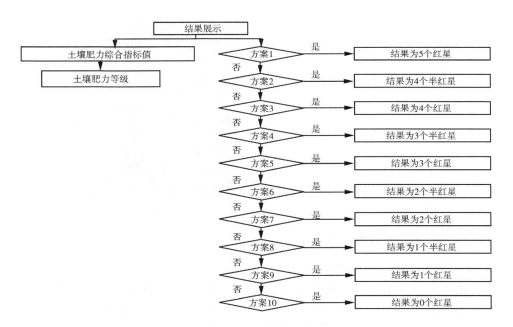

图8-4　结果准确度评价流程

三、软件使用说明

（一）系统设置

1. 硬件环境

各类苹果系统的手机或者平板

2. 软件运行环境

iOS 10.0 及以上

3. 编程环境

Xcode

4. 编程语言

Swift

5. 安装步骤

iPhone 或 iPad 在 APP store 搜索"紫色土稻田土壤肥力"然后点击安装

（二）使用说明

1. 初始界面

为了增强用户体验，本软件分为软件介绍、当前所在位置田块信息录入、评价方案选择、土壤各个指标录入和结果展示 5 个页面。其中软件使用介绍包括软件功能、适用范围、研发单位、研发人员的介绍，明确了软件具体功能，用户可通过点击软件图标进入软件初始页面如图 8-5 所示。

图 8-5　稻田土壤肥力评价软件初始界面

2. 田块和位置信息录入功能

从初始界面点击下一步进入田块信息录入界面，首先在田块信息界面初始化的时候，软件会调用自带的 GPS 模块功能接口获取当前所在位置的经纬度信息，用户也可手动输入所在位置的详细信息，当用户点击下一步提交时，系统会对必填项进行校验，如图 8-6 所示。

3. 评价方案选择

本软件根据录入指标的不同共分为 10 个方案，可根据掌握信息选择合适的方案实现土壤肥力的计算，如图 8-7 所示。

4. 土壤肥力指标录入功能

土壤肥力评价软件获取田块录入信息后，进入方案选择界面，用户可选择方案并按规定录入土壤的指标，如图 8-8 所示。所选方案的指标需要全部录完，选择方案的时

图 8-6　田块和位置信息录入界面（前 2 个图为自动获取，后 2 个图为手动选择）

图 8-7　评价方案选择界面

候需要注意，点击提交按钮。

5. 土壤综合肥力指数计算及结果准确度评价功能

当用户输入土壤指标点击提交后，后台会调用相关的算法程序去计算隶属度、权重、综合肥力指数和结果准确度，红星越多表示准确度越高，并把相应的结果展示在页面上。软件界面如图 8-9 所示。

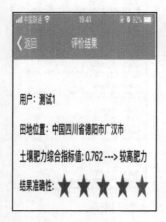

图 8-8　指标录入界面（方案三）

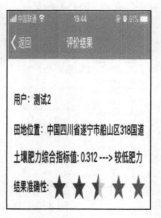

图 8-9　结果展示界面

第三节　《一种紫色水稻土肥力评价与推荐施肥软件 V1.0》用户手册

一、概述

稻田土壤肥力水平状况是水稻生产可持续发展的基础资源，也是影响水稻产量的重要因素。土壤肥力评价已由原来的定性描述阶段发展到现在的定量评价阶段。土壤单一养分或肥力指标的变化能从一定角度反映土壤肥力的变化特征，但往往难以全面表征土壤肥力状况。国内外学者提出了 Fuzzy 综合评判法、专家打分法、土壤质量动态法和主成分-聚类分析法等多种土壤肥力评价方法。这些方法的优点是能够为定量评价土壤肥力发挥重要作用，但由于所选评价指标的差异和采用的方法不同，导致同一地块评价结果差异较大，对推荐施肥量影响也较大。如何通过肥力评价结果进行作物推荐施肥还需进一步探讨。因此，本软件开发的思路是选取基本肥力指标中常规易测定的指标，利用 Fuzzy 综合评判法进行稻田肥力评价，根据养分平衡法进行施肥，从而获得较为可行的稻田推荐施肥量。本软件可以直接通过 APP store 安装到 iPhone 和 iPad 上，通过自带 GPS 定位系统或者手动输入测试田块所在位置信息，然后录入土壤各项肥力指标值，基于土壤肥力综合评价模型算法，实现紫色土稻田土壤综合肥力指数的准确计算，通过后台推荐施肥模型去评价田块推荐施肥量和施肥方式，软件操作简单，且成本低，因而具有广阔的市场应用前景。

二、软件功能

（一）软件设计

一种紫色水稻土肥力评价与推荐施肥软件能够通过两种途径获得测试田间的地理位置详细信息，一种途径为调取手机自带 GPS 定位系统获取当前所在位置的经纬度和省市县区镇村的详细信息，另一种途径为手动录入测试田块所在的经纬度或省市县区镇村的详细信息。手动录入测试田块的土壤各项肥力评价指标的测试值；软件会自动根据所填入土壤肥力指标的值调用后台相应函数，完成对土壤综合肥力指数的计算；软件根据土壤综合肥力指数值调用后台相应函数进行测试田块推荐施肥的计算；本软件设置了显示结果，包括测试田块土壤综合肥力指数、土壤肥力等级以及该田块水稻产量和推荐施肥方案。

为方便用户准确实现对紫色水稻土土壤肥力程度的掌握以及推荐施肥方案，该软件通过界面方式给出了软件使用说明的详细介绍，包括名称、研发单位、研发人员等详细介绍，用户可填入相关的输入框信息，然后点击下一步直到计算结果页面。为了使一种紫色土稻田土肥力评价与推荐施肥软件更容易使用，方便用户录入各项信息，主要设计了 4 个页面。本软件类似一个工具，操作方便、功能简单、人机交互效率高。

该软件系统功能框架如图 8-10 所示，测试田块信息录入流程如图 8-11 所示，土壤肥力评价与推荐施肥方法计算实现流程如图 8-12 所示，结果展示流程如图 8-13 所示。

通过 GPS 自动定位，然后获得当前位置的经纬度和省市县区镇村的详细信息，如果不是用定位，可手动选择省市区县和录入具体信息。

（二）实现功能

《一种紫色水稻土肥力评价与推荐施肥软件》实现了如下功能。

（1）为使用方便，该软件调用手机自带的 GPS 模块功能接口，可以显示当前所在位置的经纬度和省市县区镇村的详细信息，或者通过手动选择测试田块的省市县区镇村详细信息。

（2）用户手动录入 8 项土壤肥力指标，实现对测试田块的土壤肥力综合评价。

（3）能够提供人性化的人机界面，并对各个功能提供图形化的操作控件，大大提

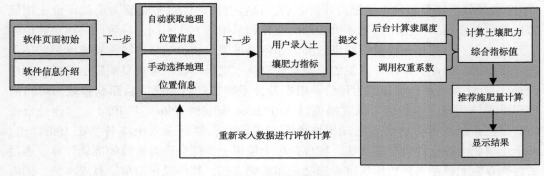

图 8-10　系统功能框架

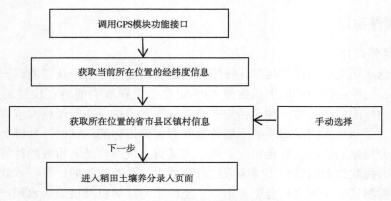

图 8-11　田块信息录入流程

高了人机交互效率。

（4）该软件通过界面方式给出了软件使用介绍，包括软件功能、适用范围、研发单位、研发人员等介绍，提供了界面友好的输入，对输入数据类型进行了限制和校验，提高了用户操作性，功能简单。

（5）本软件根据研究成果实现对土壤各个指标的隶属度计算和相关权重系数的计算，实现综合肥力指数的计算，以及土壤肥力等级判别。

（6）能够根据土壤肥力综合指标值采用养分平衡法原理计算水稻氮、磷、钾的推荐施肥量，并展示出施肥方案。

三、软件使用说明

（一）系统设置

1. 硬件环境

各类苹果系统的手机或者平板

2. 软件运行环境

iOS 10.0 及以上

3. 编程环境

Xcode

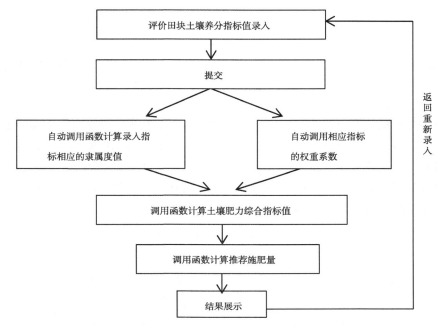

图 8-12　土壤肥力评价与推荐施肥方法计算实现流程

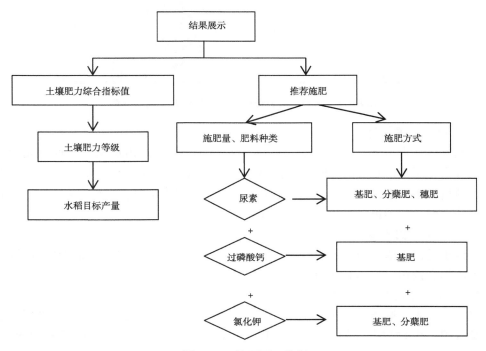

图 8-13　结果展示流程

4. 编程语言

Swift

5. 安装步骤

iPhone 或 iPad 在 APP store 搜索"一种紫色水稻土肥力评价与推荐施肥软件"点击安装

（二）使用说明

一种紫色水稻土肥力评价与推荐施肥软件是根据土壤肥力评价的研究成果开发的一个对紫色土稻田土壤肥力评价与推荐施肥的工具。为了增强用户体验，本软件分为软件介绍、当前所在位置田块信息录入、土壤各个指标录入和结果展示 4 个页面。其中软件使用介绍包括软件名称、研发单位和研发人员，明确了软件具体功能，用户可通过点击软件图标进入软件初始页面，如图 8-14 所示。

图 8-14　水稻土肥力评价与推荐施肥软件初始界面

1. 田块和位置信息录入功能

从初始界面点击下一步进入田块信息录入界面，首先在田块信息界面初始化的时候，软件会调用手机自带的 GPS 模块功能接口，获取当前所在位置的经纬度信息和省市县区镇村的详细信息，也可选择性输入农户名、田块等信息，当用户点击下一步提交时，系统会对必填项进行校验，如图 8-15 所示。

2. 紫色土稻田土壤肥力指标录入功能

紫色土稻田土壤肥力评价软件获取田块录入信息后，按要求录入需要的 8 项指标，然后点击提交按钮，如图 8-16 所示。

3. 土壤综合肥力指数计算及推荐施肥功能

当用户输入土壤指标点击提交后，后台会调用相关的算法程序去计算隶属度、权重、综合肥力指数和推荐施肥，并把相应的结果展示在页面上。软件界面如图 8-17 所示。

图 8-15-1　田块和位置信息录入界面（自动获取）

图 8-15-2　田块和位置信息录入界面（手动选择）

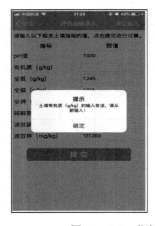

图 8-16-1　指标录入界面（测试 1）

图 8-16-2 指标录入界面（测试 2）

图 8-16-3 指标录入界面（测试 3）

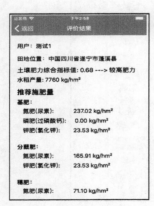
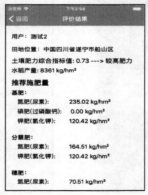
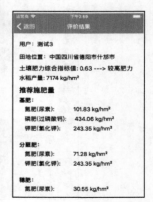

图 8-17 结果展示界面

第四节 氮肥合理施用准则[①]

一、范围

本标准规定了氮素化肥合理施用的基本原理和准则，以及不同品种氮素化肥科学合理施用的原则和方法。

本标准适用于四川省具有氮（N）标明量、以提供植物所需氮养分为主要功效的大量元素。

二、规范性引用文件

下列文件中的条款通过本标准的引用而成为本标准的条款。凡是注日期的引用文件，其随后所有的修改单（不包括勘误的内容）或修订版均不适用于本标准，然而，鼓励根据本标准达成协议的各方研究是否可使用这些文件的最新版本。凡是不注日期的引用文件，其最新版本适用于本标准。

GB 2400 尿素

GB 2945 硝酸铵

GB 3559 农业用碳酸氢铵

GB 535 硫酸铵

GB/T 2946 氯化铵

GB/T 6278 肥料和土壤调理剂 术语

NY/T 496 肥料合理施用准则 通则

三、术语和定义

下列术语和定义适用于本标准。

1. 肥料

以提供植物所需养分为主要功效的物料。

2. 大量元素

对氮、磷、钾元素的通称。

3. 氮肥

具有氮（N）标明量，以提供植物所需氮养分为主要功效的大量元素。

4. 磷肥

具有磷（P_2O_5）标明量，以提供植物所需磷养分为主要功效的大量元素。

5. 钾肥

具有钾（K_2O）标明量，以提供植物钾养分为主要功效的大量元素。

---

① 引自四川省地方标准（DB51/T617—2007），陈庆瑞和赵秉强（2014）

6. 有机肥料

主要来源于植物和（或）动物的粪便、施于土壤经土壤微生物分解后，以提供植物营养和改良土壤为主要功效的物料。

7. 植物养分

植物生长所必需的矿质元素。

8. 肥料养分

肥料中可供植物吸收的养分。

9. 施肥量

施于单位面积耕地或单位质量生长介质中的肥料或土壤调理剂，或养分的质量或体积。

10. 植物的土壤氯容量

作物耐氯临界值减去土壤含氯量的差值。

四、氮肥类型

1. 铵态氮肥

氮肥中氮素形态以氨（NH_3）或铵根（NH_4^+）离子存在，主要有硫酸铵、氯化铵、碳酸氢铵、氨水等。

2. 硝态氮肥

氮肥中氮素以硝酸根（NO_3^-）离子形态存在，主要有硝酸钾。

3. 硝、铵态氮肥

氮肥中氮素以硝酸根（NO_3^-）离子和铵根（NH_4^+）离子两种形态存在，即硝酸铵。

4. 酰胺态氮肥

氮肥中氮素形态以有机酰胺态氮形式存在，即尿素。

五、施用原则

1. 矿质营养理论

植物生长除需要光照、水分、温度和空气等环境条件外，还需要氮、磷、钾、钙、镁、硫、铁、锰、铜、锌、硼、钼、氯等必需营养元素。每种必需元素均有其特定的生理功能，相互之间同等重要，不可替代。

2. 养分归还学说

植物从土壤中吸收并以收获物形式带走了大量的养分，使土壤中的养分日趋减少，地力逐渐下降。为了维持地力和提高产量应将植物带走的养分归还土壤。

3. 最小养分律

植物为了生长发育需要吸收各种养分，但是决定植物产量高低的，却是土壤中相对含量最小的有效养分，产量也在一定程度内随着这个（些）养分的增减而相对变化，即使继续增加其他养分也难以再增加植物产量。最小养分会随植物产量和施肥水平等条件的改变而变化。

4. 报酬递减律

在其他技术条件相对稳定的条件下，在一定施肥量的范围内，植物产量随着施肥量的逐渐增加而增加，但单位施肥量增加的产量却呈递减趋势。施肥量超过一定数量后植物产量不再增加，反而下降。

5. 因子综合作用律

植物生长受水分、养分、光照、温度、空气、品种以及耕作条件等多种因子制约。施肥仅是植物增产的有效措施之一，补充养分应与其他增产措施密切配合。各种养分之间的配合作用，必须因地制宜地综合施用才能取得更好的效果。

（1）正交互作用效应。两种或两种以上的肥料养分配合施用后，对植物的增产效应大于每种单一肥料养分单独作用时的增产效应之和。

（2）无交互作用效应。两种或两种以上的肥料养分配合施用后，对植物的增产效应等于每种单一肥料养分单独作用时的增产效应之和。

（3）负交互作用效应。两种或两种以上的肥料养分配合施用后，对植物的增产效应小于每种单一肥料养分单独作用时的增产效应之和。

六、施肥依据

1. 植物营养特性

不同植物种类、品种，同一植物品种不同生育期、不同产量水平对氮素养分的需求数量和比例不同，不同植物种类对氮素养分种类有特殊反应，不同植物对氮素养分吸收利用能力也存在差异。

2. 土壤性状

土壤类型、物理性质、化学性质和生物特性等因素导致土壤保肥和供肥能力不同，从而影响氮肥的肥料效应。

3. 氮肥品种

不同氮肥种类和品种决定适宜氮肥的种类和品种，应采用适宜的施用方法和使用技术。

七、施用技术

根据植物吸收氮素的特征、氮肥施用原则、土壤供应氮素的情况、土壤性状、氮肥的特性、耕作制度、气候等确定氮肥适宜的施用数量、施用品种、底追比例、施用时期和施用方法。

1. 施用品种

氮肥可作底肥或追肥施用。底肥应选择速效氮含量低的氮肥，追肥应选择速效氮含量高的氮肥。酸性土壤应选择生理碱性或碱性肥料，碱性土壤应选择生理酸性或酸性肥料。硫酸铵一般在碱性土壤上施用；氯化铵应根据植物的土壤氯容量施用，作底肥时应适当早施，在耕翻后及时灌溉；硝酸铵应作旱地追肥和种肥施用。

2. 施用数量

氮肥施用总量的确定和计算方法参见（规范性附录）附录 A。

3. 底追比例

作物底肥和追肥应按照一定比例施用，追肥应少量多次施用，尤其是瓜果、蔬菜类作物。禾本科作物追一次肥料时，底、追比例一般为 6∶4；追两次肥料时，底、追比例一般为 4∶6，两次追肥各占一半。

4. 施用时期

在氮素反应敏感的植物生长前、中期和后期均应补充氮肥。

5. 施用方法

根据氮肥的不同特性，可作底肥、种肥、追肥、叶面肥喷施。施种肥时不应与种子直接接触；施底肥时，应全层施用；追肥应集中施用和深施，避免与植物叶子接触，并应在阴天或晴天清晨或晴天傍晚进行。

八、效益评价

氮肥的效益评价参见（规范性附录）附录 B。

第五节　磷肥合理施用准则[①]

一、范围

本标准规定了磷肥合理施用的基本原则、方法和技术。

本标准适用于四川省使用的具有磷（P_2O_5）标明量，以提供植物磷素养分为其主要功效的无机（矿物）磷肥。

二、规范性引用文件

下列文件中的条款通过本标准的引用而成为本标准的条款。凡是注明日期的引用文件，其随后所有的修改单（不包括勘误的内容）或修订版均不适用于本标准，然而，鼓励根据本标准达成协议的各方研究是否可使用这些文件的最新版本。凡是不注日期的引用文件，其最新版本适用于本标准。

GB 10205 磷酸一铵、磷酸二铵

GB 20412 钙镁磷肥

GB 20413 过磷酸钙

GB 21634 重过磷酸钙

NY/T 496 肥料合理施用准则　通则

HG/T 3275 肥料级磷酸氢钙

GB/T 6274 肥料和土壤调理剂　术语

[①] 引自四川省地方标准（DB51/T914—2009），陈庆瑞和赵秉强（2014）

三、术语和定义

下列术语和定义适用于本标准。

1. 磷肥

具有磷（P_2O_5）标明量，以提供植物磷养分为主要功效的大量元素。

2. 水溶性磷肥

养分标明量（P_2O_5）主要属水溶性磷的磷肥。

3. 枸溶性磷肥

养分标明量（P_2O_5）主要属枸溶性磷的磷肥。

4. 施肥量

施于单位面积耕地（林地）或单位质量生长介质中的肥料或土壤调理剂，或养分的质量或体积。

5. 经济最佳施磷量

当磷肥边际收益等于零时，即边际产值与边际成本相等，单位面积的施用磷肥效益最大，此时的施用磷肥量为经济最佳施磷量。

6. 磷肥利用率

当季施入土壤中的磷肥被作物吸收利用的程度。

四、常用磷肥品种

1. 水溶性磷肥

主要有过磷酸钙、重过磷酸钙、磷酸一铵、磷酸二铵等。

2. 枸溶性磷肥

主要有钙镁磷肥、磷酸氢钙等。

3. 难溶性磷肥

主要有磷矿粉等。

五、磷肥合理施用原则

磷肥施用应根据土壤供磷特性、作物对磷素的需求以及磷肥品种特性，经济、有效、安全、合理地施用。磷肥宜作底肥在耕层集中施用；在稻—麦（油）轮作中，磷肥应重点施用于小麦（油菜）旱作上，在旱作轮作中，磷肥应重点施用于秋播越冬作物上。

六、磷肥合理施用技术

磷肥合理施用技术包括磷肥施用量的确定、磷肥品种的选择、施用方法、施用时期、磷肥与其他肥料的配合施用等。

1. 施用量的确定方法

磷肥施用量确定的常用方法有养分丰缺指标法、肥料效应函数法、氮磷钾比例法、地力分区（级）法、目标产量法（养分平衡法、地力差减法）等。

（1）养分丰缺指标法。在不同肥力土壤上设置多点田间试验，设置全肥区和磷素缺乏区处理，同时测定试验田的土壤有效磷含量，建立土壤有效磷与磷相对产量的函数方程，制定土壤养分丰缺指标及其对应的作物产量，确定磷肥施用量。

（2）肥料效应函数法。选择有代表性的土壤，应用单因素或多因素随机区组设计，进行多点田间试验，对试验数据进行统计分析，建立磷肥肥料效应方程，确定磷肥适宜施用量。

（3）氮磷钾比例法。通过田间试验，得出不同作物氮、磷、钾的最适用量，计算出三者比例关系，按比例确定磷肥施用量。其他方法参见附录 C。

（4）土壤供磷能力的分级。根据土壤有效磷含量，形态及其对作物的有效性，可将土壤供磷能力分为：极低、低、中、高和极高。

（5）主要农作物推荐施磷量参考（表 8-1）。

表 8-1　主要农作物推荐施磷量（折 P_2O_5 kg/亩）

土壤有效磷	水稻	小麦	玉米	油菜	瓜、果、茄、根、茎类蔬菜
极低	4~5	5~6	5~6	6~7	4~5
低	3~4	4~5	4~5	5~6	3~4
中	2~3	3~4	3~4	4~5	2~3
高	1~2	2~3	2~3	3~4	1~2
极高	—	—	—	—	—

2. 品种的选择

豆类作物、十字花科作物与大蒜等作物，优先选择过磷酸钙；水稻等作物，优先选择钙镁磷肥。

水溶性磷肥适宜于中性或碱性土壤；枸溶性磷肥适宜于中性或酸性土壤；难溶性磷肥适宜于酸性土壤。

3. 施用方法

根据磷肥不同品种特性，可采用底肥、追肥和根外追肥等方法施用。一般作底肥或追肥施用时，应集中施用和深施耕层。提倡磷肥与有机肥配合施用。

4. 施用时期

磷肥一般作底肥施用，如果生育期长作物后期缺磷，可补充施用水溶性磷肥或根外追肥。

5. 磷肥与其他肥料的配合施用

根据土壤养分的丰缺程度，磷肥宜与氮、钾及中、微量元素肥料配合施用，也可选用氮磷钾比例适宜的复合肥，磷肥宜与有机肥料配合施用。

6. 磷肥与其他肥料的混合施用

水溶性磷肥、枸溶性磷肥和难溶性磷肥均可与中性和酸性肥料混合后施用，但不宜与碱性肥料混合后施用。水溶性磷肥宜与腐熟的有机肥混合后施用，枸溶性磷肥可与有机肥料混合堆沤后施用。

七、磷肥效益的评价

参见（资料性附录）附录 D。

第六节　钾肥合理施用准则[①]

一、范围

本标准规定了钾素化肥合理施用的基本原理和准则，以及不同钾素化肥品种合理施用的原则和方法。

本标准适用于四川省具有磷（K_2O）标明量，以提供植物磷养分为其主要功效的大量元素。

二、规范性引用文件

下列文件中的条款通过本标准的引用而成为本标准的条款。凡是注日期的引用文件，其随后所有的修改单（不包括勘误的内容）或修订版均不适用于本标准，然而，鼓励根据本标准达成协议的各方研究是否可使用这些文件的最新版本。凡是不注日期的引用文件，其最新版本适用于本标准。

GB 6549—1996 氯化钾

ZB G 21006—89 农用硫酸钾

GB/T 6278 肥料和土壤调理剂 术语

NY/T 496 肥料合理施用准则 通则

三、术语和定义

下列术语和定义适用于本标准。

1. 肥料

以提供植物所需养分为主要功效的物料。

标明养分呈无机盐形式的肥料，由化学或物理的工业方法制成。

2. 大量元素

对氮、磷、钾元素的通称。

3. 氮肥

具有氮（N）标明量，以提供植物所需氮养分为主要功效的大量元素。

4. 磷肥

具有磷（P_2O_5）标明量，以提供植物磷养分为主要功效的大量元素。

---

① 引自四川省地方标准（DB51/T629-2007），陈庆瑞和赵秉强（2014）

5. 钾肥

具有钾（K_2O）标明量，以提供植物钾养分为主要功效的大量元素。

6. 有机肥料

主要来源于植物和（或）动物的粪便、施于土壤经土壤微生物分解后，以提供植物营养和改良土壤为主要功效的物料。

7. 植物养分

植物生长所必需的矿质元素。

8. 肥料养分

肥料中可供植物吸收的养分。

9. 施肥量

施于单位面积耕地或单位质量生长介质中的肥料或土壤调理剂，或养分的质量或体积。

四、钾肥的分类

1. 氯化钾

KCl 含钾素（K^+）和氯根离子（Cl^-）的钾肥。

2. 硫酸钾

K_2SO_4 含钾素（K^+）和硫酸根离子（SO_4^{2-}）的钾肥。

五、钾肥合理施用原则

应根据土壤特性、土壤含钾量以及植物的需钾特点合理施用钾肥，提高植物产量、培肥土壤、保护生态环境。

六、钾肥合理施用技术

钾肥合理施用技术包括施用量、施用方法、施用时期、品种的选择和与其他肥料的配合等。

钾肥应与有机肥、氮、磷肥及所需中微量元素肥料配合施用。钾肥可作底肥、追肥、种肥。当用氯化钾作种肥时应避免与种子直接接触，对氯敏感植物应控制用量。

1. 钾肥施用总量确定的方法

钾肥施用总量确定的方法（包括有机、无机，下同）见附录 E。

（1）地力分区（级）配方法。根据土壤钾素供应能力的高低，分成若干等级，在不同区域内经过试验，确定接近或相同区域的钾肥在不同植物上的施用量和不同生育时期施用比例。

（2）目标产量配方法。根据种植区域内的耕作条件和产量最高限度，一般在某种植物近三年的平均产量的基础上确定目标产量，再根据植物吸收钾素原则和土壤钾素供应状况，确定钾肥和其他肥料施用量。

（3）养分平衡法。根据无肥区植物带走的钾素养分量，再依据土壤养分测定值计算出的土壤供肥量、植物需要吸收的钾肥总量，再确定所需增加钾素养分的施肥量。

（4）地力差减法。根据目标产量和无肥区带走的养分量确定需要施用钾素肥料养分量。

（5）肥料效应函数法。经过反复的田间试验后，不同产量与相应的施肥量，存在着一定的函数关系，从而确定相关肥料适宜施肥量的施肥方法。

（6）养分丰缺指标法。在不同地力水平上通过田间试验，得出土壤养分供应水平的丰缺情况、最高施肥量和植物产量之间的相关性，制订出养分的丰缺指标及其对应的植物产量，从而确定钾肥施用量。

①土壤供钾潜力的指标。当土壤缓效钾（K）低于 100 mg/kg 时，土壤供钾潜力极低，为极缺钾土壤；土壤缓效钾（K）在 100~250 mg/kg 时，土壤供钾潜力低，土壤缺钾；土壤缓效钾（K）在 250~500 mg/kg 时，当土壤速效钾（K）低于 50 mg/kg 时，大部分植物应补施钾肥；土壤缓效钾（K）大于 500 mg/kg 后，土壤供钾潜力高，一般不缺钾，不施用钾肥。

②土壤供钾能力的指标。当土壤速效钾（K）低于 50 mg/kg 时，土壤严重缺钾，应施用钾肥；土壤速效钾（K）在 50~70 mg/kg 时，土壤缺钾，也应适当施用钾肥；土壤速效钾（K）在 70~100 mg/kg 时，大部分植物应补施钾肥；土壤速效钾（K）在大于 100 mg/kg 后，一般植物在常规产量水平下可以不施用钾肥。

③钾肥施用量（表 8-2）

表 8-2　主要植物适宜的钾肥施用量

土壤速效钾（K）	土壤缓效钾（K）	主要植物适宜的施用量（kg/亩）				
		水稻	小麦	玉米	油菜	瓜、果、茄、根、茎类
<50	<100	6	4~6	6~8	5~6	8~10
50~70	100~250	4~5	3~4	4~6	3~4	6~8
70~100	250~500	3	3	4	2	4
>100	>500	—	—	—	—	—

2. 施用时期

绝大多数植物对钾素营养的极大需求出现在旺长期，施肥上以底肥和早追肥为宜，生育期长的植物也在中后期追施钾肥。大部分植物钾肥的施用时期为底肥和追肥各 1/2。

3. 施用方法

钾肥一般用作土施，除氯化钾外的其他钾肥也可作根外追肥。土施时既可单独，也可与其他肥料配合施用。

4. 品种的选择

含氯和含硫钾肥都适合大多数植物施用。对氯敏感的植物如烟草等应以非含氯钾肥为主，添加少量氯化钾以满足其生长对氯的需求。

七、钾肥效益的评价见附录 F。

第七节　稻田有机无机肥使用技术规程[①]

一、范围

本标准规定了稻田有机无机肥使用技术的术语和定义、土壤采集、养分测试及施肥方法的规范。

本标准适用于四川省行政范围内水稻有机无机肥料配合施用。

二、规范性引用文件

下列文件对于本文件的应用是必不可少的。凡是注日期的引用文件，仅所注日期的版本适用于本文件。凡是不注日期的引用文件，其最新版本（包括所有的修改单）适用于本文件。

NY/T 496 肥料合理使用准则 通则

NY 525 有机肥料

LY/T 1228 森林土壤氮的测定

LY/T 1232 森林土壤磷的测定

LY/T 1234 森林土壤钾的测定

NY/T 1121.1 土壤检测 第 1 部分：土壤样品的采集、处理和贮存

DB51/2335 农田秸秆综合利用技术规范

三、术语和定义

下列术语和定义适用于本标准。

1. 水稻土

长期进行水稻种植的土壤。

2. 土壤肥力

土壤为植物生长提供协调营养条件和环境条件的能力，是土壤物理、化学和生物学性质的综合反应。

3. 肥力等级

按土壤中碱解氮、速效磷和有效钾含量的不同范围对土壤肥力进行级别划分，见附录 G。

4. 相对产量

指水稻籽粒产量与当地最高产量或该品种的最大产量潜力的比值，以百分数表示。

5. 肥料

指能直接提供作物必需的营养元素，改善土壤养分状况，提高作物产量和品质的

---

① 四川省地方标准尚未发布

物质。

6. 推荐施肥量

根据土壤肥力等级和相对产量所推荐的单位面积施肥量。

7. 有机肥替代率

在某一肥力等级土壤上作物产量达到最高时，有机肥提供的养分占化肥供应养分的百分比率。

四、土壤采集

按 NY/T 1121.1 土壤检测 第 1 部分：土壤样品的采集、处理和贮存中规定执行。

五、土壤测试

土壤碱解氮含量按 LY/T1228 中规定执行；

土壤速效磷含量按 NY/T1132 中规定执行；

土壤速效钾含量按 LY/T1234 中规定执行。

六、施肥指标

1. 肥料用量

（1）氮、磷、钾肥用量（表 8-3 至表 8-5）

表 8-3　基于土壤肥力和相对产量的氮肥推荐施用量

相对产量（%）	碱解氮	氮肥总量（N，kg/亩）	基肥		追肥	
			有机肥氮（N，kg/亩）	化肥氮（N，kg/亩）	化肥氮（N，kg/亩）	
					分蘖肥	穗肥
>95	高	<6	<3	0~0.6	1.2~1.8	1.2~1.8
90~95	较高	6~7	2.4~2.8	0.6~1.4	1.2~2.1	1.2~2.1
80~90	中	7~9	2.1~2.7	1.4~2.7	1.4~2.7	1.4~2.7
75~80	较低	9~11	1.8~2.2	2.7~4.4	1.8~3.3	1.8~3.3
<75	低	11~15	1.1~1.5	4.4~7.5	2.2~4.5	2.2~4.5

表 8-4　基于土壤肥力和相对产量的磷肥推荐施用量

相对产量（%）	速效磷	磷肥总量（P_2O_5，kg/亩）	基肥
			化肥磷（P_2O_5，kg/亩）
>95	高	<2.5	<2.5
90~95	较高	2.5~4.0	2.5~4.0
80~90	中	4~5	4~5
75~80	较低	5~6.5	5~6.5
<75	低	6.5~8	6.5~8

表8-5　基于土壤肥力和相对产量的钾肥推荐施用量

相对产量（%）	有效钾	钾肥总量（K_2O，kg/亩）	基肥 化肥钾（K_2O，kg/亩）	追肥（穗肥） 化肥钾（K_2O，kg/亩）
>95	高	<3	1.8~2.1	0.9~1.2
90~95	较高	5~6.5	3~4.55	1.5~2.6
80~90	中	6.5~8	3.9~5.6	1.95~3.2
75~80	较低	8~9	4.8~6.3	2.4~3.6
<75	低	9~11	5.4~7.7	2.7~4.4

（2）有机肥用量。有机肥应完全腐熟，根据其有机质含量确定有机肥施用量；高肥力土壤有机肥替代率为50%，较高肥力土壤有机肥替代率为40%，中肥力土壤有机肥替代率为30%，较低肥力土壤有机肥替代率为20%，低肥力土壤有机肥替代率为10%。

（3）微量元素肥料用量。若土壤有效锌（Zn）含量低于缺乏临界值（1.00 mg/kg），应针对性使用锌肥，一般用七水硫酸锌1.0~2.0 kg/亩作基肥施用，注意不与磷肥混合；也可用于叶面喷施，浓度为0.1%~0.2%七水硫酸锌或其他锌肥溶液，每亩喷施50 kg左右，间隔5~7天，再喷施1~2次，在晴天傍晚前喷施，遇雨应重新补施。

当土壤有效硼含量小于0.3mg/kg时，应补充硼肥，一般使用硼砂0.5 kg/亩作基肥施用。也可用于叶面喷施，浓度为0.1%左右，喷施量、时期和注意事项同锌肥。

若土壤酸性较强（pH值<4.0）时，基施含硅碱性肥料或生石灰30~50 kg/亩。

2. 肥料品种

（1）化学肥料品种。氮磷钾肥料品种选择上，优先选用水稻专用配方肥。也可选用尿素、缓控释尿素，过磷酸钙、钙镁磷肥（酸性土壤），氯化钾、硫酸钾（应符合肥料合理使用准则 通则 NY/T496—2010 规定）。

（2）有机肥料品种。有机肥可选用农家肥或商品有机肥（应符合有机肥料标准NY525—2012 规定），也可秸秆还田（应符合农田秸秆综合利用技术规范 DB51/2335—2017 规定），也可绿肥翻压。

3. 施肥技术

（1）基肥。结合整地，将氮肥投入总量的50%~60%、100%的有机肥、100%磷肥和中微量元素肥、以及60%~70%的钾肥，采用一次性施肥方案。

（2）追肥。采用全田撒施追肥，根据推荐养分总量确定养分的最佳施用时期，确定施氮总量的20%~30%于分蘖期追施，施氮总量的20%~30%和施钾总量的30%~40%于穗粒期追施。

第八节　水稻合理施肥技术规程①

一、范围

本标准规定四川省不同肥力等级土壤上，水稻大田生产中，合理施肥原则、技术及方法。本标准适用于四川省川中丘陵、成都平原、盆周山区和川西南山地水稻高效施肥技术的实施和指导，可以作为指导企业生产水稻专用肥（配方肥）的依据。

二、规范性引用文件

下列文件对于本文件的应用是必不可少的。凡是注日期的引用文件，仅所注日期的版本适用于本文件。凡是不注日期的引用文件，其最新版本（包括所有的修改单）适用于本文件。

NY/T 148 石灰性土壤有效磷的测定

NY/T 496 肥料 合理使用准则通则

NY/T 797 硅肥

NY/T 889 土壤速效钾和缓效钾含量的测定

NY/T 1105 肥科合理使用准则 氮肥

三、术语和定义

下列术语和定义适用于本文件。

1. 测土配方施肥

以土壤测试和肥料田间试验为基础，根据作物需肥规律、土壤供肥性能和肥料效应，在合理施用有机肥料的基础上，提出氮、磷、钾及中、微量元素等肥料的施用品种、数量，施肥时期和施肥方法。

2. 目标产量

指作物计划达到的产量，是指导施肥定量的依据之一。

3. 土壤肥力

土壤为作物稳定持久提供养分的能力，依据土壤理化性质及前作产量水平，可划分为极高、高、中、低、极低5个等级。

4. 最佳经济施肥量

在一定产量水平下，获得最佳经济效益的施肥量。

四、合理施肥原则

针对四川省不同生态区水稻，氮磷钾施用不平衡，肥料增产效率下降，而有机肥施

---

① 引自四川省地方标准（DB51/T1358—2011）

用不足，中微量元素锌、硅缺乏时有发生等问题，在测土配方施肥的基础上，提出以下施肥原则。

（1）提倡有机无机配合施用。

（2）依据土壤肥力状况，控制氮肥总量，调整基、追比例，氮肥分次施用。

（3）在稻油轮作田、冬水田，适当减少水稻磷肥用量。

（4）依据土壤钾素状况，合理施用钾肥；注意硅肥施用，酌情补充锌肥；肥料施用应与高产优质栽培技术相结合。

五、合理施用技术

1. 总则

氮磷钾等养分的资源特征显著不同，应采取不同的管理策略（参考 NY/T1105）。氮素管理采用"肥料效应函数法"和"目标产量法"，根据土壤不同肥力等级上的目标产量，通过肥料-产量效应方程计算最佳经济施肥量，并在此基础上结合实际采用区域平均适宜施氮量法进行氮肥推荐。磷钾采用年度恒量监控技术，中微量元素则做到因缺补缺、及时监控。

2. 水稻氮肥用量

应符合表 8-6、表 8-7 的规定。

表 8-6　基于土壤肥力和目标产量水稻得氮肥用量

肥力等级	目标产量 （kg/亩）	氮肥总量 （kg/亩）	基肥 （kg/亩）	分蘖肥 （kg/亩）	穗肥 （kg/亩）
极低	500~600	10.0~12.0	7.0~8.4	3.0~3.6	
	<500	10	7	3	
低	500~600	9.0~11.0	6.3~7.7	2.7~3.3	
	<500	9	6.3	2.7	
中	600~700	10.0~12.0	7.0~8.4	3.0~3.6	
	500~600	8.0~10.0	5.6~7.0	2.7~3.3	
	<500	8	5.6	2.4	
高	>700	11.0~13.0	7.7~7.8	3.3~3.9	1.3
	600~700	9.0~11.0	6.3~7.7	2.7~3.3	
	500~600	9	6.3	2.7	
极高	>700	10.0~12.0	7.0~7.2	3.0~3.6	1.2
	600~700	8.0~10.0	5.6~7.0	2.4~3.0	
	500~600	8	5.6	2.4	

3. 水稻磷肥用量

应符合表 8-7 的规定。

表 8-7 水稻土壤磷分级及磷肥用量

肥力等级	有效磷*（mg/kg）	磷肥用量*（mg/kg）
极低	<5	6.0
低	5～10	5.0
中	10～20	4.0
高	20～30	2.0
极高	>30	—

注：*有效磷测定符合 NY/T 148

4. 水稻钾肥用量

应符合表 8-8 的规定。

表 8-8 水稻土壤钾分级及钾肥用量

肥力等级	速效钾*（mg/kg）	钾肥总量（K$_2$O，kg/亩）	基肥（kg/亩）	穗肥（kg/亩）
极低	<60	6.0	3.0	3.0
低	60～80	5.0	2.5	2.5
中	80～120	4.0	2.0	2.0
高	120～160	2.0	1.0	1.0
极高	>160	—	—	—

注：*速效钾测定符合 NY/T 889

5. 水稻氮磷钾肥料品种

水稻氮磷钾肥品种选择上，可选用除硫酸铵、硫酸钾及含硝酸铵复肥以外的所有品种的肥料，可优先选用氯化铵、氯化钾及高氯复（混）合肥料。

6. 水稻氮磷钾施肥方法

水稻氮肥基肥占 60%～70%，分蘖肥占 30%，穗肥占 10%；有机肥与磷肥全部基施；钾肥基肥占 50%，分蘖肥占 50%。若基肥施用了有机肥，可酌情减少氮、磷、钾肥用量。

7. 水稻中微量元素肥料的应用

若土壤有效锌（Zn）低于 1.0 mg/kg、有效硅（Si）低于 40 mg/kg，或出现水稻植株营养失调症状，应针对性使用中微量元素含锌肥料，一般用七水硫酸锌 1 kg/亩和硅肥（符合 NYT 797）50 kg/亩作基肥施用；但必须严格控制微量元素肥料的施用量，注意作物后效和避免引起土壤污染。

附录 A　氮肥施用总量的确定和计算方法
（规范性附录）

一、地力分区（级）配方法

根据土壤地力高低分成若干等级，在不同地力区域内经过对比试验后，确定每个地力接近相同区域的氮肥在不同植物的不同生育时期施肥量的施肥方法。

二、目标产量配方法

根据种植区域内的耕作条件和产量最高限度，一般在某种植物近三年平均产量的基础上再增加 10%～15%作为目标产量，再根据植物吸收氮素原则和土壤养分供应量所确定的氮肥和其他肥料的施肥方法。

三、养分平衡法

根据无肥区植物带走的养分量和土壤养分测定值计算出土壤供肥量、植物需要吸收的氮肥总量，再确定所需增加氮素养分的施肥方法。

应施的肥料 N，按式（A-1）计算

$$N = a_1 - a_2 \quad\quad\quad\quad\quad\text{（A-1）}$$

式中，a_1——植物需要吸收的 N，kg/hm^2

a_2——土壤可提供的 N，kg/hm^2

植物需要吸收的 N，按式（A-2）计算

$$N_1 = b_1 \times b_2 \quad\quad\quad\quad\quad\text{（A-2）}$$

式中，b_1——目标产量，kg/hm^2

b_2——植物单位产量养分吸收量，kg 养分/100 kg 产量

氮肥施用量（A）按式（A-3）计算

$$A = (a \times b - c \times 0.15 \times k)/d \times e \quad\quad\quad\quad\quad\text{（A-3）}$$

式中，a——植物单位产量的养分吸收量，kg 养分/100 kg 产量

b——目标产量，kg/hm^2

c——土壤养分测定值，mg/kg

k——校正系数

d——肥料中所含养分，%

e——肥料当季利用率，%

四、地力差减法

根据目标产量和无肥区带走的养分量确定需要施用氮素肥料养分量的方法。

氮肥需要量（B）按式（A-4）计算

$$B = a \times (b_1 - b_0) / d \times e \quad\cdots\cdots（A-4）$$

式中，a ——植物单位产量的养分吸收量，kg 养分/100 kg 产量

　　　　b_1——目标产量，kg/hm²

　　　　b_0——无肥区植物产量，kg/hm²

　　　　d ——肥料中所含养分，%

　　　　e ——肥料当季利用率，%

五、肥料效应函数法

经过反复的田间试验后，不同产量与相应的施肥量，存在着一定的函数关系，从而确定相关肥料适宜施肥量的施肥方法。

六、养分丰缺指标法

在不同地力水平上通过田间试验，得出土壤养分供应水平的丰缺情况、最高施肥量和植物产量之间的相关性，制订出养分的丰缺指标及其对应的植物产量，从而确定氮肥施用量的方法。

七、有机氮和无机氮的换算方法

1. 同效当量法

通过田间试验，得出某种有机肥料所含的氮养分的肥效相当于多少个单位的化肥氮，从而确定需要增加施用氮素化肥量的方法。

同效当量（E）按式（A-5）计算

$$E = (b_2 - b_1) / (b_3 - b_1) \quad\cdots\cdots（A-5）$$

式中，b_1——无氮处理产量，kg

　　　　b_2——有机氮处理产量，kg

　　　　b_3——化学氮处理产量，kg

2. 产量差减法

通过田间试验得出某种有机肥料施用量能得到的产量，然后采用目标产量减去有机肥料能增产的部分产量，即为应施化学氮才能得到的产量，从而确定氮素化肥施用量的方法。

3. 养分差减法

植物所需氮素养分总量减去能利用的有机肥料氮养分量，即为需要施用无机氮量，从而确定氮素化肥施用量的方法。

无机氮肥施用量（B）按式（A-6）计算

$$B = (a - b \times c \times d) / (e \times f) \quad\cdots\cdots（A-6）$$

式中，a——总需氮肥量，kg

　　　　b——有机肥用量，kg

　　　　c——有机肥氮养分含量，%

d——该有机肥中氮当季利用率,%

e——化肥氮养分含量,%

f——化肥氮当季利用率,%

附录 B　施肥的效益评价
（规范性附录）

一、增产率

合理施肥产量与常规施肥产量的差值与常规施肥产量的比率或百分数。

增产率（a）用百分数（%）表示,按式（B-1）计算

$$a=(a_1-a_2)/a_2\times100 \quad\cdots\cdots (B-1)$$

式中, a_1——合理施肥产量, kg/hm^2

a_2——常规施肥产量, kg/hm^2

二、肥料利用率

植物当季吸收来自肥料的某一养分量占所施肥料中该养分总量的百分数。肥料利用率是衡量施肥是否合理的重要指标。

肥料利用率（R）就是植物吸收的某种肥料养分量与施入的该种肥料养分量之比,用百分数表示,按式（B-2）计算

$$R=(b_1-b_0)/b_2\times100 \quad\cdots\cdots (B-2)$$

式中： b_1——植物吸收的养分量（施肥处理）, kg

b_0——土壤供应的养分量（空白处理）, kg

b_2——肥料养分量, kg

三、施肥经济效益

1. 纯收益

施肥增加的产值与施肥成本的差值,正值表示施肥获得了经济效益,数额越大,获利越多。

纯收益（c）用元/hm^2表示,按式（B-3）计算

$$c=c_1-c_2 \quad\cdots\cdots (B-3)$$

式中, c_1——施肥增加的产值, 元/hm^2

c_2——肥料施用成本, 元/hm^2

2. 投入产出比

简称投产比,是施肥成本与施肥增加产值之比。

投产比（d）用比值表示,按式（B-4）计算

$$d=d_1/d_2 \quad\cdots\cdots\cdots\cdots\cdots\cdots\cdots\cdots\cdots\cdots\cdots\cdots\cdots\cdots\cdots\cdots\cdots\cdots\cdots \quad (\text{B}-4)$$

式中，d_1——施肥成本，元$/\text{hm}^2$

　　　　d_2——施肥增加产值，元$/\text{hm}^2$

附录 C　磷肥施用量确定的方法
（资料性附录）

一、地力分区（级）配方法

根据土壤磷素供应能力的高低，分成若干等级，在不同区域内经过试验，确定接近或相同区域的磷肥在不同作物上的施用量和不同生育时期施用比例和施肥方法。

二、目标产量法

调查种植区域内的耕作条件和某种作物近三年的产量水平，高、中、低产田分别在前三年平均产量的基础上各增加 5%、10%、15% 作为目标产量，再根据作物吸收磷素规律和土壤磷素供应状况，确定磷肥施用量。

三、养分平衡法

根据目标产量需磷量减去土壤供磷量，确定磷肥施用量。按式（C-1）计算。

$$a=（a_1\times a_2-a_3\times 0.15\times a_4）/（a_5\times a_6） \quad\cdots\cdots\cdots\cdots\cdots\cdots\cdots\cdots\cdots \quad (\text{C}-1)$$

式中，a——磷肥施用量，kg/亩

　　　　a_1——作物单位产量的磷素养分吸收量，kg/亩

　　　　a_2——作物的目标产量，kg/亩

　　　　a_3——土壤供磷养分测定值，kg/亩

　　　　a_4——校正系数

　　　　a_5——磷肥中有效磷养分含量，%

　　　　a_6——磷肥当季利用率，%

四、地力差减法

根据目标产量需磷量和无磷区作物带走的磷素养分量确定需要施用磷素肥料养分量的方法。

按式（C-2）计算

$$b=b_1\times（b_2-b_3）/（b_4\times b_5） \quad\cdots\cdots\cdots\cdots\cdots\cdots\cdots\cdots\cdots\cdots\cdots\cdots\cdots \quad (\text{C}-2)$$

式中，b——磷肥施用量，kg/亩

　　　　b_1——作物单位产量的磷素养分吸收量

　　　　b_2——作物目标产量，kg/亩

b_3——无磷区作物产量，kg/亩

b_4——磷肥的磷素养分含量，%

b_5——磷肥的当季利用率，%

附录 D　磷肥的效益评价
（资料性附录）

一、增产率

合理施肥产量与常规施肥产量的差值与常规施肥产量的比率或百分数。按式（D-1）计算。

$$a=（a_1-a_2）/a_2\times100 \quad\cdots\cdots（D-1）$$

式中，a——增产率，%

　　　a_1——合理施肥产量，kg/亩

　　　a_2——常规施肥产量，kg/亩

二、肥料利用率

磷肥料当季利用率指作物当季吸收的磷素养分量与施入的磷肥养分量百分比，按式（D-2）计算：

$$R=（b_1-b_2）/b_3\times100 \quad\cdots\cdots（D-2）$$

式中，R——磷肥料当季利用率

　　　b_1——作物吸收的养分量（施肥处理），kg

　　　b_2——土壤供应的养分量（缺磷处理），kg

　　　b_3——肥料养分量，kg

三、施肥经济效益

1. 纯收益

纯收益指施肥增加的产值与施肥成本的差值，按式（D-3）计算

$$c=c_1-c_2 \quad\cdots\cdots（D-3）$$

式中，c——纯收益，元/亩

　　　c_1——施肥增加的产值，元/亩

　　　c_2——肥料施用成本，元/亩

2. 投入产出比

简称投产比，是施肥成本与施肥增加产值之比。按式（D-4）计算

$$d=d_1/d_2 \quad\cdots\cdots（D-4）$$

式中，d——投产比

d_1——施肥成本，元/亩

d_2——施肥增加的产值，元/亩

附录 E　钾肥施用总量确定的方法

一、地力分区（级）方配法

根据土壤钾素供应能力的高低，分成若干等级，在不同区域内经过试验，确定接近或相同区域的钾肥在不同植物上的施用量和不同生育时期施用比例和施肥方法。

二、目标产量配方法

根据种植区域内的耕作条件和产量最高限度，一般在某种植物近三年平均产量的基础上确定目标产量，再根据植物吸收钾素原则和土壤钾素供应状况，确定钾肥和其他肥料施用量的施肥方法。

三、养分平衡法

根据无肥区植物带走的钾素养分量，再依据土壤养分测定值计算出的土壤供肥量、植物需要吸收的钾肥总量，再确定所需增加钾素养分的施肥方法。

应施的肥料 K 按式（E-1）计算

$$K = a_1 - a_2 \quad\cdots\cdots\cdots\cdots\cdots\cdots\cdots（E-1）$$

式中，a_1——植物需要吸收的 K，kg/hm^2

a_2——土壤可提供的 K，kg/hm^2

植物需要吸收的 K_1 按式（E-2）计算

$$K_1 = b_1 \times b_2 \quad\cdots\cdots\cdots\cdots\cdots\cdots\cdots（E-2）$$

式中，b_1——目标产量，kg/hm^2

b_2——植物单位产量养分吸收量，kg/100 kg 产量

钾肥料施用量（A）按式（E-3）计算

$$A = (a \times b - c \times 0.15 \times k)/d \times e \quad\cdots\cdots\cdots\cdots\cdots（E-3）$$

式中，a——植物单位产量的养分吸收量，kg/100 kg 产量

b——目标产量，kg/hm^2

c——土壤养分测定值，mg/kg

k——校正系数

d——肥料中所含养分，%

e——肥料当季利用率，%

四、地力差减法

根据目标产量和无肥区带走的养分量确定需要施用钾素肥料养分量的方法。肥料需

要量（B）按式（E-4）计算

$$B = a \times (b_1 - b_0)/d \times e \quad\cdots\cdots\cdots\cdots\cdots\cdots\cdots\cdots\cdots\cdots\cdots\cdots\cdots\cdots\cdots \text{（E-4）}$$

式中，a——植物单位产量的养分吸收量，kg/100 kg 产量

b_1——目标产量，kg/hm²

b_0——无肥区植物产量，kg/hm²

d——肥料中所含养分，%

e——肥料当季利用率，%

五、肥料效应函数法

经过反复的田间试验后，不同产量与相应的施肥量，存在着一定的函数关系，从而确定相关肥料适宜施肥量的施肥方法。

六、养分丰缺指标法

在不同地力水平上通过田间试验，得出土壤养分供应水平的丰缺情况、最高施肥量和植物产量之间的相关性，制定出养分的丰缺指标及其对应的植物产量，从而确定钾肥施用量的方法。

当土壤速效钾（K）低于 60 mg/kg 时，土壤严重缺钾，应施用钾肥；土壤速效钾（K）在 60~80 mg/kg 时，土壤缺钾，也应当施用钾肥；土壤速效钾（K）在 80~100 mg/kg 时，大部分植物应补施钾肥；土壤速效钾（K）在大于 100 mg/kg 后，一般不施用钾肥。

七、有机钾和无机钾的换算方法

1. 同效当量法

通过田间试验，得出某种有机肥料所含的钾养分的肥效相当于多少个单位的化肥钾，从而确定需要增加施用钾素化肥量的方法。同效当量的计算方法：

同效当量（E）按式（E-5）计算

$$E = (b_1 - b_2) - (b_3 - b_2) \quad\cdots\cdots\cdots\cdots\cdots\cdots\cdots\cdots\cdots\cdots\cdots\cdots \text{（E-5）}$$

式中，b_1——有机钾处理产量，kg/hm²

b_2——无钾处理产量，kg/hm²

b_3——化学钾处理产量，kg/hm²

2. 产量差减法

通过田间试验，得出某种有机肥料施用量得到的产量，然后采用目标产量减去有机肥料增产的部分，即为应施化学钾才能得到的产量，从而确定钾素化肥施用量的方法。

3. 养分差减法

植物所需钾素养分总量减去能利用的有机肥料中钾的养分量，即为需要施用的无机钾肥的用量，从而确定钾素化肥施用量的方法。

无机钾肥施用量（B）按式（E-6）计算

$$B = (a - b \times c \times d)/(e \times f) \quad\cdots\cdots\cdots\cdots\cdots\cdots\cdots\cdots\cdots\cdots\cdots\cdots \text{（E-6）}$$

式中，a——总需钾肥量，kg

　　　　b——有机肥用量，kg

　　　　c——有机肥中钾养分含量，%

　　　　d——该有机肥中钾当季利用率，%

　　　　e——化学钾肥养分含量，%

　　　　f——化学钾肥当季利用率，%

附录 F　施肥的效益评价

一、增产率

合理施肥产量与常规施肥产量的差值与常规施肥产量的比率或百分数。

增产率（a）用百分数（%）表示，按式（F-1）计算：

$$a = (a_1 - a_2)/a_2 \times 100 \quad\quad\quad\quad (F-1)$$

式中，a_1——合理施肥产量，kg/hm^2

　　　　a_2——常规施肥产量，kg/hm^2

二、肥料利用率

植物当季吸收来自肥料的某一养分量占所施肥料中该养分总量的百分数。肥料利用率是衡量施肥是否合理的重要指标。

肥料利用率（R）就是植物吸收的某种肥料养分量与施入的该种肥料养分量之比，用百分数表示，按式（F-2）计算：

$$R = (b_1 - b_2)/b_3 \times 100 \quad\quad\quad\quad (F-2)$$

式中，b_1——植物吸收的养分量（施肥处理），kg

　　　　b_2——土壤供应的养分量（空白处理），kg

　　　　b_3——肥料养分量，kg

三、施肥经济效益

1. 纯收益

施肥增加的产值与施肥成本的差值，正值表示施肥获得了经济效益，数额越大，获利越多。

纯收益（c）用元/hm^2表示，按式（F-3）计算：

$$c = c_1 - c_2 \quad\quad\quad\quad (F-3)$$

式中，c_1——施肥增加的产值，元/hm^2

　　　　c_2——肥料施用成本，元/hm^2

2. 投入产出比

简称投产比，是施肥成本与施肥增加产值之比。投产比（d）用比值表示，按式

（F-4）计算：

$$d = d_1/d_2 \quad\cdots\cdots\cdots\cdots\cdots\cdots\cdots\cdots\cdots\cdots\cdots\cdots\cdots\cdots\text{（F-4）}$$

式中，d_1——施肥成本，元/hm^2

d_2——施肥增加产值，元/hm^2

附录 G　土壤肥力指标临界值

表 G-1　土壤肥力氮磷钾养分临界值指标

土壤肥力等级	碱解氮（mg N/kg）	速效磷（mg P/kg）	有效钾（mg K/kg）
高	>220	>30	>90
较高	180~220	20~30	70~90
中	140~180	10~20	50~70
较低	100~140	5~10	30~50
低	<100	<5	<30

参考文献

白杨，杨明，陈松岭，等．2019．掺混氮肥配施抑制剂对土壤氮库的调控作用［J］．应用生态学报，30（11）：3804-3810.

包耀贤，徐明岗，吕粉桃，等．2012．长期施肥下土壤肥力变化的评价方法［J］．中国农业科学，45（20）：4197-4204.

毕军，夏光利，张昌爱，等．2002．保护地土壤复合改良剂（PSIM）效果研究初报［J］．山东农业大学学报（自然科学版），33（4）：503-505.

蔡岸冬，张文菊，申小冉，等．2015．长期施肥土壤不同粒径颗粒的固碳效率［J］．植物营养与肥料学报，21（6）：1431-1438.

曹升赓．1980．土壤微形态［J］．土壤，12（4）：25-50.

曹升赓．1989．土壤微形态学研究的历史、进展和将来［J］．土壤专报（43）：1-4.

曾清如，廖柏寒，蒋朝辉，等．2005．施用尿素引起红壤 pH 及铝活性的短期变化［J］．应用生态学报，16（2）：249-252.

柴如山．2015．我国农田化学氮肥减量与替代的温室气体减排潜力估算［D］．杭州：浙江大学.

陈明明．2009．四川主要农耕土壤不同形态磷含量及其影响因素研究［D］．成都：四川农业大学.

陈庆瑞，赵秉强．2014．四川省作物专用复混肥肥料农艺配方［M］．北京：中国农业出版社．160-178.

戴万宏，王益权，黄耀，等．2004．农田生态系统土壤 CO_2 释放研究［J］．西北农林科技大学学报（自然科学版），32（12）：1-7.

邸佳颖，刘小粉，杜章留，等．2014．长期施肥对红壤性水稻土团聚体稳定性及固碳特征的影响［J］．中国生态农业学报，22（10）：1129-1138.

董炳友，高淑英，吕正文．2002．不同施肥措施对连作大豆的产量及土壤 pH 值的影响［J］．黑龙江八一农垦大学学报，14（4）：19-21.

董云中，王永亮，张建杰，等．2014．晋西北黄土高原丘陵区不同土地利用方式下土壤碳氮储量［J］．应用生态学报，25（4）：955-960.

杜金丽．2019．氮肥施用对地下水污染的影响与治理策略研究［J］．环境科学与管理，44（8）：22-27.

樊红柱，陈庆瑞，秦鱼生，等．2016．长期施肥紫色水稻土磷素累积与迁移特征［J］．中国农业科学，49（8）：1520-1529.

樊红柱，秦鱼生，陈庆瑞，等．2015．长期施肥紫色水稻土团聚体稳定性及其固碳

特征 [J]. 植物营养与肥料学报，21（6）：1473-1480.

樊晓东，孟会生. 2019. 有机肥和化肥配施生物炭对采煤塌陷区复垦土壤氮素形态的影响 [J]. 山西农业科学，47（11）：1960-1964.

范钦桢，谢建昌. 2005. 长期肥料定位试验中土壤钾素肥力的演变 [J]. 土壤学报，42（4）：591-599.

范晓晖，林德喜，沈敏，等. 2005. 长期试验地潮土的矿化与硝化作用特征 [J]. 土壤学报，42（2）：340-343.

范业成，叶厚专. 1998. 江西红壤性水稻土肥力特性及其管理 [J]. 江西农业学报，15（3）：70-74.

高菊生，黄晶，董春华，等. 2014. 长期有机无机肥配施对水稻产量及土壤有效养分影响 [J]. 土壤学报，51（2）：314-324.

高菊生，徐明岗，黄晶. 2016. 红壤双季稻田施肥与可持续利用 [M]. 北京：科学出版社. 27-34，46，125-133.

高伟，杨军，任顺荣. 2015. 长期不同施肥模式下华北旱作潮土有机碳的平衡特征 [J]. 植物营养与肥料学报，21（6）：1465-1472.

高亚军，朱培立，黄东迈，等. 2001. 水旱轮作地区土壤长期休闲与耕种的肥力效应 [J]. 中国生态农业学报，9（3）：67-69.

顾益初，钦绳武. 1997. 长期施用磷肥条件下潮土中磷素的积累形态转化和有效性 [J]. 土壤（1）：13-17.

郝小雨，周宝库，马星竹，等. 2015. 长期不同施肥措施下黑土作物产量与养分平衡特征 [J]. 农业工程学报，31（16）：178-185.

何晓玲，郑子成，李廷轩. 2013. 不同耕作方式对紫色土侵蚀及磷素流失的影响 [J]. 中国农业科学，46（12）：2492-2500.

何毓蓉. 1984. 四川盆地紫色土分区培肥的土壤微形态研究 [J]. 土壤通报，15（6）：263-266.

何毓蓉，贺秀斌. 2007. 土壤微形态学的发展及我国研究现状 [C]. 中国土壤学会编. 中国土壤科学的现状与展望. 武汉. 河海大学出版社. 47-36.

侯春霞. 2003. 旱地紫色土有机无机复合及热肥力特征 [D]. 重庆：西南农业大学.

胡宏祥，程燕，马友华，等. 2012. 油菜秸秆还田腐解变化特征及其培肥土壤的作用 [J]. 中国生态农业学报，20（3）：297-302.

花可可，朱波，杨小林，等. 2014. 长期施肥对紫色土旱坡地团聚体与有机碳组分的影响 [J]. 农业机械学报，45（10）：167-174.

黄不凡. 1984. 绿肥麦秸还田培养地力的研究 I. 对土壤有机质和团聚体性状的影响 [J]. 土壤学报，21（2）：113-122.

黄晶，蒋先军，曾跃辉，等. 2017. 稻田土壤肥力评价方法及指标研究进展 [J]. 中国土壤与肥料（6）：1-8.

黄晶，张杨珠，高菊生，等. 2015. 长期施肥下红壤性水稻土有机碳储量变化特

征 [J]. 应用生态学报, 26 (11): 3373-3380.

黄庆海, 赖涛, 吴强, 等. 2003. 长期施肥对红壤性水稻土有机磷组分的影响 [J]. 植物营养与肥料学报, 9 (1): 63-66.

黄庆海. 2014. 长期施肥红壤农田地力演变特征 [M]. 北京: 中国农业科学技术出版社. 72-80, 176-177.

黄绍敏, 宝德俊, 皇甫湘荣, 等. 2006. 长期施肥对潮土土壤磷素利用与积累的影响 [J]. 中国农业科学, 39 (1): 102-108.

黄绍敏, 郭斗斗, 张水清. 2011. 长期施用有机肥和过磷酸钙对潮土有效磷积累与淋溶的影响 [J]. 应用生态学报, 22 (1): 93-98.

黄兴成. 2016. 四川盆地紫色土养分肥力现状及炭基调理剂培肥效应研究 [D]. 重庆: 西南大学.

霍琳, 武天云, 蔺海明, 等. 2008. 长期施肥对黄土高原旱地黑垆土水稳性团聚体的影响 [J]. 应用生态学报, 19 (3): 545-550.

姬兴杰, 熊淑萍, 李春明, 等. 2008. 不同肥料类型对土壤酶活性与微生物数量时空变化的影响 [J]. 水土保持学报, 22 (1): 123-128.

纪钦阳, 张璟钰, 王维奇. 2015. 施肥量对福州平原稻田 CH_4 和 N_2O 通量的影响 [J]. 亚热带农业研究, 11 (4): 246-253.

贾兴永, 李菊梅. 2011. 土壤磷有效性及其与土壤性质关系的研究 [J]. 中国土壤与肥料 (6): 76-82.

蒋鹏, 徐富贤, 熊洪, 等. 2020. 两种产量水平下减量施氮对杂交中稻产量和氮肥利用率的影响 [J]. 核农学报, 34 (1): 147-156.

赖庆旺, 李茶苟, 黄庆海. 1992. 红镶性水稻土无机肥连施与土壤结构特性的研究 [J]. 土壤学报, 29 (2): 168-173.

冷延慧, 汪景宽, 李双异. 2008. 长期施肥对黑土团聚体分布和碳储量变化的影响 [J]. 生态学杂志, 27 (12): 2171-2177.

李本银, 黄绍敏, 张玉亭, 等. 2010. 长期施用有机肥对土壤和糙米铜、锌、铁、锰和镉积累的影响 [J]. 植物营养与肥料学报, 16 (11): 129-135.

李方敏, 周治安, 艾天成, 等. 2002. 渍害土壤肥力综合评价研究-以湖北省潜江市高场农场为例 [J]. 资源科学, 24 (1): 25-29.

李健, 杨学云, 孙本华, 等. 2014. 不同土壤管理措施下塿土团聚体的大小分布及其稳定性 [J]. 植物营养与肥料学报, 20 (2): 346-354.

李娟, 赵秉强, 李秀英, 等. 2008. 长期有机无机肥料配施对土壤微生物学特性及土壤肥力的影响 [J]. 中国农业科学, 41 (1): 144-152.

李太魁, 朱波, 王小国, 等. 2012. 土地利用方式对土壤活性有机碳含量影响的初步研究 [J]. 土壤通报, 43 (6): 1422-1426.

李文军, 彭保发, 杨奇勇. 2015. 期施肥对洞庭湖双季稻区水稻土有机碳、氮积累及其活性的影响 [J]. 中国农业科学, 48 (3): 488-500.

李新爱, 童成立, 蒋平, 等. 2006. 长期不同施肥对稻田土壤有机质和全氮的影

响 [J]. 土壤, 38 (3): 298-303.

李学平, 石孝均, 刘萍, 等 .2011. 紫色土磷素流失的环境风险评估——土壤磷的"临界值" [J]. 土壤通报, 42 (5): 1153-1158.

李渝, 刘彦伶, 张雅蓉, 等 .2016. 长期施肥条件下西南黄壤旱地有效磷对磷盈亏的响应 [J]. 应用生态学报, 27 (7): 2321-2328.

李中阳 .2007. 我国典型土壤长期定位施肥下土壤无机磷的变化规律研究 [D]. 杨陵: 西北农林科技大学.

李忠芳, 徐明岗, 张会民, 等 .2009. 长期施肥下中国主要粮食作物产量的变化 [J]. 中国农业科学, 42 (7): 2407-2414.

李忠芳, 徐明岗, 张会民, 等 .2012. 长期施肥下作物产量演变特征的研究进展 [J]. 西南农业学报, 25 (6): 2387-2392.

李宗泰, 陈二影, 张美玲, 等 .2012. 施钾方式对棉花叶片抗氧化酶活性、产量及钾肥利用效率的影响 [J]. 作物学报, 38 (3): 487-494.

廖育林, 郑圣先, 聂军, 等 .2009. 长期施用化肥和稻草对红壤水稻土肥力和生产力持续性的影响 [J]. 中国农业科学, 42 (10): 3541-3550.

林卡, 李德成, 张甘霖 .2017. 土壤质量评价中文文献分析 [J]. 土壤通报, 48 (3): 736-744.

刘恩科, 赵秉强, 梅旭荣, 等 .2010. 不同施肥处理对土壤水稳定性团聚体及有机碳分布的影响 [J]. 生态学报, 30 (4): 1035-1041.

刘伟, 尚庆昌 .2001. 长春地区不同类型土壤的缓冲性及其影响因素 [J]. 吉林农业大学学报, 23 (3): 78-82.

刘彦伶, 李渝, 张雅蓉, 等 .2016. 长期施肥对黄壤性水稻土磷平衡及农学阈值的影响 [J]. 中国农业科学, 49 (10): 1903-1912.

刘禹池 .2012. 保护性耕作下不同施肥处理对作物产量和土壤理化性质的影响 [D]. 成都: 四川农业大学.

刘占锋, 傅伯杰, 刘国华, 等 .2006. 土壤质量与土壤质量指标及其评价 [J]. 生态学报, 26 (3): 901-913.

刘中良, 宇万太 .2011. 土壤团聚体中有机碳研究进展 [J]. 中国生态农业学报, 19 (2): 447-455.

柳云龙, 胡宏韬, 陈永强 .2007. 低丘红壤肥力退化与评价指标体系研究 [J]. 水土保持通报, 27 (5): 63-66, 70.

龙良鲲, 羊宋贞, 姚青, 等 .2005. AM 真菌 DNA 的提取与 PCR-DGGE 分析 [J]. 菌物学报, 24 (4): 564-569.

陆凤娟, 邰菁菁 .2011. 上海绿色食品产地土壤环境质量评价 [J]. 环境研究与监测 (1): 57-61.

路鹏, 苏以荣, 牛铮, 等 .2007. 土壤质量评价指标及其时空变异 [J]. 中国生态农业学报, 15 (4): 190-194.

骆坤, 胡荣桂, 张文菊, 等 .2013. 黑土有机碳、氮及其活性对长期施肥的响

应 [J]. 环境科学, 34 (2): 676-684.

马维娜, 杨京平, 汪华, 等 . 2007. 不同水分模式分次施氮对水稻根际土壤微生物生态效应的影响 [J]. 浙江大学学报 (农业与生命科学版), 33 (2): 184-189.

裴瑞娜, 杨生茂, 徐明岗, 等 . 2010. 长期施肥条件下黑垆土 Olsen-P 对磷盈亏的响应 [J]. 中国农业科学, 43 (19): 4008-4015.

乔云发, 苗淑杰, 韩晓增 . 2008. 长期施肥条件下黑土有机碳和氮的动态变化 [J]. 土壤通报, 39 (3): 545-548.

秦文展, 陈建宏 . 2010. 平果铝矿高效复垦示范区土壤质量评价 [J]. 农业系统科学与综合研究, 26 (3): 304-309.

秦鱼生, 涂仕华, 孙锡发, 等 . 2008. 长期定位施肥对碱性紫色土磷素迁移与累积的影响 [J]. 植物营养与肥料学报, 14 (5): 880-885.

秦鱼生, 涂仕华, 王正银, 等 . 2009. 长期定位施肥下紫色土土壤微形态特征 [J]. 生态环境报, 18 (1): 352-356.

曲均峰, 李菊梅, 徐明岗, 等 . 2009. 中国典型农田土壤磷素演化对长期单施氮肥的响应 [J]. 中国农业科学, 42 (11): 3933-3939.

尚杰, 耿增超, 陈心想, 等 . 2015. 施用生物炭对旱作农田土壤有机碳、氮及其组分的影响 [J]. 农业环境科学学报, 34 (3): 509-517.

沈浦 . 2014. 长期施肥下典型农田土壤有效磷的演变特征及机制 [D]. 北京: 中国农业科学院.

石锦芹, 丁瑞兴, 刘友兆, 等 . 1999. 尿素和茶树落叶对土壤的酸化作用 [J]. 茶叶科学, 19 (1): 7-12.

史康婕, 周怀平, 解文艳, 等 . 2017. 秸秆还田下褐土易氧化有机碳及有机碳库的变化特征 [J]. 山西农业科学, 45 (1): 83-88.

宋春, 韩晓增 . 2009. 长期施肥条件下土壤磷素的研究进展 [J]. 土壤, 41 (1): 21-26.

宋春, 徐敏, 赵伟, 等 . 2015. 不同土地利用方式下紫色土磷有效性及其影响因素研究 [J]. 水土保持学报, 29 (6): 85-89.

孙本华, 孙瑞, 郭芸, 等 . 2015. 塿土区长期施肥农田土壤的可持续性评价 [J]. 植物营养与肥料学报, 21 (6): 1403-1412.

孙明茂, 洪夏铁, 李圭星, 等 . 2006. 水稻籽粒微量元素含量的遗传研究进展 [J]. 中国农业科学, 39 (10): 1947-1955.

孙瑞莲, 朱鲁生, 赵秉强 . 2004. 长期施肥对土壤微生物的影响及其在养分调控中的作用 [J]. 应用生态学报, 15 (10): 1907-1910.

孙锡发, 涂仕华, 秦鱼生, 等 . 2009. 控释尿素对水稻产量和肥料利用率的影响研究 [J]. 西南农业学报, 22 (4): 948-989.

万艳玲, 何园球, 吴洪生, 等 . 2010. 长期施肥下红壤磷素累积的环境风险评价 [J]. 土壤学报, 47 (5): 880-887.

汪吉东, 张永春, 俞美香, 等 . 2007. 不同有机无机肥配合施用对土壤活性有机质含量及 pH 值的影响 [J]. 江苏农业学报, 23 (6): 573-578.

王斌, 刘骅, 李耀辉, 等. 2013. 长期施肥条件下灰漠土磷的吸附与解吸特征 [J]. 土壤学报, 50 (4): 726-733.

王伯仁, 徐明岗, 文石林, 等. 2002. 长期施肥对红壤旱地磷组分及磷有效性的影响 [J]. 湖南农业大学学报, 28 (4): 293-297.

王灿, 王德建, 孙瑞娟, 等. 2008. 长期不同施肥方式下土壤酶活性与肥力因素的相关性 [J]. 生态环境, 17 (2): 688-692.

王家玉, 王胜佳, 陈义, 等. 1996. 稻田土壤中氮素淋失的研究 [J]. 土壤学报, 33 (1): 28-36.

王京文. 2003. GIS 支持下的大比例尺蔬菜地土壤肥力与环境质量评价研究–以慈溪市周巷镇蔬菜基地为例 [D]. 杭州: 浙江大学.

王敬, 朱波, 张金波. 2019. 紫色土氮素矿化作用和硝化作用对长期施肥的响应 [J]. 安徽农业科学, 47 (19): 168-172, 177.

王娟, 刘淑英, 王平, 等. 2008. 不同施肥处理对西北半干旱区土壤酶活性的影响及其动态变化 [J]. 土壤通报, 39 (2): 299-303.

王开峰, 彭娜, 王凯荣, 等. 2008. 长期施用有机肥对稻田土壤重金属含量及其有效性的影响 [J]. 水土保持学报, 22 (1): 105-108.

王淼焱, 刁志凯, 梁美霞, 等. 2005. 农业生态系统中的 AM 真菌多样性 [J]. 生态学报, 25 (10): 2744-2749.

王齐齐, 徐虎, 马常宝, 等. 2018. 西部地区紫色土近 30 年来土壤肥力与生产力演变趋势分析 [J]. 植物营养与肥料学报, 24 (6): 1492-1499.

王胜佳, 陈义, 李实烨. 2002. 多熟制稻田土壤有机质平衡的定位研究 [J]. 土壤学报, 39 (1): 9-14.

王树起, 韩晓增, 乔云发, 等. 2007. 不同土地利用方式对三江平原湿地土壤酶分布特征及相关肥力因子的影响 [J]. 水土保持学报, 20 (4): 82-86.

王树涛, 门明新, 刘微, 等. 2007. 农田土壤固碳作用对温室气体减排的影响 [J]. 生态环境学报, 16 (6): 1775-1780.

王月立, 张翠翠, 马强, 等. 2013. 不同施肥处理对潮棕壤磷素累积与剖面分布的影响 [J]. 土壤学报, 50 (4): 761-768.

王子龙, 付强, 姜秋香. 2007. 土壤肥力综合评价研究进展J]. 农业系统科学与综合研究, 23 (1): 15-18.

魏猛, 张爱君, 李洪民, 等. 2018. 长期不同施肥对潮土有机碳储量的影响. 华北农学报, 33 (1): 233-238.

吴晶. 2019. 氮肥施用量及种类对高产稻田土壤理化性质和细菌群落的影响 [D]. 南京: 扬州大学.

向春阳, 马艳梅, 田秀平. 2005. 长期耕作施肥对白浆土磷组分及其有效性的影响 [J]. 作物学报, 31 (1): 48-52.

谢军, 方林发, 徐春丽, 等. 2018. 西南紫色土不同施肥措施下土壤综合肥力评价

与比较 [J]. 植物营养与肥料学报, 24 (6): 1500-1507.

谢勇, 荣湘民, 何欣, 等 . 2017. 控释氮肥减量施用对南方丘陵地区春玉米土壤渗漏水氮素动态及其损失的影响 [J]. 水土保持学报, 31 (4): 211-218.

熊明彪, 雷孝章, 田应兵, 等 . 2003. 长期施肥对紫色土酶活的影响 [J]. 四川大学学报 (工程科学版), 35 (4): 60-64.

徐茂, 王绪奎, 蒋建兴, 等 . 2006. 江苏省苏南地区耕地利用变化特征及其对策 [J]. 土壤, 38 (6): 825-829.

徐明岗, 梁国庆, 张夫道 . 2006a. 中国土壤肥力演变 [M]. 北京: 中国农业科学技术出版社 . 142-145.

徐明岗, 于荣, 孙小凤, 等 . 2006b. 长期施肥对我国典型土壤活性有机质及碳库管理指数的影响 [J]. 植物营养与肥料学报, 12 (4): 459-465.

徐明岗, 于荣, 王伯仁 . 2006. 长期不同施肥下红壤活性有机质与碳库管理指数变化 [J]. 土壤学报, 43 (5): 723-729.

徐明岗, 张文菊, 黄绍敏 . 2015. 中国土壤肥力演变 (第 2 版) [M]. 北京: 中国农业科学技术出版社 . 788-794, 828-830.

徐明岗, 张旭博, 孙楠, 等 . 2017. 农田土壤固碳与增产协同效应研究进展 [J]. 植物营养与肥料学报, 23 (6): 1441-1449.

徐仁扣, COVENTRY D R. 2002. 某些农业措施对土壤酸化的影响 [J]. 农业环境保护, 21 (5): 385-388.

许菁, 李晓莎, 许姣姣, 等 . 2015. 长期保护性耕作对麦—玉两熟农田土壤碳氮储量及固碳固氮潜力的影响 [J]. 水土保持学报, 29 (6): 191-196.

许绣云, 姚贤良, 刘克樱, 等 . 1996. 长期施用有机物料对红壤性水稻土的物理性质的影响 [J]. 土壤 (2): 57-61.

许中坚, 刘广深, 俞佳栋 . 2002. 氮循环的人为干扰与土壤酸化 [J]. 地质地球化学, 30 (2): 74-78.

杨军, 高伟, 任顺荣 . 2015. 长期施肥条件下潮土土壤磷素对磷盈亏的响应 [J]. 中国农业科学, 48 (23): 4738-4747.

杨梅花, 赵小敏, 王芳东, 等 . 2016. 基于主成分分析的最小数据集的肥力指数构建 [J]. 江西农业大学学报, 38 (6): 1188-1195.

杨生茂, 李凤民, 索东让, 等 . 2005. 长期施肥对绿洲农田土壤生产力及土壤硝态氮积累的影响 [J]. 中国农业科学, 38 (10): 2043-2052.

杨修一, 耿计彪, 于起庆, 等 . 2019. 有机肥替代化肥氮素对麦田土壤碳氮迁移特征的影响 [J]. 水土保持学报 . 33 (5): 230-236.

杨秀华, 黄玉俊 . 1990. 不同培肥措施下黄潮土肥力变化定位研究 [J]. 土壤学报, 27 (2): 186-193.

杨延蕃, 姚源喜, 崔德杰, 等 . 1990. 施肥对土壤微形态影响的观察 [J]. 莱阳农学院学报, 7 (3): 186-191.

姚荣江, 杨劲松, 曲长凤, 等 . 2013. 海涂围垦区土壤质量综合评价的指标体系研

究 [J]. 土壤, 45 (1): 159-165.

叶英聪, 张丽君, 谢文, 等. 2015. 南方丘陵稻田土壤全钾和速效钾高光谱特征与反演模型研究 [J]. 广东农业科学 (7): 37-42.

殷志遥, 黄丽, 薛斌, 等. 2017. 连续秸秆还田对水稻土中钾素形态的影响 [J]. 土壤通报, 48 (2): 351-358.

尹岩, 梁成华, 杜立宇, 等. 2012. 施用有机肥对土壤有机磷转化的影响研究 [J]. 中国土壤与肥料 (4): 39-43.

袁俊吉, 彭思利, 蒋先军, 等. 2010. 稻田垄作免耕对土壤团聚体和有机质的影响 [J]. 农业工程学报, 26 (12): 153-160.

张华, 张甘霖. 2001. 土壤质量指标和评价方法 [J]. 土壤 (6): 326-330, 333.

张敬业, 张文菊, 徐明岗, 等. 2012. 长期施肥下红壤有机碳及其颗粒组分对不同施肥模式的响应 [J]. 植物营养与肥料学报, 18 (4): 868-875.

张丽. 2015. 稻麦轮作系统中有机无机肥料配施对作物生长及土壤肥力的影响 [D]. 南京: 南京农业大学.

张丽敏, 徐明岗, 娄翼来, 等. 2014. 长期施肥下黄壤性水稻土有机碳组分变化特征 [J]. 中国农业科学, 47 (19): 3817-3825.

张璐, 张文菊, 徐明岗, 等. 2009. 长期施肥对中国 3 种典型农田土壤活性有机碳库变化的影响 [J]. 中国农业科学, 42 (5): 1646-1655.

张庆美, 王幼珊, 刑礼军. 1996. AM 菌在我国东南沿海各土壤气候带的分布 [J]. 菌物系统, 18 (2): 145-148.

张树清. 2004. 规模化养殖畜禽粪有害成分测定及其无害化处理效果 [D]. 北京: 中国农业科学院.

张维, 蒋先军, 胡宇, 等. 2009. 微生物群落在团聚体中的分布及耕作的影响 [J]. 西南大学学报 (自然科学版), 31 (3): 131-135.

张雯雯, 李新举, 陈丽丽, 等. 2008. 泰安市平原土地整理项目区土壤质量评价 [J]. 农业工程学报, 24 (7): 106-109.

张喜林, 周宝库, 孙磊, 等. 2008. 长期施用化肥和有机肥料对黑土酸度的影响 [J]. 土壤通报, 39 (5): 1221-1223.

张秀芝, 赵相雷, 李宏亮, 等. 2011. 河北平原土壤有机碳储量及固碳机制研究 [J]. 地学前缘, 18 (6): 41-55.

张旭博, 孙楠, 徐明岗, 等. 2014. 全球气候变化下中国农田土壤碳库未来变化 [J]. 中国农业科学, 47 (23): 4648-4657.

张雅蓉, 李渝, 刘彦伶, 等. 2016. 长期施肥对黄壤有机碳平衡及玉米产量的影响 [J]. 土壤学报, 53 (5): 1275-1285.

张雅蓉, 李渝, 刘彦伶, 等. 2018. 长期施肥下黄壤有机碳库演变及固存特征 [J]. 西南农业学报, 31 (4): 770-778.

张彦东, 孙志虎, 沈有信. 2005. 施肥对金沙江干热河谷退化草地土壤微生物的影响 [J]. 水土保持学报, 19 (2): 88-91.

张云贵，刘宏斌，李志宏，等 . 2005. 长期施肥条件下华北平原农田硝态氮淋失风险的研究 [J]. 植物营养与肥料学报，11（6）：711-716.

赵军 . 2016. 苏南地区稻麦轮作系统的高产土壤微生物区系培育与调控研究 [D]. 南京：南京农业大学 .

赵晓齐，鲁如坤 . 1991. 有机肥对土壤磷素吸附的影响 [J]. 土壤学报，28（1）：7-13.

郑慧芬，曾玉荣，叶菁，等 . 2018. 农田土壤碳转化微生物及其功能的研究进展 [J]. 亚热带农业研究，14（3）：209-216.

郑勇，高勇生，张丽梅，等 . 2008. 长期施肥对旱地红壤微生物和酶活性的影响 [J]. 植物营养与肥料学报，14（2）：316-321.

钟羡云 . 1982. 深施有机肥对土壤微结构及作物的影响 [J]. 土壤，14（2）：61-66.

周红艺，何毓蓉，张保华，等 . 2003. 长江上游典型区水耕人为土的电导率与肥力评价探讨 [J]. 西南农业学报，16（1）：86-89.

周萍，宋国菡，潘根兴，等 . 2008. 南方三种典型水稻土长期试验下有机碳积累机制研究 I . 团聚体物理保护作用 [J]. 土壤学报，45（6）：1063-1071.

周王子，董斌，刘俊杰，等 . 2016. 基于权重分析的土壤综合肥力评价方法 [J]. 灌溉排水学报，35（6）：81-86.

朱波，罗晓梅，廖晓勇，等 . 1999. 紫色母岩养分的风化与释放 [J]. 西南农业学报（12）：63-68.

朱兆良 . 1985. 我国土壤供氮和化肥去向研究的进展 [J]. 土壤，17（1）：82-91.

AMANN R I, LUDWIG W, SEHLEIFER K H. 1995. Phylogenetic identification and in situ detection of individual microbial cells without cultivation [J]. Microbiological reviews, 59：143-169.

ANDREWS S S, MITHCELL J P, MANCINELLI R, et al. 2002. On farm assessment of soil quality in California's central valley [J]. Agronomy Journal, 94：12-23.

ANGERS D A, BISSONNETTE N, LEGERE A, et al. 1993. Microbial and biochemical changes induced by rotation and tillage in a soil under barley production [J]. Canadian Journal of Soil Science, 73：39-50.

BÅÅTH E, ANDERSON T-H. 2003. Comparison of soil fungal/bacterial ratios in a pH gradient using physiological and PLFA-based techniques [J]. Soil Biology and Biochemistry, 35（7）：955-963.

BAI Z H, LI H G, YANG X Y, et al. 2013. The critical soil P levels for crop yield soil fertility and environmental safety in different soil types [J]. Plant and Soil, 372：27-37.

BANGER K, KUKAL S S, TOOR G, et al. 2008. Impact of long-term additions of chemical fertilizers and farm yard manure on carbon and nitrogen sequestration under rice-cowpea cropping system in semi-arid tropics [J]. Plant and Soil, 318（1-2）：

27-35.

BANGER K, TOOR G S, BISWAS A, et al. 2009. Soil organic carbon fractions after 16-years of applications of fertilizers and organic manure in a Typic Rhodalfs in semi-arid tropics [J]. Nutrient Cycling in Agroecosystems, 86: 391-399.

BASTIDA F, ZSOLNAY A, HERNANDEZ T, et al. 2008. Past, present and future of soil quality indices: A biological perspective [J]. Geoderma, 147: 159-171.

Batjes N H. 1996. Total carbon and nitrogen in the soils of the world [J]. European Journal of Soil Science, 47 (2): 151-163.

BHARDWAJ A K, JASROTIAN P, HAMILTONA S K, et al. 2011. Ecological management of intensively cropped agro - ecosystems improves soil quality with sustained productivity [J]. Agriculture Ecosystems Environment, 140: 419-429.

BINTRIM S B, DONOHUE T J, HANDELSMAN J, et al. 1997. Molecular phylogeny of Archaea from soil [J]. Proceedings of the National Academy of Sciences of the United States of America, 94 (1): 277-282.

BOWLES T M, ACOSTA - MARTÍNEZ V, CALDERÓN F, et al. 2014. Soil enzyme activities, microbial communities and carbon and nitrogen availability in organic agroecosystems across an intensively-managed agricultural landscape [J]. Soil Biology and Biochemistry, 68: 252-262.

BROOKES E C, POWLSON D S, JENKINSON D S. 1982. Phosphorus in the soil microbial biomass [J]. Soil Biology and Biochemistry, 16: 169-175.

BUCKLEY D H, GRABER J R, SCHMIDT T M. 1998. Phylogenetic analysis of nonthermophilic members ofthe kingdom Crenarchaeota and their diversity and abundance in soils [J]. Applied and Environmental Microbiology, 64: 4333-4339.

CAO N, CHEN X P, CUI Z L, et al. 2012. Change in soil available phosphorus in relation to the phosphorus budget in China [J]. Nutrient Cycling in Agroecosystems, 94: 161-170.

CARMINE C, MADDALENA C, ANTONELLA P, et al. 2007. Soil microbial dynamics and genetic diversity in soil under monoculture wheat grown in different long - term management systems [J]. Soil Biology and Biochemistry, 39: 1391-1400.

CHEN Z, HOU H, ZHENG Y, et al. 2012. Influence of fertilisation regimes on a *nosZ*-containing denitrifying community in a rice paddy soil [J]. Journal of the Science of Food and Agriculture, 92 (5): 1064-1072.

CHOOSAI C, JOUQUET P, HANBOONSONG Y, et al. 2010. Effects of earthworms on soil properties and rice production in the rainfed paddy fields of Northeast Thailand [J]. Applied Soil Ecology, 45: 298-303.

CHUNG H, NGO K J, PLANTE A, et al. 2010. Evidence for carbon saturation in a highly structured and organic-matter-rich soil [J]. Soil Science Society of America Journal, 74 (1): 130-138.

COLOMB B, DEBAEKE P, JOUANY C, et al. 2007. Phosphorus management in low input stockless cropping systems: Crop and soil responses to contrasting P regimes in a 36-year experiment in southern France [J]. European Journal of Agronomy, 26: 154-165.

DAMBREVILLE C, HALLET S, NGUYEN C, et al. 2006a. Structure and activity of the denitrifying community in a maize-cropped field fertilized with eomposted pig manurc or ammonium ffttrate [J]. FEMS Microbiology Ecology, 56 (1): 119-131.

DAMBREVILLE C, HéNAULT C, BIZOUARD F, et al. 2006b. Compared effects of long-term pig slurry applications and mineral fertilization on soil denitrification and its end products (N_2O, N_2) [J]. Biology and Fertility of Soils, 42 (6): 490-500.

DELHAIZE E, CRAG S, BEAT ON C D, et al. 1993. Aluminum tolerance in wheat (Triticum aestivum L.) I. Uptake and distribution of aluminum in root apices [J]. Plant Physiol, 103: 685-693.

DING W X, MENG L, YIN Y F. 2007. CO_2 emission in an intensively cultivated loam as affected by long-term application of organic manure and nitrogen fertilizer [J]. Soil Biology and Biochemistry, 39: 669-679.

DU Z L, WU W L, ZHANG Q Z, et al. 2014. Long-term manure amendments enhance soil aggregation and carbon saturation of stable pools in north China plain [J]. Journal of Integrative Agriculture, 13 (10): 2276-2285.

EGHBALL B, BINFORS G D, BALTERSPERGER D D. 1996. Phosphorus movement and adsorption in a soil receiving long-term manure and fertilizer application [J]. Journal of Environment Quality, 25 (6): 1339-1343.

ENWALL K, PHILIPPOT L, HALLIN S. 2005. Activity and composition of the denitrifying bacterial community respond differently to long-term fertilization [J]. Applied and Environmental Microbiology, 71 (12): 8335-8343.

FAN H Z, CHEN Q R, QIN Y S, et al. 2015. Soil carbon sequestration under long-term rice-based cropping systems of purple soil in Southwest China [J]. Journal of Integrative Agriculture, 14 (12): 2417-2425.

FEMANDES ECM, MOTAVALLIC EE, CASTILLA C, et al. 1997. Management control of soil organic matter dynamics in tropical land use systems [J]. Geoderma, 79: 49-67.

FISCHER G, WINIWARTER W, ERMOLIEVA T, et al. 2010. Integrated modeling framework for assessment and mitigation of nitrogen pollution from agriculture: Concept and case study for China [J]. Agriculture, Ecosystems and Environment, 36: 116-124.

FRANZLUEBBERS A J, WILKINSON S R, STUEDEMANN J A. 2004. Bermudagrass management in the Southern Piedmont, USA: IX. Trace elements in soil with broiler litter application [J]. Journal of Environmental Quality, 33: 778-784.

FRANZLUEBBERS A J. 2002. Soil organic matter stratification ratio as an indicator of soil quality [J]. Soil and Tillage Research, 66: 95-106.

FRANZLUEBBERS A J. 2005. Soil organic carbon sequestration and agricultural greenhouse gas emissions in the southeastern USA [J]. Soil and Tillage Research, 83 (1): 120-147.

GANS J, WOLINSKY M, DUNBAR J. 2005. Computational improvements reveal great bacterial diversity and high metal toxicity in soil [J]. Science, 309 (5739): 1387-1390.

GANSERT D. 1994. Root respiration and its importance for the carbon balance of beech saplings (*Fagus sylvatica* L.) in a montane beech forest [J]. Plant and Soil, 167: 109-119.

GE Y, ZHANG J B, ZHANG L M, et al. 2008. Long-term fertilization regimes affect bacterial community structure and diversity of an agricultural soil in northern China [J]. Journal of Soils and Sediments, 8: 43-50.

GULDE S, CHUNG H, AMELUNG W, et al. 2008. Soil carbon saturation controls labile and stable carbon pool dynamics [J]. Soil Science Society of America Journal, 72 (3): 605-612.

HAN X Z, SONG C Y, WANG S Y, et al. 2005. Impact of Long-Term Fertilization on Phosphorus Status in Black Soil [J]. Pedosphere, 15 (3): 319-326.

HE X B, BAO Y H, HAN H W, et al. 2009. Tillage pedogenesis of purple soils in southwestern China [J]. Journal of Mountain Science, 6 (2): 205-210.

HORZ H-P, BARBROOK A, FIELD C B, et al. 2004. Ammonia-oxidizing bacteria respond to multifactorial global change [J]. Proceedings of the National Academy of Sciences of the United States of America, 101: 15136-15141.

HU B, JIA Y, ZHAO Z H, et al. 2012. Soil P availability, inorganic P fractions and yield effect in a calcareous soil with plastic-film-mulched spring wheat [J]. Field Crops Research, 137: 221-229.

JOA J H, WEON H Y, HYUN H N, et al. 2014. Effect of long-term different fertilization on bacterial community structures and diversity in citrus orchard soil of volcanic ash [J]. Journal of Microbiology, 52 (12): 995-1001.

JOHNSTON A E. 2000. Soil and plant phosphate [M]. Pairs: International Fertilizer Industry Association Press. 27-29.

JU X T, XING G X, CHEN X P, et al. 2009. Reducing environmental risk by improving N management in intensive Chinese agricultural systems [J]. Proceedings of the National Academy of Sciences of the United States of America, 3041-3046.

KANG G S, BERI V, SIDHU B S, et al. 2005. A new index to assess soil quality and sustainability of wheat-based cropping systems [J]. Biology and Fertility of Soils, 41: 389-398.

KARLEN D L, HURLEY E, ANDREWS S, et al. 2006. Crop rotation effects on soil quality in the northern corn/soybean belt [J]. Agronomy Journal, 98: 484-495.

KENNEDY A C, SMITH K L. 1995. Soil microbial diversity and the sustainability of agricultural soils [J]. Plant and Soil, 170: 75-86.

KHAN S A, MULVANEY R L, ELLSWORTH T R, et al. 2007. The myth of nitrogen fertilization for soil carbon sequestration [J]. Journal of Environmental Quality, 36 (6): 1821-1832.

KLOTZBüCHER T, MARXEN A, VETTERLEIN D, et al. 2015. Plant-available silicon in paddy soils as a key factor for sustainable rice production in Southeast Asia [J]. Basic and Applied Ecology, 16: 665-673.

KUNDU S, BHATTACHARYYA R, PRAKASH V, et al. 2007. Carbon sequestration and relationship between carbon addition and storage under rainfed soybean – wheat rotation in a sandy loam soil of the Indian Himalayas [J]. Soil and Tillage Research, 92 (1): 87-95.

LARKIN R P, HONEYCUR C W, GRIFFIN T S. 2006. Effect of swine and dairy manure amendments on microbial communities in three soils as influenced by environmental conditions [J]. Biology and Fertility of Soils, 43: 51-61.

LEE S B, LEE C H, JUNG K Y, et al. 2009. Changes of soil organic carbon and its fractions in relation to soil physical properties in a long-term fertilized paddy [J]. Soil and Tillage Research, 104: 227-232.

LI T, ZHAO Z W. 2005. Arbuscular mycorrhizas in a hot and arid ecosystem in southwest China [J]. Applied Soil Ecology, 29: 135-141.

LIANG Z B, DRIJBER R A, LEE D J, et al. 2008. A DGGE – cloning method to characterize arbuscular mycorrhizal community structure in soil [J]. Soil Biology and Biochemistry, 40: 956-966.

LIMA A C R, BRUSSAARD L, TOTOLA M R, et al. 2013. A function evaluation of three indicator sets for assessing soil quality [J]. Applied Soil Ecology, 64: 194-200.

LIU A B, GUMPERTZB M L, HUA S J, et al. 2007. Long-term effects of organic and synthetic soil fertility amendments on soil microbial communities and the development of southern blight [J]. Soil Biology and Biochemistry, 39: 2302-2316.

LIU B, ÅSA FROSTEGåRD, BAKKEN L R. 2014. Impaired reduction of N_2O to N_2 in acid soils is due to a posttranscriptional interference with the expression of *nosZ* [J]. Mbio, 5 (3): e01383-14.

LIU J L, LIAO W H, ZHANG Z X, et al. 2007. Effect of phosphate fertilizer and manure on crop yield, soil P accumulation, and the environmental risk assessment [J]. Agricultural Sciences in China, 6 (9): 1107-1114.

LOU Y L, XU M G, WANG W, et al. 2011. Return rate of straw residue affects soil organic C sequestration by chemical fertilization [J]. Soil and Tillage Research, 113: 70-73.

LUGATO E, PAUSTIAN K, GIARDINI L. 2007. Modelling soil organic carbon dynamics in two long-term experiments of north-eastern Italy [J]. Agriculture, Ecosystems and Environment, 120 (2): 423-432.

MAEDA K, MORIOKA R, DAI H, et al. 2010. The impact of using mature compost on nitrous oxide emission and the denitrifier community in the cattle manure composting process [J]. Microbial Ecology, 59 (1): 25-36.

MALHI S J, NYBORG M, HARAPIAK J T. 1998. Effects of long-term N fertilizer-induced acidification and liming on micronutrients in soil and in brome grass hay [J]. Soil and Tillage Research, 48: 91-101.

MALLARINO A P, BLACKMER A M. 1992. Comparison of methods for determining critical concentrations of soil test phosphorus for corn [J]. Agronomy Journal, 84: 850-856.

MOOR B. 1990. International geosphere-biosphere program: A study of global change, some reflections [J]. IGBP Global Change Newsletter, 40: 1-3.

MUELLER L, SHEPHERD G, SCHINDLER U, et al. 2013. Evaluation of soil structure in the framework of an overall soil quality rating [J]. Soil and Tillage Research, 127: 74-84.

MUYZER G, SMALLA K. 1998. Application of denaturing gradient gel electrophoresis (DGGE) and temperature gradient gel electrophoresis (TGGE) in microbial ecology [J]. Antonie Van Leeuwenhoek, 73: 127-141.

NAMBIAR K K M, GUPTA A P, FU Q L, et al. 2001. Biophysical, chemical and socio-economic indicators for assessing agricultural sustainability in the Chinese coastal zone [J]. Agriculture Eco-systems Environment, 87: 209-214.

NAZZARENO D, MICHELE C. 2004. Multivariate indicator Kriging approach using a GIS to classify soil degradation for Mediterranean agricultural lands [J]. Ecological Indicator, 4 (3): 177-187.

OADES J M. 1984. Soil organic matter and structural stability: Mechanisms and implications for management [J]. Plant and Soil, 76 (1/3): 319-337.

PAN G, SMITH P, PAN W. 2009. The role of soil organic matter in maintaining the productivity and yield stability of cereals in China [J]. Agriculture, Ecosystems & Environment, 42: 183-190.

QIN Y S, TU S H, FENG W Q, et al. 2012. Effects of Long-term Fertilization on icromorphological Features in Purple Soil [J]. Agricultural Science & Technology, 13 (5): 1050-1054.

ROCHETTE P, BOCHOVE E V, PRÉVOST D, et al. 2000. Soil carbon and nitrogen dynamics following application of pig slurry for the 19th consecutive year: II. Nitrous oxide fluxes and mineral nitrogen [J]. Soil Science Society of America Journal, 64 (4): 1389.

RÖSCH C, MERGEL A, BOTHE H. 2002. Biodiversity of denitrifying and dinitrogen-fixing bacteria in an acid forest soil [J]. Applied and Environmental Microbiology, 68 (8): 3818-3829.

SACCO D, CREMON C, ZAVATTARO L, et al. 2012. Seasonal variation of soil physical properties under different water managements in irrigated rice [J]. Soil and Tillage Research, 118: 22-31.

SALAKO FK, BABALOLA O, HAUSER S, et al. 1999. Soil macro-aggregate stability under different fallow management systems and cropping intensities in southwestern Nigeria [J]. Geoderma, 91: 103-123.

SANT' ANNA SAC, FERNANDES MF, IVO WMPM C, et al. 2009. Evaluation of soil quality indicators in sugarcane management in sandy loam soil [J]. Pedosphere, 19 (3): 312-322

SAYGM S D, CORNELIS W M, ERPUL G, et al. 2012. Comparison of different aggregate stability approaches for loamy sand soils [J]. Applied Soil Ecology, 54: 1-6.

SCHOENHOLTZ S H, MIEGROET H V, BURGER J A. 2000. A review of chemical and physical properties as indicators of forest soil quality: challenges and opportunities [J]. Forest Ecology and Management, 138: 335-356.

SHAFQAT M N, PIERZYNSKI G M. 2013. The effect of various sources and dose of phosphorus on residual soil test phosphorus in different soils [J]. Catena, 105: 21-28.

SHARPLEY A N, MCDOWELL R, KLEINMAN P. 2004. Amounts, forms, and solubility of phosphorus in soils receiving manure [J]. Soil Science Society of America Journal, 68 (6): 2048-2057.

SHEN P, XU M G, ZHANG H M, et al. 2014. Long-term response of soil Olsen P and organic C to the depletion or addition of chemical and organic fertilizers [J]. Catena, 118: 20-27.

SIMON L, LéVESQUE RC, LALONDE M. 1998. Rapid quantitation by PCR of endomycorrhizal fungi colonizing roots [J]. Genome Research, 2: 76-80.

SIX J, CALLEWAERT P, LENDERS S, et al. 2002. Measuring and understanding carbon storage in afforested soils by physical fractionation [J]. Soil Science Society of America Journal, 66 (6): 1981-1987.

SIX J, ELLIOTT E T, PAUSTIAN K, et al. 1998. Aggregation and soil organic matter accumulation in cultivated and native grassland soils [J]. Soil Science Society of America Journal, 62 (5): 1367-1377.

STRES B, MAHNE I, AVGSTIN G, et al. 2004. Nitrous oxide reductase (*nosZ*) gene fragments differ between native and cultivated Michigan soils [J]. Applied and Environmental Microbiology, 70 (1): 301-309.

SU, Z A, ZHANG J H, NIE X J. 2010, Effect of Soil Erosion on Soil Properties and Crop Yields on Slopes in the Sichuan Basin, China [J]. Pedosphere, 20 (6): 736-746.

TAKAHASHI S, ANWAR M R. 2007. Wheat grain yield, phosphorus uptake and soil phosphorus fraction after 23 years of annual fertilizer application to an Andosol [J]. Field Crops Research, 101: 160-171.

TANG J C, KANAMORI T, INOUE Y, et al. 2004. Changes in the microbial community structure during thermophilic composting of manure as detected by the quinone profile method [J]. Process Biochemistry, 39 (12): 1999-2006.

TANG X, MA Y B, HAO X Y, et al. 2009. Determining critical values of soil Olsen-P for maize and winter wheat from long-term experiments in China [J]. Plant and Soil, 323: 143-151.

TIEDJE J M. 1988. Ecology of denitrification and dissimilatory nitrate reduction to ammonium [M] //A. J. B. Zehnder Environmental Microbiology of Anaerobes. John Wiley and Sons, N. Y., 179-244.

TISDALL J M, OADES J M. 1982. Organic matter and water - stable aggregates in soils [J]. Journal of Soil Science, 33 (2): 141-163.

WANG L, ZHENG B, NAN B, et al. 2014. Diversity of bacterial community and detection of *nirS*- and *nirK*-encoding denitrifying bacteria in sandy intertidal sediments along Laizhou Bay of Bohai Sea, China [J]. Marine Pollution Bulletin, 88 (1-2): 215.

WANG Y D, HU N, XU M G, et al. 2015. 23-year manure and fertilizer application increases soil organic carbon sequestration of a rice - barley cropping system [J]. Biology and Fertility of Soils, 51: 583-591.

WATANABE T, KIMURA M, ASAKAWA S. 2006. Community structure of methanogenic archaea in paddy field soil under double cropping (rice-wheat) [J]. Soil Biology and Biochemistry, 38: 1264-1274.

WU T, CHELLEMI D O, GRAHAM J H, et al. 2008. Comparison of soil bacterial communities under diverse agricultural land management and crop production practices [J]. Microbial Ecology, 55: 293-310.

XU M G, LOU Y L, SUN X L, et al. 2011. Soil organic carbon active fractions as early indicators for total carbon change under straw incorporation [J]. Biology and Fertility of Soils, 47: 745-752.

YANG X M, KAY B D. 2001. Impacts of tilliage practices on total, loose and occluded-particulate, and humified organic carbon fractions in soils within a field in southern Ontario [J]. Canadian Journal of Soil Science, 81 (2): 149-156.

YANG X Y, WARREN R, HE Y, et al. 2018. Impacts of climate change on TN load and its control in a River Basinwith complex pollution sources [J]. Science of the Total Environment, 615: 1155-1163.

ZANATTA J A, BAYER C J, VIEIRA DIECKOWB F C B, et al. 2007. Soil organic carbon accumulation and carbon costs related to tillage, cropping systems and nitrogen fertilization in a subtropical Acrisol [J]. Soil and Tillage Research, 94: 510-519.

ZHANG B, HORN R. 2001. Mechanisms of aggregate stabilization in utisols from subtropical China [J]. Geoderma, 99 (3): 123-145.

ZHANG J H, LI F C. 2011. An Appraisal of Two Tracer Methods for Estimating Tillage Erosion Rates under Hoeing Tillage [J]. Environmental Engineering and Management Journal, 10 (6): 825-829.

ZHANG W J, WANG X J, XU M G, et al. 2010. Soil organic carbon dynamics under long-term fertilizations in arable land of northern China [J]. Biogeosciences, 7: 409-425.

ZHANG W J, XU M G, WANG X J, et al. 2012. Effects of organic amendments on soil carbon sequestration in paddy fields of subtropical China [J]. Journal of Soils and Sediments, 12: 457-470.

ZHANG X, HE L, ZHANG F, et al. 2012. The different potential of sponge bacterial symbionts in N_2 release indicated by the phylogenetic diversity and abundance analyses of denitrification genes, *nirK* and *nosZ* [J]. Plos One, 8 (6): e65142.

ZHANG X, SUN N, WU L, et al. 2016. Effects of enhancing soil organic carbon sequestration in the topsoil by fertilization on crop productivity and stability: Evidence from long-term experiments with wheat-maize cropping systems in China [J]. Science of the Total Environment, 562: 247-259.

ZHAO H B, LI H G, YANG X Y, et al. 2013. The critical soil P levels for crop yield, soil fertility and environmental safety in different soil types [J]. Plant and Soil, 372: 27-37.

ZHENG W, LIU Z, ZHANG M, et al. 2017. Improving crop yields, nitrogen use efficiencies, and profits by using mixtures of coated controlled-released and uncoated urea in a wheat-maize system [J]. Field Crops Research, 205: 106-115.

ZHONG W H, CAI Z C. 2007. Long-term effects of inorganic fertilizers on microbial biomass and community functional diversity in a paddy soil derived from quaternary red clay [J]. Applied Soil Ecology, 36: 84-91.

紫色水稻土长期试验发表的论文

樊红柱，陈琨，陈庆瑞，等．2018．长期定位施肥31年后紫色水稻土碳、氮含量及储量变化［J］．西南农业学报，31（7）：1425-1431．

樊红柱，陈庆瑞，郭松，等．2018．长期不同施肥紫色水稻土磷的盈亏及有效性［J］．植物营养与肥料学报，24（1）：154-162．

樊红柱，陈庆瑞，秦鱼生，等．2016．长期施肥紫色水稻土磷素累积与迁移特征［J］．中国农业科学，49（8）：1520-1529．

樊红柱，秦鱼生，陈庆瑞，等．2015．长期施肥紫色水稻土团聚体稳定性及其固碳特征［J］．植物营养与肥料学报，21（6）：1473-1480．

高静．2009．长期施肥下我国典型农田土壤磷库与作物磷肥效率的演变特征［D］．北京：中国农业科学院．

辜运富，李芳，张小平，等．2012．长期定位施肥对石灰性紫色水稻土AMF多样性的影响［J］．菌物学报，31（5）：690-700．

辜运富，云翔，张小平，等．2008．不同施肥处理对石灰性紫色土微生物数量及氨氧化细菌群落结构的影响［J］．中国农业科学，41（12）：4119-4126．

辜运富，张小平，涂仕华，等．2008．长期定位施肥对紫色水稻土硝化作用及硝化细菌群落结构的影响［J］．生态学报，28（5）：2123-2130．

辜运富，张小平，涂仕华，等．2011．长期定位施肥对石灰性紫色水稻土古菌群落结构的影响［J］．生物多样性，19（3）：369-376．

辜运富，张小平，涂仕华．2008．变性梯度凝胶电泳（DGGE）技术在土壤微生物多样性研究中的应用［J］．土壤，40（3）：344-350．

辜运富．2009．长期定位施肥对石灰性紫色土微生物学特性的影响［D］．成都：四川农业大学．

黄晶．2017．基于几个长期定位试验的长江上、中游水稻土磷素肥力与磷肥肥效的演变规律［D］．长沙：湖南农业大学．

李芳．2010．长期定位施肥对石灰性紫色土真菌特性的影响［D］．成都：四川农业大学．

李虹儒，许景钢，徐明岗，等．2009．我国典型农田长期施肥小麦氮肥回收率的变化特征［J］．植物营养与肥料学报，15（2）：336-343．

李忠芳，娄翼来，李慧，等．2015．长期施肥下我国南方不同轮作制度水稻的高产稳产性分析［J］．土壤，47（5）：830-835．

李忠芳，徐明岗，张会民，等．2009．长期施肥下中国主要粮食作物产量的变化［J］．中国农业科学，42（7）：2407-2414．

李忠芳，徐明岗，张会民，等．2012．长期施肥下作物产量演变特征的研究进展［J］．西南农业学报，25（6）：2387-2392．

李忠芳，张水清，李慧，等．2015．长期施肥下我国水稻土基础地力变化趋势［J］．植物营养与肥料学报，21（6）：1394-1402．

李忠芳．2009．长期施肥下我国典型农田作物产量演变特征和机制［D］．北京：中国农业科学院．

卢圣鄂，王蓥燕，陈勇，等．2016．不同施肥制度对石灰性紫色水稻土中氨氧化古菌群落结构的影响［J］．生态学报，36（21）：6919-6927．

秦鱼生，涂仕华，孙锡发，等．2008．长期定位施肥对碱性紫色土磷素迁移与累积的影响［J］．植物营养与肥料学报，14（5）：880-885．

秦鱼生，涂仕华，王正银，等．2008．长期定位施肥下紫色土土壤微形态特征［J］．生态环境学报，18（1）：352-356．

沈浦．2014．长期施肥下典型农田土壤有效磷的演变特征及机制［D］．北京：中国农业科学院．

王蓥燕，卢圣鄂，李跃飞，等．2017．石灰性紫色水稻土不同土壤深度中厌氧氨氧化细菌对施肥的响应［J］．中国农业科学，50（16）：3155-3163．

王蓥燕．2017．石灰性紫色水稻土中 nirS 和 nosZ 基因对不同施肥处理的响应特征及其垂直分布［D］．成都：四川农业大学．

袁玲，杨邦俊，郑兰君，等．1998．长期施肥对土壤酶活性和氮磷养分的影响［J］．植物营养与肥料学报，3（4）：300-306．

张旭博．2016．中国农田土壤有机碳演变及其增产协同效应［D］．北京：中国农业科学院．

DUAN Y, XU M, HE X, et al. 2011. Long-term pig manure application reduces the requirement of chemical phosphorus and potassium in two rice-wheat sites in subtropical China［J］. Soil Use and Management, 27: 427-436.

FAN H Z, CHEN Q R, QIN Y S, et al. 2015. Soil carbon sequestration under long-term rice-based cropping systems of purple soil in Southwest China［J］. Journal of Integrative Agriculture, 14（12）: 2417-2425.

GU Y F, WANG Y Y, LU S E, et al. 2017. Long-term fertilization structures bacterial and archaeal communities along soil depth gradient in a paddy soil［J］. Frontiers in Microbiolgy, 8: 1-15.

GU Y F, YUN X, ZHANG X P, et al. 2008. Effect of different fertilizer treatments on quantity of soil microbes and structure of ammonium oxidizing bacterial community in a calcareous purple paddy soil［J］. Agricultural Sciences in China, 7（12）: 1481-1489.

GU Y F, ZHANG X P, TU S H, et al. 2009. Soil microbial biomass, crop yields, and bacterial community structure as affected by long-term fertilizer treatments under wheat-rice cropping［J］. European Journal of Soil Biology, 45: 239-246.

QIN Y S, TU S H, FENG W Q, et al. 2012. Effects of long-term fertilization on micromorphological features in purple soil [J]. Agricultural Science & Technology, 13 (5): 1050-1054.

WANG Y Y, LU S E, XIANG Q J, et al. 2017. Responses of N$_2$O reductase gene (*nosZ*) -denitrifier communities to long-term fertilization follow a depth pattern in calcareous purplish paddy soil [J]. Journal of Integrative Agriculture, 16 (11): 2597-2611.

附　图

紫色土丘陵区典型稻田景观和长期试验图片

紫色土典型稻田景观（四川省遂宁市2018年）

紫色土典型稻田景观（四川省德阳市2018年）

风化的钙质紫色土剖面（四川省遂宁市2016年）

未风化的钙质紫色土剖面（四川省遂宁市2016年）

钙质紫色土长期定位试验基地（2018年）

长期定位试验基地气象站（2018年）

试验基地水稻和小麦田间长势图片

不同施肥处理水稻成熟期长势（2012年）

不同施肥处理小麦拔节期长势（2009年）

水稻成熟期景观（2012年）　　　　　　小麦拔节期景观（2009年）

国内外专家考察试验基地

中国热带农业科学院徐明岗研究员考察试验基地　　中国农业科学院张卫建研究员、张会民研究员、
（2012年）　　　　　　　　　西南大学蒋先军教授考察试验基地（2017年）

西北农林科技大学杨晓梅博士考察试验基地
（2016年）

瓦赫宁根大学Coen教授考察试验基地（2016年）

瓦赫宁根大学Violette教授考察试验基地（2016年）

国家重点研发计划项目现场观摩会（2017年）

中欧国际合作项目现场观摩会（2016年）